# 도시,
# 그 지리적
# 탐구

# 도시, 그 지리적 탐구

CITIES, GEOGRAPHIC EXPLORATION

이현욱 저

전남대학교출판문화원

## ■ 들어가며

세계 인구의 반 이상이 도시에 살고 있으며, 현재 우리나라의 도시화율은 93%(2020)에 이른다. 10명 중 9명 이상이 도시에 살고 있다. 인구의 대부분이 도시에 살고 있어서 그런지 최근 도시에 대한 관심도 높은 것 같다. 다양한 도시 관련 서적들이 쏟아져 나오고 있다. 도시 속의 소소한 일상의 탐색에서부터 우리의 시각에 잡힌 도시경관을 자본의 흐름과 연계하여 해석하려는 학문적인 것에 이르기까지 다채롭다. 우리가 살고 있는 도시를 고찰한다는 것은 사실 우리 자신을 고찰하는 것이기도 하다. 왜냐하면 도시에서 문명화된 삶을 이루고자 하는 많은 사람들의 집단적 능력이 힘을 발휘하고, 이러한 노력들의 일상적 실천이 결국은 도시를 구성하고 형성하기 때문이다. 도시를 구성하고 있는 물질적 경관은 물론이고, 그것들이 보여주는 수많은 이미지와 메시지, 경쟁적 이해관계 등의 고찰을 통해 도시의 기능과 역할을 확인할 수 있다.

학문의 거의 모든 분야에서도 도시 공간에 대한 관심이 뜨겁다. 1950년경 도시지리학이라는 교과목이 공식적으로 등장하여 20세기 후반에 이르면 지리학의 핵심교과목이 된다. 세계적으로 진행된 급속한 도시화에 따라 도시의 중요성이 커졌고 도시 공간에서 나타나는 여러 가지 현상들에 대한 규명, 그리고 그런 것들의 지역차이를 밝히는 의미 있는 연구들이 발표되면서 그러한 위상을 확보하게 되었다.

도시지리학을 공부하고 강의한 지 30여년이 되었다. 그동안 여러 분야의 학자들이 공동집필한 교재를 바탕으로 강의해 왔는데, 1997년 John R. Short의 「The Urban Order」라는 책을 접하고 신선한 충격을 받았다. 책 내용의 신신함은 물론이고 교재 같지 않은 서술방식도 참신하게 느껴졌다. 필자는 1980년대 실증주의적 지리학이 풍미할 때 연구를 시작하였고, 그 과학적·통계적 방법론을 신뢰하고 있었다. 그래서 실증주의적 방법론을 비판하며 등장한 구조주의적 시각이나 현상학적 접근에 대해서는 별 관심이 없었다. 그런데 Short는 구조주의적 시각이 탁월하다. 정치와 경제가 도시현상의 대부분을 규정한다고 해도 과언이 아닌 오늘날의 도시에서 그의 시각은 도시를 매우 명쾌하게 이해할 수 있도록 해주었다. 그의 책을 번역하여 교재로 활용하였는데, 세계화로 말미암아 전 세계에 걸쳐 일어나고 있는 도시의 역동성을 쉽게 이해할 수 있었다. 한국적 상황을 적절하게 보완하면 크게 부족함이 없는 교재였다고 생각한다.

강단을 떠날 준비를 하면서 그동안의 연구와 강의를 정리할 필요를 느꼈다. 도시화와 도시생활의 주요한 문제들에 대한 필자의 연구 성과물과 학생들의 반응이 좋았던 내용들을 중심으로 책을 엮었다. 총 16장으로 구성되었다. 1장에서는 도시에 대한 공부를 시작하면서 도시란 무엇인가에 대해서 생각해 보고자 한다. 도시에 대한 관행적 인식이 아닌 정확한 정의를 알게 하기 위함이다. 2장은 도시의 기원과 발달의 역사를 다룬다. 유사 이래로 도시는 어떻게 변화 해 왔을까를 자본축적 단계 별로 알아보고, 이러한 발달과정에서 벗어나 있는 사회주의권도시와 제3세계의 도시 특성에 대해서도 알아본다. 3장에서는 도시의 위치가 도시의 성장에 어떻게 영향을 미치는지 설명한다. 4장은 심화되고 있는 도시환경문제를 조망하고 그 대안을 찾고자하는 노력을 담았다. 이러한 관심을 가지고 필자가 녹지와 공원에 관해 연구한 것을 정리해보았다. 5장은 도시체계의 지리적 구조에 관한 대표적인 연구인 도시순위규모유형들을 알아보고, 한국은 어떤 유형에 속하며 왜 그러한가에 대해 알아본다. 한국의 순위규모유형에 관해 2017년 필자가 한 연구를 소개하였다. 6장은 도시지리학의 대표적 이론인 중심지이론의 등장과 쇠퇴, 신소매업지리학의 등장에 대해 설명한다. 7장은 콘트라티에프 주기로 본 기술혁신과 세계 경제의 격변, 그에 따른 도시의 적응을 알아본다. 8장은 도시에 대한 정치경제학적 시선으로서 자본순환을 통해 도시공간이 어떻게 변형되어 가는지 설명했다. Short의 책 「The Urban Order」의 5장을 많이 참조하였다. 9장은 주택의 생산과 소비, 수요와 공급에 관한 설명으로 Short의 책 「The Urban Order」의 9장을 많이 참조하였다. 10장은 도시의 공간분화에 따른 대표적인 도시내부구조모델 즉 동심원모델, 선형모델, 다핵심모델을 소개하였다. 그리고 도시내 공간분화의 주요 지표인 지가의 역할을 알아보았다. 필자는 도시지가를 주제로 다양한 연구를 해왔는데 그 연구의 결과들을 소개하였다. 11장은 도시재개발이 빈번해지는 상황에서 재개발의 방식과 문제점을 알아보고, 런던 도크랜드 개발사례를 중심으로 재개발에 의한 공간의 재구조화가 어떻게 나타나는지 살펴보았다. 12장은 도시의 사회적 구분의 지표가 될 수 있는 계급과 민족성, 젠더 등이 도시공간에 어떻게 반영되어 나타나는가를 보여주고 있다. 한국 사회에서는 다루기 어려운 주제이지만 학생들은 흥미로워 하기 때문에 Short의 책 「The Urban Order」의 10장을 요약 정리하였다. 13장은 도시민들의 생계활동에 관한 것이다. 공식

경제와 비공식경제, 공공경제와 가정경제, 시간지리학 등 도시의 일상을 잘 보여준다. 일반적으로 알려진 내용들이지만 Short가 잘 정리한 「The Urban Order」의 11장을 요약 정리하였다. 14장은 도시에서 권력투쟁을 벌이고 있는 가계와 기업, 정부가 언제 그리고 어떤 방식으로 투쟁하는지에 대해 상세히게 설명하고 있다. 도시성장을 위한 3주체의 역학관계를 알 수 있다. Short의 책 「The Urban Order」의 12장을 요약 정리하였다. 15장은 신문화지리학의 등장과 도시를 쓰고 읽는 것에 대한 내용이다. 도시를 하나의 텍스트로 보고 역사적 맥락 하에서 도시경관을 해석하는 흥미로운 내용이다. Short의 책 「The Urban Order」의 17장에서 소개된 캔디, 에든버러, 비엔나, 베이징, 로스앤젤레스의 사례를 그대로 인용하였다. 16장은 최근 거의 모든 도시들의 주요 관심사인 도시이미지 향상과 도시마케팅에 관해 소개하였다.

강의 현장에서 활용했었던 여러 가지 사례들을 충분히 담아내지 못해 아쉬움이 있다. 또, 갈수록 복잡해지는 도시현상에 대해 도시지리학계에서 연구되고 있는 더 많은 내용을 담지 못한 것은 필자의 역량부족이다. 대부분의 전공 서적이 학생들 수준에서 어렵다는 것을 알기 때문에 가능한 쉽게 쓰려고 했다. 학생들이 도시에서 벌어지는 일들에 대해 호기심을 가지고 자주 들춰볼 수 있는 책이 되기를 희망한다.

2022년 1월

이현욱

# ■ 목차

## ■ 표 목차

# ▪ 그림 목차

제1장

# 도시란 무엇인가?

도시에 대한 최소한의 정의를 구하기 위한 참고로서 도시의 어원을 생각해 보자.

도(都)의 오랜 의미는 성벽으로 둘러싸여진 읍(큰 촌락)을 의미하며, 동일 발음인 도(堵)는 성벽을 의미한다. 『사기(史記, 사마천, BC 91년 완성)』 진(秦) 본기(本紀)에서 도(都)는 제왕이 살고 있는 성벽으로 둘러싸여진 큰 읍을 의미한다.

도시(都市)라는 단어의 문헌상 최고(最古)기록은 『한서(漢書, 반고, 82년 경)』의 식화지(食貨志) 상(上)에 나오는데 도(都)는 황제의 주거지로 문무 양관이 주재하는 곳으로 정치중심지라는 것을 의미하며, 시(市)는 시장으로서 상품거래의 장소를 의미한다. 요컨대 도시는 정치와 행정, 그리고 상업의 중심지를 의미한다고 할 수 있다. 도시라는 단어에는 도시가 수행하는 기능이 함축되어 있는 것이다.

도시를 의미하는 영어 Urban의 어원은 라틴어 urbs, urbis에서 파생되었다. 역시 방어 및 공격수단으로서의 성벽으로 둘러싸인 취락을 의미하며 중심 건물은 사원과 궁전이다. 그러나 나일강 유역의 도시들은 성벽이 없는 무방비 도시이다. 이는 산지와 사막에 둘러싸인 자연조건에 의한 행운이라 할 수 있다. 혹자는 파라오에 대한 종교적 신앙과 자발적 지지를 기초로 통일지배가 확립되었기 때문이라고 말하기도 한다. 요컨대 동서양을 막론하고 도시의 의미는 성벽으로 둘러싸인 대규모의 취락으로서 정치·행정·상업의 중심지임을 암시하고 있다.

## 도시의 지리학적 정의

도시는 다양한 요소를 포함하고 있고, 시간에 따른 변화도 많기 때문에 간단히 정의내리기는 용이하지 않다. 그래도 많은 지리학자가 도시를 정의하려 시도했으므로 대다수의 지리학자가 받아들이고 있는 정의를 요약해 보면 다음과 같이 정리할 수 있다. 첫째, 다수의 인구가 좁은 면적에 밀집하여 인구밀도가 높고, 연속적인 시가지를 형성하고 있다. 둘째, 농업·임업·수산업 등의 1차 산업 종사자 비율이 낮고 제조업·상업·서비스업 등 제 2차·제 3차 산업의 종사자 비율이 높다. 즉 도시민은 대부분 다양한 비농업적 활동을 하고 있다. 셋째, 도시를 둘러싸고 있는 주변 지역과 밀접한 관계를 맺고, 행정·경제·교육·문화의 중심 역할을 한다.

이 정의는 지리학에 국한하지 않을 것이다. 지리학은 종합학문으로서 다른 학문들에서 제시되는 많은 정보와 지식을 필요로 하고, 지리학 역시 다른 학문에 활용될 수 있는 정보와 지식을 제공하고 있기 때문이다. 도시지리학은 도시나 도시지역을 연구하는 인문지리학의 한 분야로서, 도시 내에서 전개되는 경제활동, 인간사회의 사회적·문화적 특징, 그리고 정치적 권력관계에 의한 입지적 측면에 관심을 갖고 연구하고 있다. 지리학 외에 도시공간을 연구하는 학문으로는 사회학·경제학·정치학·역사학·생태학·인류학·고고학·심리학 등 전통적인 학문분야와 도시계획학·건축학·조경학·부동산학·도시공학 등 응용학문분야도 적지 않다. 그만큼 도시가 갖는 중요성이 날로 커지고 있다는 반증일 것이다.

## 도시의 기준

도시의 성격은 매우 다양하고 복잡한데다 각 국가별로 도시의 기준도 다르기 때문에(표 1.1), 또 끊임없이 성장하고 있기 때문에 모든 경우에 적용할 수 있는 도시의 정의를 내리기란 매우 어렵다.

표 1.1. 각 국가의 도시기준

| 국 가 | 도시 기준 |
|---|---|
| 네덜란드 | 주민 2,000명 이상인 행정구역 |
| 노르웨이 | 주민 200명이상인 지역 |
| 러시아 | 주민수, 농업·비농업직 종사자율을 기초로 국가에서 지정한 도시형태를 갖춘 지역 |
| 아르헨티나 | 주민 2,000명 이상인 인구중심지 |
| 아이슬란드 | 주민 200명이상인 지역 |
| 미국 | 주민 2,500명 이상의 도시화지역 |
| 이스라엘 | 주민 2,000명 이상(농업종사가구 1/3이상 지역 제외) |
| 인도 | 주민 5,000명 이상, 인구밀도 390명 / $km^2$ 이상, 비농업직종사 성인남성인구율 3/4이상인 지역 |
| 일본 | 주민 50,000명 이상, 시가지화지역 60%이상, 비농업직 종사자율 60% 이상인 지역 |
| 캐나다 | 주민 1,000명 이상, 인구밀도 400명 / $km^2$ 이상인 지역 |
| 포루투칼 | 주민 10,000명 이상인 집중화 지역 |
| 프랑스 | 연속된 주거지에 사는 주민이 2,000명 이상인 꼬뮨 |
| 호주 | 주민 1,000명 이상인 인구밀집지 |

출처: Carter (1995)

우리나라의 경우 인구가 5만 명 이상이며, 2·3차의 도시적 산업종사자율이 50% 이상인 지역을 시로 규정한다. 인구가 2만 명 이상이고 2·3차의 도시적 산업종사자율이 40% 이상인 지역을 읍으로 규정했다. 1995년 이후 이 기준을 충족하는 시와 인구 2만이상의 읍 2개 이상이고 인구가 5만 이상인 군을 통합하여 인구가 15만인 지역을 도농복합시(도농통합시)로 규정하고 있다.

## 행정시와 지리적 시

도시는 행정시와 지리적 시로 구별할 수 있다. 도시의 행정구역 경계로 결정되는 고정된 시역을 행정시라 하며, 행정구역 내 모든 면적은 행정시역이다. 통계청이나 도시연감 등에서 볼 수 있는 도시와 관련한 자료는 모두 행정시에 기반한 자료이다. 행정구역 내에서도 건물과 도로 등이 연속적으로 이어져 시가지화된 지역을 지리적 시라고 한다. 행정시의 경계와 지리적 시의 경계는 거의 일치하지 않는다. 행정시의 경계가 지리적 시보다 훨씬 넓기도 하고, 그 반대로 지리적 시가 행정시를 넘어 확대된 경우도 있다.

한국의 행정시는 산과 하천 등의 지형에 의해 경계가 정해졌기 때문에 행정시가 지리적 시보다 월등히 크다. 이렇게 실제의 도시 영역이라 할 수 있는 지리적 시보다 행정경계가 크기 때문에 과대경계 도시라고 한다. 반면 미국과 같이 평탄한 지형이 넓게 펼쳐지는 곳에서는 교통로의 발달과 함께 행정경계를 넘어 도시가 확장됨에 따라 행정시보다 지리적 시가 더 커지는 현상이 나타나는데 이를 과소경계도시라 한다. 과소경계 도시의 경우, 특정 행정시 바깥쪽 교외에 사는 주민이라 하더라도 생계유지를 위한 직장은 해당 행정시에 있는 경우가 대부분이다. 이들이 부담해야 할 여러 가지 세금은 다른 행정구역에 내게 되므로 해당 행정시의 세금누수가 증가하게 된다. 행정시 내부에서는 혼잡에 따른 서비스의 개선이나 재개발 부담으로 재정 부담이 가중되는 상황에서 세원으로 기능할 경제력 있는 중산층은 교외로 빠져나가고 열악한 계층이 도시내부에 많이 남아 재정악화가 가속화되면서 도시파산을 선언하는 도시가 미국에서 심심찮게 발생하고 있다. 지리적 시가 확대됨에 따라 인접지역을 합병할 수도 있지만, 미국의 경우 이것은 인접지역 주민의 반대가 있으면 불가능하다.

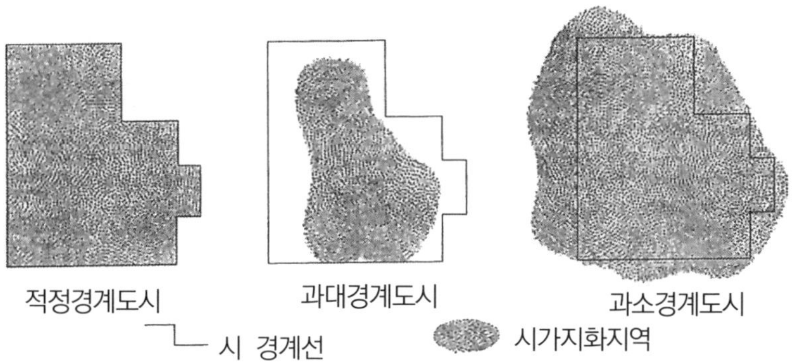


출처: Northam (1975)

그림 1-1. 과대경계도시와 과소경계도시

## 행정동과 법정동

행정시의 안에는 하위 조직인 수십 개의 동(洞)으로 구분되어 있다. 동에는 행정동과 법정동이 있다. 주민의 행정업무를 보는 동사무소가 있는 동을 행정동이라 하며, 예부터 존재했던 마을 이름은 법정동으로 남아있다. 하나의 행정동에 여러 개의 법정동이 포함되기도 하고, 하나의 법정동이 인구가 증가함에 따라 여러 개의 행정동으로 나뉘기도 한다. 하나의 동 인구가 3만 이상이 되거나 급격한 인구 증가가 예상되는 동은 분동하여 1동·2동·3동 등으로 나뉘는 것이다. 한 동사무소가 관리할 수 있는 주민의 수가 대략 3만 이내라는 것을 알 수 있다. 그래서 광주의 경우 2021년 현재 행정동 97개, 법정동은 202개이다. 법정동은 개수가 변하지 않지만 행정동은 끊임없이 합동 또는 분동되면서 개수가 바뀌어 왔다. 광주의 경우 도심부의 공동화로 도심부의 여러 행정동이 합동되어 도심부는 행정동의 개수가 줄었고, 외곽에서는 택지개발로 인구가 늘면서 분동으로 인해 1동, 2동 등 행정동의 개수가 늘어나는 경향을 볼 수 있다. 도시 연구를 하는데 있어 필요한 자료의 대부분은 행정동 차원에서 수집되어 정리되고 있다.

## 도농복합시

우리나라는 1960년대와 1970년대에 급속한 도시화 진전과 함께 고도 경제성장을 위하여 대도시 위주의 성장거점 개발정책이 채택되었다. 이에 따라 1980년대에 군(郡)에서 인구 5만 이상 되는 읍을 분리하여 시로 승격시키는 도시와 농촌 분리형 행정구역 개편을 추진함으로써 도시 중심의 지역개발을 추진하였다. 그러나 대도시 위주의 정책으로 말미암아 대도시에는 인구와 산업의 과도한 집중뿐만 아니라 이로 인한 경제 사회 문화 등 제 기능이 집중되었고, 반면 지방 중소도시와 농촌지역에는 인구의 감소와 재정 악화, 기타 여러 부문의 낙후가 가속되었다. 도시와 농촌 간

소득수준, 각종 생활편익시설, 기반시설 등의 발전격차로 인한 지역 간 갈등이 커졌으며, 동일 생활권임에도 시와 군으로 분리되어 통근과 통학, 각종 시설이용 등 일상생활의 불편과 비용이 증가하여 군 주민들의 불만이 커졌다. 또 각종 시설이나 서비스, 행정력 등이 규모의 경제를 갖추지 못하여 비효율성을 초래하였다. 또한 지역이기주의로 인하여 혐오시설 및 광역시설의 설치와 관리 등 지역종합개발이나 광역행정이 어려워졌다. 도시는 과밀화되어 개발가능지가 고갈되는 반면 농촌은 공동화현상이 계속되었으나 행정구역의 분리로 인하여 도시개발수요를 적절히 수용할 수 없었다. 더욱이 우루구아이 라운드 협상에 따른 농촌의 경쟁력 강화와 자치능력 향상이 시급한 과제로 부상함에 따라 1995년 지방자치법의 개정과 함께 도농통합의 행정구역개편이 이루어졌다.

도농복합정책은 도시와 농촌 간 균형발전을 목표로 하여, 도시지역의 편리함과 농촌의 쾌적함을 함께 누릴 수 있는 그런 도시형성을 모색한 것이다. 주민들의 생활권과 행정구역권의 일치를 도모하여 주민생활의 편익을 증대하고, 농촌지역개발을 활성화하여 농촌의 생활수준을 향상시킴으로써 도시의 과밀화와 농촌의 과소문제를 해결하고자 하였다. 또한 행정집행의 효율성을 위한 광역공동체를 형성함으로써 공익시설이나 혐오시설을 둘러싼 인접 자치단체 사이의 마찰을 하나의 자치단체에서 내부조정토록 하는 등 광역행정을 도모함으로써 규모의 경제도 이룰 수 있도록 하였다.

도농복합시란 도시지역과 농촌지역이 함께 있는 도시이다. 그래서 한 도시에서 읍·면·동이 모두 나타난다. 지방자치제가 시행된 1995년 33개 도농복합시가 출범하였으며, 2014년에 모두 61개의 도농복합시가 확정되었다. 통합 초기에는 도시의 명칭을 어떻게 할 것인지, 통합시청사는 어디에 둘 것인지 등이 큰 문제가 되기도 했다. 이후 대중교통 요금체계의 변화, 혐오시설 이전문제 등이 활발하게 논의되었다.

도농복합시가 출범한지 10년이 경과한 2005년 도농통합의 효과와 문제점에 관한 보고에 의하면, 당초 기대했던 도시지역의 편리함과 농촌지역의 쾌적함을 결합함으로써 주민들의 삶의 질 향상에 기여한다는 목표는 많이 퇴색되었다. 즉, 도농복합시는 도시지역과 농촌지역을 동일한 행정체제로 관리함으로써 오히려 도시지역의 재정기반을 약화시키고, 농촌지역의 경제활동 기반도 약화시키는 결과를 초래하였다. 한국의 중앙집권적 재정운용체제에서는 지역개발이 중앙정부에 의존적일 수밖에 없는데, 중소규모의 도농복합시는 재정지원의 기준을 충족하기가 어렵다는 것이다. 농촌지역개발을 위해서는 인프라 구축을 위해 많은 예산이 필요하나 지방예산으로는 한계에 직면하여 계획조차 수립할 수 없었다. 특히 재정자립도가 30% 이하이고 인구 30만 미만인 20개 도농복합시(순천, 김제, 정읍, 공주, 제천 등)에 대해서는 정부의 재정지원이 절실하다고 지적하고 있다.

또, 도농통합시는 도시규모와 입지에 따라 차별적 성장을 보여주었다. 즉, 서울이나 부산과 같은 대도시권에 입지한 도시에서는 도시 인구의 성장이 현저하였지만 대도시로부터 멀리 떨어진 도시에서는 침체현상이 발생하였다. 그리고 도시 전체의 인구변화에 도시지역의 인구변화가 미치는 영향력이 지속적으로 증가하여 도시 내에서도 성장하는 도시지역과 침체되는 농촌지역으로 나뉘는 도시 내 차별성장도 나타났다. 요컨대 대부분의 도농통합시에서 도시지역으로의 쏠림현상이 심화되었고, 도시 전체의 인구증

감과 무관하게 도시지역과 농촌지역 간의 격차는 심화되고 있다.

표 1.2. 한국의 도시(2021)

| 특별시<br>광역시 | 서울, 부산, 인천, 대구, 대전, 광주, 울산, 세종 |
|---|---|
| 강원 | 춘천, 원주, 강릉, 동해, 태백, 속초, 삼척 (7) |
| 경기 | 고양, 과천, 광명, 구리, 군포, 남양주, 동두천, 부천, 성남, 수원, 시흥, 안산, 안양, 오산, 의왕, 의정부, 평택, 하남, 용인, 파주, 이천, 안성, 김포, 화성, 광주, 포천, 양주, 여주 (28) |
| 충북 | 청주, 충주, 제천 (3) |
| 충남 | 천안, 공주, 보령, 아산, 서산, 논산, 계룡, 당진 (8) |
| 전북 | 전주, 익산, 군산, 남원, 정읍, 김제 (6) |
| 전남 | 목포, 여수, 순천, 나주, 광양 (5) |
| 경남 | 창원, 진주, 사천, 김해, 밀양, 양산, 거제, 통영 (8) |
| 경북 | 포항, 경주, 안동, 김천, 구미, 영주, 영천, 상주, 문경, 경산 (10) |
| 제주 | 제주, 서귀포 (2) |

제2장

# 도시의 기원과 발달

## 도시의 기원

시대를 막론하고 인류의 가장 위대한 창조물은 도시였다고 말하곤 한다. 도시를 창조해 온 5천년에서 7천년 넘는 세월 동안 인류는 무수한 형태의 도시들을 만들어 냈다. 그 기원을 찾아 거슬러 올라가 보자.

인류는 생존과 방어 상의 필요로 집단적 공동생활을 하면서 자연재해와 야수에 공동대처 하였다. 단순한 도구를 이용하여 수렵채취하면서 이동하였기 때문에 일정한 거주지는 없었다. 그러나 BC 8,000년경 종자식물의 작물화와 야생동물의 가축화로 요약되는 신석기 농업혁명이 진행되면서 비로소 원시적 농업이 가능해졌다. 생산조건이 좋은 곳에 정착하여 마을을 이루고 식량을 생산했으며, 생산력은 갈수록 증가하여 많은 잉여가 창출되었다. 잉여가 증가함에 따라 공동체의 모든 인원이 생산에 참여할 필요가 없어졌으며, 이에 따라 제사를 주관한다든지 농경도구를 만들어 내는 등 생산 외의 일에 종사하는 좌식계급들이 등장하였고 야금술도 발달하였다. 또 관개시스템을 고안하고 운영하는 등 외부환경에 대한 인간의 보다 큰 통제력이 작동되었다. 잉여 생산물의 가속적인 증가로 보관을 위한 토기도 다수 제작되고 창고도 만들어졌다. 사회 경제적 구성원이 다양해지고, 시회적 분화가 활발해지면서 피지배계급에 대한 지배계급의 통제가 강화되었다. 요컨대 농업혁명을 기반으로 잉여산물의 창출과 그에 따른 사회적 분화에 의해 도시가 형성되었다고 할 수 있다. 그래서 도시문명의 뿌리는 농업생산에 있다고 할 것이다. 최초의 도시들은 지금으로부터 6,000여 년 전 메소포타미아에서 발전하였다. 관개농업의 높은 생산성으로 발생한 잉여농산물과 엘리트계층에 의한 잉여관리에 기초하고 있었다.

도시의 형성과 발달은 이렇게 농업잉여의 존재만으로 설명되었다. 그 주장에 의하면 도시인구는 농업생산자들이 생산한 식량 없이는 생존할 수 없기 때문이다. 그래서 도시혁명은 농업혁명에 기초하였다. 이러한 농업 우위이론은 간단하고 논리정연해서 오랫동안 도시발달을 설명하는 주요 이론이었다. 그러나 1970년대에 들어서 이러한 잉여이론은 도전을 받게 된다. 첫째, 농부들이 왜 잉여를 생산해야 하는가이다. 수렵채취사회는 욕구가 많지 않았던 소 공동체를 유지하기에 충분해서 잉여는 불필요했다는 것이다. 따라서 농산물 잉여의 생산은 진보의 의미로 해석되기 보다는 잉여의 배분자 역할을 했던 엘리트계층의 강제 때문에 이루어졌다고 볼 수 있는 것이다. 최초의 도시들은 계층적 사회시스템의 지배중심지였다는 것을 상기하면 결국 최초의 도시들은 잉여의 결과라기보다는 오히려 잉여의 원인 이었다[1]고 할 수 있다.

둘째, 제인 야곱은 자신의 책 『도시의 경제학(*The Economy of Cities*), 1969』에서 도시가 농업생산성을 향상시켰다고 주장한다.

도시경제발달의 결과와 도시발달의 선결 조건을 학자들이 혼동하고 있음을 지적하며, 농업을 자극했던 것은 본질적으로 도시 간 교역이라고 주장한다. 교역으로 많은 사람들이 모이게 되면서 그들을 위한 식량공급이 필요하다보니 농업생산을 추동하게 되었다는 것이다. 그래서 농업혁명은 도시발달의 원인이라기보다는 오히려 도시발달의 결과인 것이다. 즉 도시는 교역을 기초로 발전하며 도시거주자들에 의해 행해진 농업 생산이 농촌지역에 이식된 것이라 할 수 있다. 제인 야곱은 1960년대 터키 차탈휘위크의 발굴에서 영감을 받은 것이라 생각된다.

최초의 도시들 중 하나인 터키 아나톨리아 지방의 차탈휘위크의 기원은 지금부터 9000년 전까지 거슬러 올라간다. 유적 발굴과정에서 다량의 흑요석 석기가 발견되었고, 이것은 공동체의 자급자족용이라고 보기에는 너무 많은 양이었다. 흑요석 석기의 가공을 주요한 산업으로 하여 번창했던 교역의 중심지였음을 유추할 수 있다. 결국 차탈휘위크는 농업, 제조업, 다른 지역과의 교역 등 1차·2차·3차 산업을 모두 포함하는 복합경제였음을 암시한다. 또한 동물벽화나 조각, 황소 뿔과 두개골의 표현 등이 발견됨으로써 수렵시기의 문화적 상징들도 존속되었음이 분명하다. 그래서 최초의 도시는 구석기에서 신석기로 이행되었음을 암시하고 있으며, 또한 야곱의 '도시발달이 농업혁명보다 먼저'라는 주장에 대한 가능성과 유효성을 높여주고 있다.

■ **차탈휘위크**

1961~1965년, 오늘날 터키 영토 일부인 아나톨리아에서 네 번의 발굴 작업 끝에 도시 규모 유적지가 모습을 드러냈다. 지역에 따라 많게는 1만 명, 적게는 수천 명이 살았을 것으로 보이는 흔적이었다. '차탈휘위크'라고 불리는 이곳은 B.C. 7500~5600년 세워져 2000년 이상 이어진 취락지로 분석됐다. 도시라 불리기에 손색이 없는 규모이지만 차탈휘위크에는 이후 형성된 도시에서는 흔히 볼 수 있는, 혹은 당연히 있어야 할 것으로 기대되는 어떤 것이 없다. "사회 계급에 따라 주민을 구분한 흔적이 보이지 않고, 다른 집보다 더 화려하게 장식한 건물도 전혀 없다."

인류 역사에서 가장 초기 형태 도시로 여겨지는 차탈휘위크의 이런 특성은 무엇을 의미하는 걸까.

독일 문화학자인 하랄트 하르만은 자신의 책 『문명은 왜 사라지는가』에서 차딜휘위크의 특이함을 이렇게 분석한다. "초기 문명 발전에 대안적 모델이 존재했다는 인상을 준다. …도시적 환경에 수천 명의 구성원으로 이루어진 공동체 조직도 사회적 위계질서 없이 얼마든지 기능할 수 있었다."

(하랄트 하르만, 2021, 문명은 왜 사라지는가, 돌베개)

## 고대 도시

메소포타미아문명, 이집트문명, 인더스문명, 황하문명 등 문명 발상지에서 고도로 발달된 도시문명을 볼 수 있다. 이외에도 역사가 휘틀리(Wheatly, 1971)는 중앙아메리카와 중앙 안데스, 남서부 나이지리아에서의 도시제국을 확인하고 있다. 그는 도시문명이 시공간적으로 이렇게 광범하고 다양하지만 서로 독자적으로 발전하였으며, 그럼에도 많은 공통특성을 갖고 있다고 지적하였다. 고대의 도시는 매우 계급적인 사회였으며 통제중심지이고 의식을 치르는 중심지였다. 주로 엘리트계층의 주거와 곡물창고, 사원과 궁전들로 구성되었다. 이곳으로부터 질서가 유지되었고 농업잉여가 수집되고 분배되었다. 종교적 의식은 주민과 귀족, 귀족과 신을 연결함으로써 사회질서를 정당화 시켰다. 도시는 이 초기 제국들의 발달에 결정적인 역할을 했다. 도시는 통제를 집중시켰고, 사회질서를 정당화 하였으며, 관개, 작물화와 가축화, 농사기술의 개선과 같은 농업발달의 원인이자 결과이기도 했다.

표 2.1. 초기 도시제국

| 지역 | 시기 | 도시 |
|---|---|---|
| 메소포타미아 | 6,000~5,500B.P. | 라가쉬, 우르, 우르크 |
| 인더스 | 5,000~4,500B.P. | 모헨조다로 |
| 이집트 | 5,000B.P. | 멤피스, 테베 |
| 중국 | 4,000B.P. | 정저우 |
| 중앙안데스 | 2,500B.P. | 쿠스코 |
| 메조아메리카 | 1,000B.P. | 테노치티틀란 |
| 남서부 나이지리아 | 1,000B.P. | 사가무 |

출처: Wheatly(1971) B.P.; before present (1950년 기준)

고대 도시의 주요한 도시기능은 치수와 같은 농업생산조건의 관리적 측면이 중시되었을 것이다. 그래서 농업 생산에 유리한 세계의 4대문명지역에서 하천 유역을 중심으로 도시가 발달했다. 주요 산업은 농업이었지만 잉여가 늘어남에 따라 다양한 수공업이 발달하여 독립된 사회적 분업을 형성하였다. 자가 소비가 아닌 교환목적의 다양한 생활용품이 만들어지고, 생산자이면서 상인인

계급이 발생하여 교역이 활발하게 진행되었다.

자체의 생산력 증대에 따른 잉여창출로 피지배계급에 대한 지배계급의 통제가 강화되었고, 더 많은 잉여를 얻기 위해 생산수단인 토지와 노예를 확보하기 위한 정복사업을 벌였다. 그래서 고대국가들은 식민지 쟁탈전을 부단히 벌였고 이에 따라서 주요한 도시기능은 통치와 군사 기능이 강하였다. 또한 막대한 잉여로 문화적 기능의 중심이기도 했다. 궁전·사원·기념건물·무덤·공공건물 등 거대한 토목사업을 벌이기도 했다. 또한 농업 생산과 관련하여 수학·측량학·천문학·기하학 등 다양한 학문들이 발달하였다. 도시 세국은 정보와 자료의 의식적이고도 체계적인 수집이 통치를 유지하는데 필수적인 부분이었던 지식기반사회였다.

도시들은 성장하면서 인간과 그 주변 환경간의 유대를 무너뜨리기 시작했다. 역사서에 의하면 도시의 흥망성쇠가 대부분 전쟁 패배나 정복에 의한 것처럼 보이지만 사실 전염병이나 홍수, 가뭄과 지진, 또는 관개수로가 침전된 진흙에 막혀 흉년이 들어 도시를 떠나야 하는 경우도 많았다. 최초의 도시가 있었던 수메르 평원도 지금은 바람에 휩쓸리는 폐허이며, 토지는 과잉경작으로 지력이 다해서 더 이상 인간생활을 부양할 수 없게 되었다. 도시문명 또한 자연환경의 냉엄한 도전을 피할 수 없는 것이며, 초기 도시들에만 해당되는 것은 아니었다.

도시는 전쟁에 대비해서 방어목적이 우세했기 때문에 주로 고지(高地)에 건설되었고 반드시 성벽을 갖추었다. 도시구조는 도심에 귀족 등 지배계층이, 외곽에는 빈자와 노예들이 거주하며 유사시 울타리 역할을 하였다. 저지는 방어의 어려움뿐만 아니라 대부분 습지라서 해충으로 인한 질병발생 위험이 높아 기피되었다.

도시화의 동력은 정복을 통한 노예제 생산방식이었다. 계속된 전쟁으로 군사력이 약화됨에 따라 용병을 쓸 수밖에 없었고 재정도 피폐해졌다. 착취와 억압에 대한 노예들의 반란 또한 끊이지 않았고, 결국 도시국가의 경제력이 약화하여 쇠퇴하다가 멸망하게 되었다. 요컨대 생산계급에게 적절한 군사적 통제 없이는 무너지고 마는 기생 도시적 특성을 보였다.

이 최초의 도시들은 주로 위협과 종교적 호소에 기반을 두고 있었다. 통치는 중앙정부의 위협이 미치는 범위까지만 확대되었다. 성 밖의 사람은 철저히 밀어내고, 성 안의 사람은 철저히 통제하였다. 도시에서 멀리 떨어질수록 위협의 힘도 감소했으며, 성 안의 권력이 미치기는 어려웠다. 결국 도시에서 멀리 떨어져 사는 사람들은 자신과 가족의 생존과 안전을 스스로 지켜내야만 했다는 것을 의미한다. 이는 고대 도시제국들이 국제적 중요성까지 이르지 못한 채, 지역적 중요성을 갖는 것으로 그쳐버렸는가에 대한 이유를 암시한다. 공간에 미치는 권력 유지비용이 제국의 범위를 제한하는 요인으로 작용한 것이다.

## 중세 도시

중세 시대란 게르만족의 이동에 따른 혼란기를 거쳐 무려 1000년에 이르는 고대와 근대의 사이에 끼어 있는 시대를 말한다. 십자군 원정시점을 기준으로 2가지 형태로 나눌 수 있다. 로마제국 후기에 들어, 사회적·정치적 분열과 경제적 쇠퇴로 인해 서부유럽 대부분은 소규모경제, 자급자족적인 경제단위로 되돌아갔다. 이 때문에 전문 생산을 위한 시장이 대부분 사라졌다.

제1형태는 8세기 이후부터 십자군전쟁이 일어나기 전까지 형성되었던 도시 형태이다. 봉건제도가 완전히 자리 잡지는 못하고 진행과정이었다고 할 수 있다. 게르만족의 이동이후 8세기경 까지는 작은 도시국가들을 중심으로 자급자족적인 실물경제로 유지되었을 것이라 추정된다.

주요 산업은 농업과 수공업이었다. 수공업은 상당히 전문화되어서 임금노동자를 고용하고 주문받은 것을 생산하였다. 생산자와 소비자를 연결하는 전문 상인이 출현했으며, 교역을 위한 정기시[2]가 출현했다. 시장을 열어 준 영주나 주교는 시장세나 통행세로 세금을 징수했으며, 영주나 주교가 주조권을 가진 화폐를 발행하여 사용토록 하였다. 시장의 수요는 도시 자체의 수요와 성곽주변 20리(8km)[3] 정도의 수요를 더한 것이었다. 군사나 방어기능에 유리한 성곽도시이거나 종교기능이 강한 주교도시로서 인구 5,000인 내외의 규모였다. 원형의 성(城)과 성 밖에 호(濠)를 갖춘 구조였으며, 내부구조는 중심에 지배자의 주거와 교회, 성직자의 주거를 갖추고 있었다.

제2형태는 11세기 이후부터 르네상스 이전까지로 볼 수 있다. 십자군 원정을 통한 기호품, 사치품 등이 동방으로부터 들어오면서 새로운 국제무역이 발달하고 도시는 확연한 상업 중심지가 되었다. 상업과 수공업이 도시의 주요 기능이었으며, 수공업보다 상업이 더 우위에 있었다. 이동이 잦은 상업의 특수성 때문에 상인은 농노보다 더 자유를 누렸다. 농노가 영지를 탈출하여 도시에 1년 내에 정착하면 자유를 인정했기 때문에 '도시는 자유를 만든다'는 말도 생겼다. 탈출한 농노를 애써 잡으러 다닐 필요가 없었다. 도시에 정착해서 도제제도에 편입되면 다양한 세금을 징수할 수 있었기 때문이다.

도시의 구조는 시장이 열리는 도심부에 광장이 있고, 광장주변에 시청과 사원, 업종 별로 명백히 구분되는 직인가(職人街)를 형성하였다. 직인가는 상공업자들의 조합인 길드(guild)의 발달과 관련이 있다. 직인가의 생산품은 조합의 조직을 통해서 시장에 판매하고 판로를 독점함으로써 상공업자는 부를 크게 증대할 수 있었다.

상업이 발달하면서 도시는 더욱 번영하였고, 교통 불편으로 지방적 수준 이상으로 확대되지는 못했으나 주요 교통로인 해안 연변을 따라 인구 2만 내외의 상업도시들이 발달하였다. 유럽 내에서의 교역은 물론이고 유럽과 동방사이의 교역도 활발했다. 상인계급의 등장과 화폐경제의 출현도 주목할 점이다. 도시의 잉여축적은 크게 발전하여 지중해를 중심으로 한 롬바르디아동맹[4]이, 발트해를 중심으로 하는 한자동맹[5]이 결성되기도 했다. 십자군원정기간 동안 지중해의 중심도시로 등장한 베니스가 대표적이다. 베니스는 최초이면서 가장 오래 존속된 상업도시였다고 할 수 있다. 르네상스를 촉진하는데 있어 베니스를 중심으로 한 이탈리아의 여러 상업사회들은 사적 이익추구라는 집단적 목적 하에 많은 사람들이 이익을 공유했다. 그 목적 실현을 위해 적정한 가격 결정, 법규제정, 거래약정, 계약체결을 조정하고 규제했다. 상업은 협력을 내포하고 있는 만큼 상인 개개인은 시민문화를 창출하고 시민의 미덕을 추구하는 등 시민사회를 조성하는데 기여했다. 실제로 르네상스의 등장과 발전은 부유한 상인들의 후원에 의해 이루어졌다. 상인들은 교역으로 쌓은 부를 공공장소의 건립, 건축가와 예술가 후원 등에 썼으며 이것은 예술의 발달과 공동체 정신의 함양에 크게 기여했다. 이는 시민들의 집단적 의식 및 축제와 같은 행사의 발달을 가져 왔고, 공공질서 추구를 위한 근거와 배경이 되었으며 결과적으로 시민사회가 출현하게 된다. 이는 시민세계와 공공영역에 대한 서구적 개념을 만드는데 일조하였다.

도시와 농촌의 관계를 보면 정치적 측면에서 장원을 가지고 농노라는 생산수단을 가진 영주가 도시를 착취하는 구조였다면, 경제적 측면에서는 도시가 직인가를 중심으로 만들어진 다양한 상품들의 독점가격을 형성하는 등 농촌을 착취하는 구조였다고 할 수 있다. 도시의 경제력이 증대함에 따라 길드를 결성하고 신분의 자유 및 자치권을 획득하였으며, 이로써 시민계급으로 성장하여 시장경제가 발달하고 계약사상이 출현하면서 봉건적 이데올로기와 정치적 속박으로부터 벗어나게 되었고 봉건적 속성은 해체되어 갔다.

## 근대 도시

화폐사용이 증가하고, 자유가 증대되면서 더 나은 생활환경과 일자리를 찾아 도시로의 이동이 활발해 졌으며 이로써 농민층 분해도 가속화되었다. 이것은 당시 영국에서 진행된 1차 엔클로우저[6]의 영향도 컸다. 경지를 목초지로 바꾸어 양을 키우는 것이 더 많은 화폐를 확보할 수 있다고 생각한 지배계급의 대대적인 엔클로우저 운동으로 많은 농민들이 토지로부터 축출되어 도시의 임금노동자로 전락하였다.

자급자족적 차원에서 생산되던 물건이 도시 공장의 상품이 되고, 농촌이 구매자가 됨에 따라 농촌은 도시 생존을 위한 경제적 토대가 되었다. 이렇게 도시와 농촌의 경제 분화가 촉진되면서 자본주의 도시가 형성되었다. 르네상스 이후부터 20C에 이르는 동안 도시는 자본축적의 단계에 따라서 상업도시, 산업도시, 독점도시로 이행되어 간다.

**상업도시** 상업도시는 상업적 교역에 기반한 도시이다. 이미 12세기 중반부터 교역은 유럽 내에서 뿐만 아니라 유럽과 동방사이에서 번창하기 시작하였다. 화폐경제의 출현과 상인계급의 등장, 해안가 도시교역중심지의 성장을 포함하고 있다. 유럽에서는 19세기중반까지도 상업도시들이 발달했지만, 식민지를 경험한 제3세계지역에서는 20세기 까지도 대부분 상업 도시였다.

상업도시에서 가장 중요한 활동가는 상인자본가이다. 상인자본가는 생산과정에 관여하지 않으면서 시장의 특권적 지배에 의존하여 자본을 축적한다는 점에서 한계를 가지고 있다. 상업도시의 역사에서 조금 늦은 17세기 초에 세계경제의 중심으로 떠오른 암스테르담은 당시 지구 전역에 걸쳐 영역이 확대되어 가고 있던 팽창적 상업시스템의 관문이었다. 교역을 체계화하기 위해 무역회사가 설립되었고, 은행은 돈을 빌려주었으며, 신용이 그 체제를 뒷받침해 주었다. 상인문화에 뿌리 내린 관용은 종교적 미덕일 뿐만 아니라 좋은 상업적 감각이었다. 암스테르담은 종교와 사회적 관용의 중심지였으며, 그 특성은 오늘날까지도 유지되고 있다고 할 수 있다. 이 시기의 예술은 베니스시기와 달리 위엄과 화려함은 덜 하지만 자제된 부르주아적 감각의 특성을 보인다. 17세기 초중반 활약했던 램브란트의 그림을 보면 귀족들의 호사스러움보다는 상인계급의 특성을 잘 나타내고 있다고 할 수 있다. 암스테르담의 상인계급과 시민들은 청렴과 자선의식을 통해 부의 과잉을 통제했다 자선사업과 도시 빈곤을 최소화하려는 노력은 기독교적 자비의 결과일 뿐만 아니라 도덕적 불안의 결과이기도 하다. 암스테르담은 물질주의가 내포하고 있는 도덕적 문제에 직면하여 고민하였던 마지막 상업제국일 것이다. 자본주의와 개인주의, 자유 시장에 대한 예찬이 지배적이 되고, 공동체의 중요성이 점점 소홀해지고, 부는 도덕적 해결책이라는 개념에서, 빈곤은 개인의 실패라는 신념으로 변화하게 됨에 따라 사회의 긴장이 강화되었다. 17세기 암스테르담은 변화하는 사회적 세계의 중심축에 있는 도시였다.

상업도시의 주요 기능적 특징은 정치·행정적인 수도로서의 기능이 중시되었으며, 지리상의 발견 이후 식민지 통제의 중심이기도 했다. 또 교역기능이 우세한 상업적 거대 도시이면서 수송적환의 항구도시였으며, 공장제 수공업이 발달한 제조업 도시이기도 했다. 상업과 제조업 기능이 도시의 주요 기능이었음을 알 수 있다.

도시의 구조를 보면 항구의 부두를 중심으로 정치와 경제 기능이 배치되고, 도시 외곽에는 가난한 노동자들의 열악한 주거가 위치해 있는 구조였다. 상업이 발달함에 따라 빈부격차가 심화되고, 계층은 다양화되었다. 인구가 증가하면서 여러 주거 집단이 혼재하는 양상을 보였으며, 주거지분화는 크게 발생하지 않았다. 주거 집단의 혼재 속에서 빈부격차의 심화는 사회적 저항을 키웠으며 이는 새로운 축적방식과 도시 형태를 필요로 했다.

중세 봉건제 하에서 토지는 임대될 뿐이었지만 도시화가 진행되면서 18세기 이후 토지가 상품으로 등장하게 된다. 가장 편리한 방식인 격자형으로 토지를 분할하여 거래했으며, 이러한 토지분할은 도로 형태 및 토지구획에 큰 영향을 주었다. 주택의 공급은 주로 지주나 상인 부유층에 의해 이루어졌는데, 도시인구가 증가함에 따라 임대료는 상승했고, 결국 부유층들이 이익을 챙겼다.

**산업도시** 서구와 북미에서 200여 년 동안의 도시화는 산업화에 기반하고 있어서 대부분 산업도시라 할 수 있다. 산업혁명에 의한 기술발달과 혁신, 기선과 기차 등 교통수단의 발달, 장거리 대량 운송과 저렴한 운송비 등이 산업도시의 성장에 크게 기여하였다. 또 18세기를 전후한 농업기술의 발달이 단위면적 당 생산량의 증대를 가져와 다수의 잉여 농업노동자들이 도시노동자로 전환 가능하였다.

그런데 런던이 산업혁명의 시발점이 된 이유는 무엇일까? 영국은 산업혁명이라는 경제적·사회적 변혁을 겪은 최초의 국가였다. 런던은 과거에도 지금도 수위 도시이며, 정치적·경제적·사회적 힘의 중심지이다. 20세기에 이르기까지 런던은 국가 수출입의 80%를 담당하는 광대한 상업제국의 핵심 이였다. 1600년 20만 명이었던 인구가 1750년 67만 오천 명에 이르렀고 1801년에는 거의 백만 명에 육박하였다. 경쟁도시인 파리의 거의 두배 크기였다. 1650~1750년의 시기를 연구한 역사지리학자 리글리(Wrigley, 1987)는 사회변혁에서 런던의 역할에 주목했다. 1750년 영국 총인구의 거의 11%가 런던에 살았다. 성인 6명 중 1명이 이주를 통해 런던을 경험하였으며 이주인구는 평균연령보다 젊고 활동적이었다. 거의 모든 사회집단의 선도 주자는 런던에서 생활한 경험이 있었다. 런던의 인구증가는 식료품 생산업자와 가공업자들에게 거대한 시장을 조성해 주었다. 상업의 확대에 따른 교역 이익이 런던 성장의 밑거름이 되었고 소비재에 대한 수요가 증가하면서 거대한 소비중심지를 형성하였다. 이러한 수요는 기술발달에 기초한 것이었다. 예를 들면 공업적 변화에 앞서 진행되었던 농업

개선은 이 거대한 시장이 있었기 때문에 가능했다. 이 증가하는 수요가 보다 많은 투자와 기술개선으로 유도하였고, 궁극적으로 농업생산성을 증가시켰기 때문이다. 1650년과 1750년 사이에 식량수요가 75%나 증가했고, 이것은 농업생산성을 자극하고 나아가 농업혁신으로 이어졌으며 다시 산업혁명의 토대가 된 것이다. 또한 추운 수도 런던에서 연료의 수요 증가는 영국 북부에서의 석탄생산을 촉진시켰으며, 결국 거대 도시의 소비력은 산업도약을 위한 전제 조건이라고 볼 수 있다. 도시인구의 수요를 충족시키기 위해 공급자와 시장을 연결하는 더 편리한 도로가 건설되었고, 지불유예를 가능케 하는 신용체계가 도입되어서, 도시에서 벽지(僻地)까지 장거리 상업거래도 가능케 되었다. 전국 규모의 시장이 형성되었고, 농업기술의 변화가 촉진되었고, 상업과 신용시설의 확대, 소비자와 생산자를 함께 묶는 개선된 교통망의 구축으로 런던은 국가의 경제변혁에 중요한 도시가 되었다. 결과적으로 리글리의 결론은 경제의 변화라는 도시관을 제시한 제인야곱의 논문(1969)을 뒷받침하고 있다. 산업혁명은 흔히 기술개선이나 청교도의 윤리, 경제학과 사회학의 조합으로 설명되곤 한다. 이 모든 것들은 한 부분에 불과하며, 오히려 런던의 엄청난 성장이 산업혁명에 가장 중요한 자극 중의 하나였던 거대한 유효수요를 창출했다는 것을 기억하는 것이 중요하다.

산업자본은 제품 생산과정에서 창출된 잉여가치로 축적된다. 산업혁명이 수반한 기술의 발달 중 가장 혁신적인 것은 증기력을 이용하는 에너지자원의 동력화이다. 이것은 공업의 규모와 성격을 근본적으로 바꾸어 대량생산을 가능하게 했다. 주요 에너지원인 석탄산지와 운송이 저렴하고 편리한 곳에 공장이 입지하였다.

공장은 원료 수집과 제품 유통을 고려하여 입지를 결정하기 때문에 특정 도시에 들어서게 되며, 집적의 이익을 노려서 관련 있는 여러 산업들이 계속 한 도시에 밀집하게 된다. 그래서 산업도시는 빠른 시간에 대도시화로 진행되었으며, 대도시는 인간관계가 중시되는 좁은 사회인 중소도시보다 노동통제에 유리해지는 점도 있다.

도시의 성장이 빨라짐에 따라 과밀의 문제, 열악한 주거문제, 비위생적 노동조건, 노동력의 건강약화, 질병의 만연과 사회적 혁명에 대한 두려움 등 무계획적이고 통제되지 않은 도시화가 야기한 긴장과 불안이 곳곳에 스며 있었다. 앤드류 마안(Andrew Mearn)의 고발장 『버림받은 런던의 통곡(*The Bitter Cry of Outcast London*), 1883』은 노동계급을 위한 주택 건설을 입법화하는 계기가 되었다.

주요 도시기능은 공업이고, 공장의 도시 내 배치와 함께 도시내부의 공간분화가 이루어지는 것이 도시구조의 특징이다. 도시내부공간의 발달은 인구와 고용 면에서 도심지향의 집중 경향이 강하게 나타났으며, 그 결과 단핵구조의 고밀도 도시로 발전해 갔다. 당시는 도시 인구와 고용의 급격한 증가에 비해서 도시의 대중교통수단이 아직 미발달한 상태였기 때문에 도시의 크기가 작고 시가지의 발달이 제한적이었다. 도심부근에 공장지구가 집중되는데 이는 도시의 주요 교통이 도심과 연결되기 때문이다. 그래서 하천과 철도에 인접하여 공장지구가 배치되고 그 주변에 노동자의 주거지역이 입지하게 된다. 중산층은 도심부에 위치하는 상업구역과의 연결은 용이하면서 동시에 가능한 한 도심부 공장지구나 노동자 주거지역에서는 멀리 거주하고자 한다. 인구와 고용이 도심에 집중되고 대중교통수단이 미미한 수준이어서 도시면적은 크지 않지만 고밀도로 집적되어 있었다.

산업화에 유리한 도시구조는 산업 도시의 붕괴를 앞당기는데 일조했다고 할 수 있다. 노동자들이 특정 구역에 집중됨에 따른 잠재력이 서서히 폭발하게 되는데 노동통제를 위한 격리가 역으로 노동쟁의의 신속한 확산 여건을 조성하여 파업과 도심시위가 빈번해지는 결과를 가져왔다. 도시는 노동쟁의의 중심무대가 되었고, 아마도 자본가들은 다른 형태의 도시를 구상하게 되었을 것이다.

**독점도시** 특정 생산과 자본이 집적되어 시장을 지배하고 있는 상태를 독점이라고 한다. 즉, 생산물의 대부분을 집적하고 독점가격을 책정하여 독점 이윤을 획득하는 거대 기업군 및 그러한 결합형태가 등장한 것이다. 거대소수의 거대한 독점기업이 정치·경제·사회·문화 전반에 걸쳐 지배적인 힘을 행사하는 자본주의 단계를 독점자본주의라 하는데 20세기의 도시 형태를 결정짓는 축적단계이다. 이 단계의 도시는 기능의 전문화와 분화, 도시 내부 구조의 세분화로 요약할 수 있다.

기술의 발달이 공업뿐만 아니라 도시의 성장과 도시내부구조의 변화에 크게 영향을 미쳤다. 산업도시와 확연히 다른 것은 공장지구의 교외이동과, 도심의 중심업무지구가 출현한 것이다. 즉, 제품을 생산하는 공장과 업무 중심의 회사가 분리되는 공간적 분업이 발생한 것이 큰 특징이다. 콘베이어 벨트와 같은 대규모의 기계화로 공장이 커지면서 넓은 공장부지를 필요로 했기 때문에 사실상 도심부입지가 불가능했는데, 자동차의 보급과 고속도로의 건설 등으로 도시 외곽에서의 공장입지가 유리해졌다. 기업이 합병되어 가면서 독점자본이 독자적인 공장 이전에 필요한 자금력을 확보할 수 있었을 뿐만 아니라 구 공장이 있던 도심부의 지가 상승으로 공장의 이전 확장이 용이하게 이루어 질 수 있었다.

도심의 중심업무지구(Central Business District)의 출현은 20세기 도시의 가장 중요한 변화일 것이다. 기업의 규모가 커지면서 업무 기능과 생산과정을 분리시킬 필요가 생겼다. 생산과 유통에 대한 빠른 정보 습득과 정책결정에 대한 로비를 위해서도, 각종 컨설턴트 이용을 용이하게 하기 위해서도 가장 효율적인 장소에 업무 기능의 지휘부를 위치시킬 필요가 있었다. 즉, 금융기관과 행정기관, 법률서비스 등에 근접해야 하는 필요성 때문에 중심업무지구가 발생한 것이다. 도심부 업무기능과 관련한 직종이 확대되고 아울러 소매업과 각종 서비스의 창출로 고용효과도 높아졌다. 결국 거대도시에서 볼 수 있는 도시 내부의 기능 분화는 바로 자본 축적과정의 결과라고 할 수 있다. 20세기의 도시는 도심에서의 고용집중과 도시 외곽으로의 인구분산이라는 양립과정으로 도시 성장이 이루어졌다.

## 포스트모던 도시

근대의 도시란 이성과 합리성, 경제성에 기반한 근대성을 완성해 온 공간적 틀이다. 그런데 1980년대 이후 도시를 중심으로 진행된 정치·경제·문화적 변동은 모던 도시의 성격을 크게 변화시켰다. 그래서 모던 도시이론은 새로운 도시현상을 설명하는데 그 유의성이 떨어진다고 본 것이다. 새로운 패러다임이 필요해진 것이다. 도시화의 포스트모던 형태가 모던 형태를 대체하는 범위와 그 실제적 본질은 도시마다 다를 것이다. 모든 도시가 근대적이거나 산업적이지 않은 것처럼 포스트모던 도시도 마찬가지이다. 포스트모던적인 도시화 속에서도 많은 도시들이 근대적·산업적 구조를 간직할 것이며, 새로운 포스트모던 도시 형태와 어우러져 나타날 것이다. 포스트모던 도시는 3가지의 중요한 특징을 가지고 있다. 모던의 경관과는 다른 '새로운'경관, 신엔클로우저 운동, '새로운'도시문화가 그것이다.

**'새로운'경관** 직선적이고 네모반듯한, 검소하기까지 한 모던한 고층빌딩들의 숲 사이로 형상과 색채가 다양한 다채로운 건축물들이 대거 등장하기 시작했다. 직사각형의 빌딩에 각도가 부가되고 편평한 지붕은 박공벽으로 바뀌었으며, 유리벽은 바로크식의 과다한 장식을 갖고 있다. 1960년대에는 모던한 건축이 대유행이었다. 1990년대는 포스트모던한 외관이 유행이다. 모던건축의 거장인 로에(Mies van der Rohe)는 '부족한 것은 넘치는 것(Less is More)'이라 했으나 포스트모던 건축에 대해서 쓴 젠크(Charles Jencks)는 '부족함은 곧 따분함(Less is bore)'이라고 바꿔 읽었다. 모든 새로운 유행은 혁명처럼 보이지만 곧 보편화되고, 곧 따분한 것으로 되는 것이 숙명이다. 단순히 스타일의 변화나 디자인의 변덕스러움, 그 이상의 어떤 것 즉 더 깊은 메시지가 잠재되어 있다. 모던에서 포스트모던에로의 이행에서 나타나는 명확한 구분은 건축물과 도시들이 어느새 낡아버린 것처럼 보이게 할 수 있다. 1980년대의 건축 붐은 새로운 경관조성을 위한 좋은 기회였다. 포스트모던으로의 변화는 지구촌 경쟁의 시기에 도시들 간에 차별화를 시도할 수 있는 좋은 기회였다. 새로운 건축물이 속속 등장하고 또 새로운 양식으로 갈고 닦는 것이 크게 유행하게 되었다. 스타일의 변화 뒤에는 과거에 포착되지 않았던 시도가 있었다. 현재의 경쟁은 과거의 건축을 탐구하도록 한다.

**신 엔클로우저 운동** 엔클로우저 운동은 15세기 말 영국에서 시작된 것으로 공동경작지의 사유화, 목축지나 산림 등 공동토지의 사유화를 꾀하면서 농민들을 토지로 부터 내쫓는 지주들의 횡포였다. 도시지역에서 일어난 현대의 엔클로우저는 다양한 측면에서 볼 수 있다. 벙커건축이 대표적이다. 즉 많은 건축물들이 접근을 통제하고 또 감추려 한다. 예를 들면 호텔의 경우 대부분 입구를 감추어서 보통 시민들이 접근하는 것을 막거나 제한하려는 경향이 있다. 도로에 바로 면해 있는 담, 도로에서 벗어나 있는 입구 등 공공공간으로부터 폐쇄되는 모습을 보인다. 밋밋한 벽은 시민문화와의 단절을 의미한다. 거주자와 친구 외에는 문을 걸어 잠그는 '출입제한'공동체('gated' community)가 증가하고 있다. 개인비밀경호, 벽, 문, 전기울타리 등은 안전에 대한 관심과 타인에 대한 두려움을 반영한 것이다. 도시의 공유공간은 다른 사람들에 두려움을 느끼는 작은 공동체들로 분리되어 간다. 우리의 도시가 희망보다는 공포감을 더 반영하고 있다. 데이비스(Mike Davis, 1990)가 쓴 로스앤젤레스에 대한 책에서 현대의 엔클로우저 운동을 연상시키는 주요 목차들을 읽을 수 있다. 즉 '공공 공간의 파괴', '금단의 도시', '가학적 거리환경', '중앙감시소가 있는 상가건물', '사내경비원에서 로보캅까지', '군중의 공포' 등이 그것이다.

**'새로운' 도시문화** 복지, 공공재화, 기타 도시 삶의 질을 향상시키는 많은 일들에 대해 국가와 도시정부의 관심이 줄어드는 것을 의미한다. 문화행사라든가 환경의 질 향상에는 투자를 늘리면서 대중교통 예산이나 공공 공간의 창출 및 유지비용은 삭감했다. 도시정부가 수익의 배분보다 수익창출에 더 많은 관심을 갖고 있는 것이다. 보조금이나 세금감면과 같은 각종 장려정책으로 기업을 유치하고 자본을 유인하는 것이 더 중요하게 되었다. 경기침체가 심화되면서 도시들의 그런 노력이 더욱 강화되는 경향이다. 도시정부 또한 도시개발사업과 수익사업의 활성화 측면에서 역동적인 역할을 맡고 있다. 후기 모더니즘의 재분배적 도시가 초기 포스트모더니즘의 기업가적 도시로 변모하고 있는 것이다.

다른 경향도 나타난다. 선진국의 도시에서는 고용의 양뿐만 아니라 고용의 질에도 높은 관심을 갖고 있다. 사회적 및 개인적 목표로서 경제성장과 소득의 최대화가 생태적 책임과 삶의 질의 최대화와 경쟁하고 있다. 환경의 질, 사회적 평등, 정치권력 분권의 문제에 관심이 증대하고 있다. 21세기의 '새로운' 도시문화는 사업적 이익추구와 새롭게 부각되고 있는 공공이익의 확대가 절묘하게 혼합된 양상이 될 것이다.

자본축적 단계에 따른 도시의 기능 변화와 도시내부구조의 변화를 바탕으로 도시발달과정을 살펴보았는데, 20C초 사회주의 체제로 전환된 국가들이나 자본주의 발달과정의 시기와 상황이 다른 제3세계의 도시발달의 모습은 다르게 나타난다.

## 사회주의권의 도시

20세기의 가장 역동적인 정치적 변화라면 러시아에서의 볼셰비키혁명, 공산주의 중국의 등장, 세계 곳곳에서의 마르크스주의의 채택일 것이다. 이러한 변화들은 도시 전역에 걸쳐서 기록되었다. 도시가 자본주의에서 사회주의로 변화할 때 도시 형태는 시장력의 결과라기보다는 오히려 정부개혁의 산물이 된다.

사회주의 도시는 1935년의 모스크바계획에서 상당한 영감을 얻고 있다. 이것은 구소련의 수도재건을 위한 계획이었다. 당시의 도시계획 원리에 따라서 도시는 규모에 제한을 받았으며, 도시 중심은 업무기능보다 오히려 이념적인 기능을 가졌고, 주택배치도 국가가 통제해야 함을 제안하고 있다.

사회주의 국가의 대표 격인 러시아의 도시 형태를 문헌을 통해 살펴보면 자본주의 도시에서 일반적으로 볼 수 있는 것과 아주 다르다. 무계급을 지향하는 사회주의 이념과 사유재산의 불인정이 도시구조 형성에 크게 영향을 미쳤다고 볼 수 있다. 이미 30년 전에 사회주의의 한계에 직면하여 자본주의의 물결이 물밀듯이 도시에 유입되었다고 해도 기존의 도시구조를 통째로 뒤엎을 수는 없기 때문에 '철의 장막' 안의 도시모습을 유추한 연구들은 의미가 있다고 생각한다.

먼저, 도심의 발달이 미약한 것이 큰 특징이다. 자본주의 도시의 도심은 각종 고차 기능이 밀집되어 있고 인구 유동성도 높아 최고의 지가지역으로서 고층건물이 숲을 이루는 고도의 도시문명 지역이다. 반면 러시아의 도심은 정치 행정의 구심점으로서 붉은 광장을 중심으로 관청이 즐비하게 펼쳐진다. 광장은 군사퍼레이드나 군중집회를 위한 장소로서 체제의 과시나 선동의 장소였지 경제활동과는 무관한 곳이었다. 국가 차원에서 계획적으로 토지이용이 결정되고 사유재산도 인정되지 않으므로 지가의 형성이나 개념자체가 없었다. 따라서 집약적 토지이용을 위한 건물의 고층화 등도 생각할 수 없다. 국토도 넓은데다 사유재산도 인정하지 않았기 때문에 자본주의 국가들에서 아주 크게 부각 되는 토지문제나 지가문제는 거의 없다고 할 수 있을 것이다. 정치와 행정적 기능이 강한 도심부에 항상 유동성이 많지는 않아서 상업이나 서비스기능의 발달도 미약하여 자본주의 도시권에서 나타나는 접근성 개념도 없었다.

사회주의권에서는 국가가 모든 국민의 주거를 확보해 주어야하기 때문에 건물의 고층화현상은 뚜렷하게 나타난다(1971년 모스크바 건물의 평균층수 7~8층). 주택난의 심각성을 반영하는 것이다. 역사성이 있는 도심부 보다 도심에서 멀어질수록 고층화는 심각해진다. 건물들은 대부분 주상복합적이어서 1층은 일상용품의 배급이나 교환 등 상업기능이 있고 위층에는 주거기능을 배치하여 상주인구의 비율이 조밀했으며, 그래서 직주분리에 따른 도너츠 현상도 나타나지 않았다. 많은 공업 도시에 도심 자체가 없었으며, 산업체가 전 도시에 균일하게 분포하고, 주거와 서비스 기능도 직주 근접의 원리로 산업체 주변에 배치됨으로써 교통체증도 심각하지 않았다.

슬럼이나 게토 등 사회계층의 공간분화도 나타나지 않았다. 지금은 분리 독립한 중앙아시아 지역의 인종분리현상은 있었는데, 이는 토착원주민이라 할 수 있는 중앙아시아인들이 도심부근에 밀집해서 살고, 나중에 유입된 러시아인들이 도시 외곽에 사는 형태를 보인다. 결과적으로 자본주의 도시에서 발생하는 여러 도시문제들이 사회주의권 도시에서는 나타나지 않는다고 할 수 있다, 그러나 빠른 속도로 자본주의화 되어가는 러시아와 동부유럽의 도시구조가 어떻게 변화해 갈지 궁금하다.

중국의 베이징은 현대의 사회주의 사회의 이미지를 만들기 위해 재형성되었다. 천안문광장을 만들기 위해서 과거 황제 시대의 종묘와 사직단을 허물었고 이것은 봉건시대와의 단절을 의미힌다. 이것은 약 50ha에 달하는 면적으로 세계에서 가장 큰 광장중의 하나이다. 광장의 서쪽에는 인민대청사가 있고, 동쪽에는 중국혁명 박물관이 있으며 중심에는 37m에 달하는 화강석으로 된 모택동 동상이 있다. 새로운 사회주의 중국의 상징으로서 대규모 행진을 위해 건설된 것이다. 그러나 1989년 천안문광장에 앉은 학생들은 사회적 저항의 상징이었다. 이어진 대량 학살은 대중저항에 일격을 가한 타락한 체제의 상징이 되었다.

베를린은 자본주의와 사회주의 도시의 상반된 경로의 한 예가 된다. 1945년 이후 베를린은 동서로 나뉘게 되었다. 서쪽은 도시의 가장 부유한 지역이 되었고 중심부는 서부유럽 다른 도시와 마찬가지로 업무와 쇼핑의 중심이 되었다. 오래 된 주거지역에는 터키이민자들이 살고 있다. 동베를린의 중심에는 상점이나 서비스가 거의 없었다. 도로는 국가의 행사가 있을 때 행진을 위해, 그리고 정부청사를 위해 크게 넓혀졌다. 업무의 중심이라기보다는 이념의 중심이었다. 두 도시에 세워진 벽은 철의 장막, 냉전, 유럽 사회주의의 종말을 알렸던 1989년까지 거기 서 있었다.

## 제3세계의 도시

제3세계의 도시발달과정의 특성을 살펴보자. 제2차 세계대전 후 냉전시대에 쓰인 제3세계라는 용어가 지금은 부적합할 수도 있지만, 서구의 식민지였던 공통의 상황을 경험했었던 지역을 쉽게 이해하는 데는 적합하다고 생각하여 그대로 사용하였다.

2차 대전 후 제3세계 국가들은 식민지에서 벗어나 독립국가로서 출발하였다. 1945년부터 1960년대 말까지 독립이 이어졌다. 제3세계 국가들은 독립이 이루어진 20세기 중반까지 서구의 산업혁명 이전의 도시 특성을 보였다. 즉 1차 산업비율이 높고, 상업 의존적이며, 도시규모도 그렇게 크지 않은 전(前) 산업도시의 형태를 보여준다. 결국 서구의 도시발달과정과는 다른 과정을 밟는다고 할 수 있다.

도시구조는 식민지 권력의 경제·행정·교통 활동의 산물이어서 해안을 중심으로 도시의 중심이 형성되는 등 서구의 상업도시와 유사한 특성을 보인다. 독립 후 경제성장과정에서 어느 정도 사회간접자본이 갖추어진 곳을 중심으로 공업화가 진행되다 보니 도시화와 산업화가 된 곳만 계속되는 지리적 관성을 보인다. 사회간접자본은 투자액도 클 뿐만 아니라 자본회전기간이 길다 보니 오랜 식민지를 겪은 국가들이 투자할 여력이 없어 기존의 사회간접자본에 의지할 수밖에 없다. 결국 식민지체제가 남긴 유산이 청산되지 못한 채, 해안에 면한 소수의 도시에 국가의 정치·권력·경제·문화가 집중되어 공간의 불평등 문제를 야기하는 경우가 많다.

도시화의 진행 과정 또한 서구의 수백 년에 걸친 도시화가 단기간에 급속히 이루어지다 보니 과잉도시화로 실업, 주택부족, 교통 혼잡, 빈민 양산, 공해 등 다양한 도시문제를 발생시키고 있다. 산업화를 동반하지 못한 상태에서 도시화가 빠르게 진행되어 도시문제를 더욱 심화시키고 있다. 대도시가 안고 있는 여러 문제의 해결에 집중하다 보면 인구의 태반이 살고 있는 농촌을 소홀히 하기가 쉽고, 농촌이 침체되면 농도이주는 더 가속화되기 마련이다. 결국 대도시의 비대화는 종주도시화로 진행되고 국토공간상의 지역적 불균등발전을 초래하여 정치 불안이나 사회위기를 불러올 수 있다. 그러나 자원이 부족하거나 경제기반이 취약한 경우 종주도시를 성장거점으로 하여 제한된 자원 인력 자본을 집중함으로써 경제발전을 유도해 낼 수 있는 장점이 있는 것도 사실이다. 국토공간의 이용을 효율성차원에서 바라볼 것인지 형평성차원에서 바라볼 것인지가 관건이다. 그동안 국가재정과 국토의 효율적 이용을 강조하며 국토의 지극히 일부분인 대도시와 수도권 중심의 투자가 이루어져 왔다면 이제 국토 전반에 걸친 적절한 개발과 이용으로 형평성을 충족시켜야 할 때가 되었다.

제3장

# 도시의 위치가 도시의 성장을 결정할까?

한 도시의 입지를 이해하는데 있어 두 가지 관점으로 바라볼 수 있다. 즉 도시의 절대적·지형적인 위치라 할 수 있는 Site와 상대적·관계적 위치라 할 수 있는 Situation의 관점에서 이해 할 필요가 있다.

## Site와 Situation

한 도시에 대한 지리학적인 사전지식의 확보를 위해서 가장 먼저 알아볼 것이 그 도시가 놓인 절대적 위치인 Site와 상대적 위치인 Situation을 확인하는 것이다. 통상 Site는 도시가 놓인 지형 자체를 말한다. 그 지형위에서 취락이 발생하고 발전되어 도시가 된 것이다. 시가지 형성의 직접적 기반으로서 자연환경의 영향을 강하게 받는다. 지질 상태와 기복의 정도, 물의 공급, 관류하천의 특성 등을 살펴서 피신과 방어에 유리한지, 홍수를 피할 수 있는지, 음용수 공급이 적절한지 등을 판단할 수 있다. 1 : 50,000 이상의 대축척지도의 독도(讀圖)를 통해 지형 면이 도시구조에 어떤 영향을 미쳤으며 현재 어떻게 이용되고 있는지 자세하게 확인할 수 있다.

그런데 우연히 특정장소에서 취락이 발생하고 그 후 초기 Site와 관계없이 도시로 발달한 경우가 더 많다. 현재의 도시 시가지가 초기 Site와 거의 관계가 없기도 한데 이것은 초기 Site가 장래의 도시발달을 전혀 고려하지 않고 선정되었기 때문이다.

Situation이란 도시의 관계적·교통적 위치를 말하는 것으로 다른 지역들과 넓게 정치·경제·문화적 관계를 맺고 있으므로, 도시 주변 훨씬 더 넓은 지역의 자연적·인문적 특성을 파악해야 한다. 그래서 더 넓은 범위의 지역들을 한눈에 살필 수 있는 소축척지도(1: 500,000정도)상에서 한 점으로서의 도시가 멀리 떨어진 주변과 어떤 연결 관계를 갖고 있는지 분석한다. 즉, 배후지의 인구규모와 생산성이 도시의 성장을 가늠할 수 있게 해주며, 배후지와의 도로·철도·수로 등 교통조건을 살펴 물류조건이 어떤지, 밀접한 관계에 있는 도시와의 공간거리나 교통거리와의 상호관계 속에서 성장가능성 혹은 위축가능성을, 내륙도시라면 해안과의 거리와 그 영향이 어떠한지, 항구도시일 경우 배후지의 규모, 교역의 문호로서의 중요성, 전략적 가치 등을 확인해봐야 한다.

도시의 발달에 있어서는 국지적인 Site보다도 그 Situation이 더욱 중요하다. Situation은 도시가 수행하는 기능 그리고 연속적인 발전과 더 직접적인 관계가 있기 때문이다. 풍부한 생산지역을 배경으로 타 지역과 교류할 수 있는 위치는 도시발달에 매우 중요하다. Situation에 있어서도 자연적 요인이 중요한데 특히 이동과 관계되는 것은 Situation의 배경으로서도 중요하다.

한 도시가 좋은 조건의 Site를 가지고 Situation도 좋을 때는 번영하고, 불리한 Site를 가지고 Situation까지 불리할 때에는 어려움에 직면하게 된다. 그러나 불리한 Site에도 불구하고 Situation이 좋다면 크게 발달할 수 있다. 인도의 캘커타는 갠지스강 하류의 저습지에 위치하고 있어서 음료수 확보도 어렵고, 많은 해충과 쓰레기처리가 어려우며, 지반이 약하여 지반이 침하하지 않도록 건물의 기초에 특히 유의해야 하는 작은 어촌에 불과했다. 하지만 영국의 식민지로 있는 동안 수백만의 인구를 품고 있는 갠지스강 유역의 풍부한 물산들을 모아서 영국 본국으로 실어 나르는데 유리한 위치였기 때문에 적극 개발되어 큰 항구도시로 성장했다. Site는 안 좋지만 영국의 식민지라는 Situation의 변동이 캘커타를 큰 도시로 성장하게 한 것이다. 지브롤터(Gibraltar)나 아덴(Aden) 항도 같은 예이다. 급경사의 암석지역인 지브롤터는 일반적인 삶의 Site로서는 취약하지만 지중해 입구에 위치한 전략적 위치라는 Situation이 크게 작동한 것이다. 아덴 항도 Site는 황량하지만 홍해의 입구에 위치하여 Situation이 중요한 곳이다.

인천은 우리나라에서 조석 간만의 차이가 9m정도로 가장 커서 좋은 항구의 조건은 아니지만 서울이라는 대소비지를 배후지로 하고 있어서 수문식 도크 등 여러 가지 기술적 조치로 서울의 외항 역할을 충분히 해내고 있다. 전남 목포 또한 서해안의 주요 항구들이 그렇듯 조석간만의 차이가 커서 좋은 항구 조건은 충족시키지 못하지만 영산강 유역의 풍부한 쌀을 일본으로 가져가고 싶은 욕심이 청일 전쟁 후 목포를 개항장으로 만들었고, 1898년엔 전남에서 가장 먼저 부(府)로 승격되기도 했다. 일본 입장의 Situation 변동 때문이다. Site도 Situation도 안 좋으면 도시발달이 지체된다. 서해안의 도시들은 대체로 조석 간만의 차가 커서 항구로서의 Site가 좋지 않다. 그러나 한반도와 중국의 오랜 역사 속에서 서해는 활발한 교류의 통로였고 서해안의 항구들이 번성했지만, 공산화된 중국을 마주해야 하는 Situation의 변동으로 서해에 면한 어항으로서만 기능하며, 1992년 한중수교가 이루어지기까지 교역항으로서 활발하게 기능하지 못하고 오랜 침체기로 이어졌다.

어떤 도시는 Site는 좋으나 Situation의 변화로 수도의 지위를 잃기도 했다. 브라질의 리우데자네이로는 만곡한 넓은 해빈과 슈가로프산이 우뚝 솟아 있어 아름다운 경관으로 세계 3대 미항으로 불리며 유명했지만, 국토의 한쪽에 치우쳐 있어 브라질 전체에 대한 위치가 나쁘고, 험한 해안산맥으로 내륙과 차단되고 있다. 브라질은 광대한 내륙의 발달을 촉진하기 위해서 1960년 수도를 내륙의 브라질리아로 옮기게 된다.

도시는 성장하고 사멸하는 유기체에 비유될 정도로 시간에 따른 부침이 있기 때문에 단순히 Site만 보고 도시의 성장과 쇠퇴를 말 할 수 없다. 오늘날에는 과학기술의 발전으로 Site의 부족함도 상당히 극복 가능케 된 것이 그 이유다. 오히려 교통로나 교통수단의 변화, 성장하거나 쇠퇴하는 다른 지역과의 연결성 등 끊임없이 변화하는 Situation의 변화가 도시성장에 크게 작용하고 있다.

## 광주의 Site와 Situation

광주의 Site는 다음과 같이 기술할 수 있다. 소백산맥의 서쪽 지맥에 해당하는 무등산 산록을 따라 발달한 분지상의 도시이다. 광주천의 중하류에 형성된 충적평야는 비옥한 농경지를 제공하여 인구가 많았을 뿐만 아니라 분지형의 지형이 방어에 유리하여 군사 행정적으로도 우위에 있어서 삼국시대부터 주요 중심지로 기능할 수 있었다. 백제시대에는 무진주(武珍州)로, 통일신라시대에는 무주(武州)로, 고려시대 이후에는 광주(光州)로 불리어졌다.

광주의 Situation은 영산강 유역의 너른 나주평야를 배후지로 하고 있어서 조밀한 인구밀도와 풍부한 생산기반을 갖추었다. 또한 곡성 구례 광양 등 동부 산간 지대와 나주 함평 등 서부평야지대와의 점이지대에 위치하여 두 지역 간 교역중심지로서의 여건을 가지고 있다. 도로교통이 확충 발달되어감에 따라 남부의 해안까지도 접근도가 증가하여 전남 전 지역을 통치하는데 유리하다. 전남의 약간 북부에 위치하여 전북의 일부 인 고창·순창·남원과도 밀접한 관련을 갖는 전라남북도의 중심도시로서 기능하고 있다. 또한 서울·부산 등 대도시가 호남의 농촌지역과 원거리에 위치하여 광주가 호남지역의 인재들을 끌어들이는 교육중심도시로 성장하는데 유리하였다.

1896년 전라도가 남도와 북도로 나뉘고 광주가 전라남도의 도청소재지가 됨에 따라 급격하게 성장하였다. 1914년 호남선이 광주를 비켜 송정을 통과하면서 철도교통이 중심이 되던 시기에 도시발전에 곤란을 겪었다. 1931년 광주읍으로 승격했으며, 1935년 광주부(光州府)가 되었다. 1952년 상무대가 입지하고 1967년 광천동에 중소기업단지가 입지하면서 생산도시로서의 변모가 시작되었다. 1973년 호남고속국도와 남해고속국도가 연결되고 1984년 88올림픽고속국도가 개통되면서 고속도로 교통시기에 사통팔달의 교통망을 갖추고 성장해 나갔다.

제4장

# 도시환경의 문제와 대안찾기

도시는 좁은 토지를 효율적으로 활용하기 위해 토지를 고밀도로 이용한다. 높은 빌딩과 복잡하게 연결되어 있는 가로망이 대표적인 경관이다. 인간의 필요에 의해 선택된 시설물만 우선적으로 배치하기 때문에 자연적 요소들이 배제되고 그 결과 도시생태계의 다양성은 아주 낮게 된다. 인공 구조물이나 사회·문화적 요소로만 구성되었을 것 같은 도시도 실제로는 자연적인 생태계를 구성하고 있으며, 도시에서 형성되는 여러 수준의 사회관계도 자연생태계와 영향을 주고받는다.

## 한국 도시환경문제의 특징

도시환경문제 발생의 한국적인 특성은 아주 단축적인 산업화로 인해 파생되었다는 것이다. 즉 서구의 2~300년에 걸쳐 이룩한 산업화가 한국에서는 4~50여년 만에 압축적으로 진행되면서 여러 가지 사회·공간적 문제들이 발생하고 또 심화 되었는데 도시환경문제도 그 중의 하나이다. 급속한 산업화는 급속한 도시화로 이어졌고, 결국 자연환경과 조화롭지 못한 도시공간이 형성되게 되었다.

도시환경문제의 특징적 현상을 크게 3가지로 나누어 볼 수 있다.

첫째, 도시 인구의 증가와 도시규모의 확대로 인한 자연생태계의 파괴가 극심하다. 1970년대 이후 인구와 산업이 도시로 집중하면서 토지수요가 급증했지만 기존의 도시공간이 공급할 수 있는 토지는 절대적으로 부족했기 때문에 임야나 농경지 등 비 도시적 토지의 도시적 전용이 불가피했다. 하지만 도시의 택지부족을 해소하기 위한 개발은 도시 내부가 아닌 도시 외곽지역에 신시가지를 조성하거나 도시경계를 둘러싸고 있는 개발제한구역을 넘어서 완전히 새로운 신도시를 건설하는 방향으로 진행되었다. 이러한 신시가지 및 신도시의 건설은 1980년대 이후 적극 추진되었으며, 특히 1990년대에 수도권지역을 중심으로 두드러졌다. 이러한 개발을 통해 산림보전상태가 비교적 우수한 도시외곽지역이 급속하게 파괴되었다. 게다가 신시가지나 신도시를 기존 도시와 서로 연결시키기 위한 도로공사는 높은 토지 수용비를 피하기 위하여 산이나 샛강 등을 주로 이용하기 때문에 이 과정에서 자연생태계의 파괴가 더욱 심각했다. 이러한 과밀화로 인해 발생한 심각한 도시 내 교통문제는 도시 내부 순환고속도로를 추가로 조성하게끔 하는데, 이러한 사업은 도시 내부에 그나마 유지되고 있는 자연생태계까지 파괴시키는 경향이 있다.

둘째, 자원과 에너지소비의 집중과 생산-소비-폐기 장소의 괴리가 갈수록 커지고 있다. 대도시의 도시체계가 유지되기 위해서는 화석연료를 사용하는 과학과 산업기술의 도움이 필수적이다. 도시는 자원과 에너지의 최대 소비 장소로서 도시라는 공간 안에 거주하는 시민이나 시설물의 관리 및 보존을 위해 인근 지역 및 세계 각 지역으로부터 끊임없이 물·전기·가스·석유·석탄 등을 끌어들여 쓰고 있다. 그리고 그 부산물로 자동차 배기가스, 가정폐수, 플라스틱과 같은 고형폐기물 등 다양한 형태의 환경오염물질을 대량으로 배출하고 있다. 그런데 급속한 도시화과정에서 자원과 에너지의 자립성을 확보하지 못하고 지나치게 대외 의존적으로 개발된 결과, 자원과 에너지를 생산하는 지역과 이를 소비하는 지역 사이에 상당한 격리가 일어나 비효율성이 증대되고 있다. 전력의 경우, 서남해안과 동남해안에 위치한 원자력발전소에서 생산되어 장거리를 이동하여 대도시로 배분되는데 장거리를 이동하는 과정에서 에너지의 불필요한 낭비가 생긴다.

또한 자원과 에너지의 집약적인 소비가 이루어지면서 각종 폐기물도 대량으로 발생하고 있다. 서울과 5대광역시가 배출하는 생활쓰레기의 양이 전국 배출량의 반 이상을 차지하고 있다. 이렇게 배출된 폐기물들은 당연히 해당 도시에서 처리되는 것이 아니라 인근의 농촌지역에 조성되어 있는 대규모 광역 매립지에서 처리되고 있다.

셋째, 환경오염의 심화이다. 하천은 치수(治水), 이수(利水), 친수(親水) 기능을 훌륭히 할 수 있지만, 대도시 내부를 흐르는 하천들은 아스팔트와 콘크리트 때문에 지표유출이 크고 지하수 함양도 안되기 때문에 하천유지수가 늘 부족한 상태인데, 각종 생활하수의 통로로서 오염도가 높아질 수밖에 없다. 또한 도시미관이나 도로개설 등의 목적으로 직강화공사와 수중보 및 둔치(고수부지) 조성사업, 심지어 복개 등이 무분별하게 진행되면서 하천구조가 단순화되고 수역이 단절되어 하천의 자정작용이 심각하게 저해되고 있다.

화석연료사용의 급증에 따른 대기오염도 심각하다. 자동차 배기가스가 가장 중요한 오염원인데, 도시 내 교통정체가 다반사로 일어나고 있어 큰 문제이다. 각종 산업의 증대 및 냉난방기구의 보급과 확대에 따른 인공열의 방출, 콘크리트와 아스팔트에 의한 태양광선의 흡수 증가, 고층건물들에 의한 바람길 차단 등이 열섬현상을 일으키고 있다. 열섬현상에 따른 대기의 불안정과 오염물질 증가에 따른 수증기의 응결증가로 스모그가 자주 발생하고 있다. 특히 수도권에서는 미세먼지와 초미세먼지의 농도가 높은 날이 많아 외출 시 마스크 착용을 권장하고 있다.

토양오염 또한 다양한 경로로 발생하고 있다. 대기오염의 결과 나타나는 산성비로 인해 토양이 산성화되는 현상, 쓰레기 매립장에서의 침출수에 의한 토양오염문제가 중요한 사안으로 대두되고 있다. 또 각종 토목사업과 도로 건설 등이 토양을 침식시키고 있는데, 토양 자체뿐만 아니라 토양과 관련된 생물체의 생장과 기후변화에도 영향을 미친다. 토양의 오염과 침식은 바로 도시 녹지공간의 파괴로 이어진다. 녹지공간의 파괴는 공기순환기능의 단절, 지표수 및 지하수의 정화기능 약화, 도시생물군의 변화, 시민 휴식공간의 축소 등으로 나타난다. 도시 내 녹지공간의 파괴는 산림· 토양·대기·물·생물 등으로 구성된 생태계의 순환적인 수용능력을 결정적으로 저하시키는 원인이 된다.

대량생산, 대량소비의 생활방식이 엄청난 폐기물을 발생시키고 있다. 자연의 자정작용만으로는 도저히 해결할 수 없어 사회문제로 대두되고 있다. 자연계가 소화할 수 없는 폐기물은 매립장 , 소각시설 등 폐기물 처리시설을 통하여 처리할 수밖에 없으며, 이러한 과정에서 님비(NIMBY)문제, 막대한 시설투자 등 사회 경제적인 문제가 수반되기 때문에 보다 효과적이고 적극적인 정책이 요구되고 있다.

폐기물 처리방식은 매립, 소각, 퇴비화처리로 구분할 수 있다. 매립은 도시지역에서 가장 많이 이용되고 있는 처리방법으로 단순매립과 위생매립으로 나뉜다. 그러나 매립방식은 막대한 매립지가 필요하고 매립지에서 유출되는 침출수로 인한 토양오염과 지하수오염의 가능성이 크다는 문제점이 있다. 소각은 폐기물가운데 가연성물질을 분리한 후 잘게 부수어 연소시키는 방식이다. 이 과정에서 연소열을 회수할 수 있으며 소각 잔재물은 비교적 안정화되어 있다는 장점이 있다. 더욱이 폐기물의 부피를 80~90% 정도 감소시키기 때문에 토지이용을 줄일 수 있다. 그러나 연소가 양호하지 못할 경우 대기오염물질이 많이 발생하며 악취와 소음 등 2차 오염의 우려가 있다. 퇴비화 처리는 폐기물을 이용하여 안전한 부식질로 전환시키는 방법으로 재활용이라는 측면에서 큰 장점을 갖고 있다. 구미 선진국에서는 퇴비화시설을 확충하는데 많은 노력을 기울이고 있으며, 이미 많은 도시에서 퇴비화시설을 운영하고 있다. 우리나라에서도 퇴비화에 대한 인식이 확산되고 있으며, 도시지역의 대형음식점, 아파트 단지, 정부기관을 중심으로 음식물쓰레기의 퇴비화에 박차를 가하고 있다.

## 생태도시의 등장

도시지역의 환경문제를 해결하고 환경보전과 개발을 조화시키기 위한 아이디어로서 다양한 생태도시가 등장했다. 생태도시란

"사람과 자연 혹은 환경이 조화되며 공생할 수 있는 체계를 갖춘 도시"로 정의할 수 있다. 독일의 환경도시, 일본의 에코폴리스(eco-polis)가 대표적이다.

독일에서 제창된 환경도시(öcopolis)는 자연에의 적응을 생태학적으로 고려한 주택지계획, 물과 에너지대사의 순환체제구축, 환경을 배려하는 도시조성을 목적으로 물·지형·기상·녹지·생물·농업·공업·교통·생명·도로·시민성 등 각 요소에 환경적 개발계획을 수립하는 것이다. 예를 들어 지형의 경우 지형의 자연적 형태에 따라 주택부지를 분할하고 지형을 존중해서 토지계획을 세우는 것이다. 물의 경우는 재생산과 자기조정능력을 가진 하천으로서 보전하는 것이다. 생물의 경우는 도심지에 생물공간인 바이오톱(bíotope)[7]을 유지시키는 것이고, 녹지의 경우는 자연지형을 유지하여 식물을 보전하는 것이며, 기상의 경우는 미기후(微氣候)를 고려하여 용도지역을 지정하는 것이다. 이러한 개념에 따라 독일의 슈트트가르트시는 도시계획차원에서 숲, 도로, 수변이 일체가 된 바람길을 형성하여 도시기후 조절 및 생물의 서식장소를 제공하고 있다. 베른시는 곤충길을 형성하여 곤충들이 아무 장애 없이 숲과 도심을 이동하여 서식할 수 있도록 자연과의 공생을 적극 모색하고 있다. 환경수도라 불리는 프라이부르그의 생태주거단지 보봉마을은 주거단지 내에 독자적 생태순환고리의 구축과 에너지 사용의 최소화마을 만들기를 기본목표로 삼았다. 주 에너지원을 태양열로 채택하고, 자동차로 인한 대기오염 배출을 줄이고, 쓰레기 발생량과 소비량을 최소화하며, 생태순환의 고리를 끊는 콘크리트를 사용하지 않는다는 원칙을 세웠다. 또 자연친화적인 주거공간 건설의 중요성만큼 인간과 인간의 사회적 관계, 즉 이웃과의 친화를 중시하여 개인의 소요 공간을 줄이는 대신 공공공간을 최대한 넓히기로 했다.

일본의 에코폴리스는 자연생태계를 고려한 미래형 자연생태도시로서 대기와 수질, 동식물의 생태학적 자연환경까지도 생각하여 사람과 자연이 조화를 이루어 공생할 수 있는 체계를 갖춘 도시를 말한다. 쾌적한 생활환경, 차세대를 위한 지구환경에의 배려, 생물과의 공생이란 목표아래 물, 에너지, 녹지와 생물, 토지이용 분야를 주요 대상으로 하여 생태적으로 계획된 도시이다. 주요 관심사항은 자원절약형 토지이용 및 에너지 효용의 증대, 미래세대를 위한 도시창조, 생물과 무생물 간의 상호관련성 유지, 공원과 오픈스페이스의 적정수준 창조, 자립상태의 유지, 도시환경체계 내에서의 인간존엄성 고려, 다양성의 창조 및 자연과의 형평성과 적응성 고려 등을 들 수 있다. 1990년 이후로 고베시(神戸市)와 시가현(滋賀縣), 다마(多摩)신도시, 기타큐슈(北九州), 동경의 이타바시(板橋)구, 독일의 카빌과 베를린 등으로 확대되었다.

이러한 생태도시는 지구환경을 배려하면서 삶의 질도 높이고, 후손을 위한 지속가능한 미래를 위해 노력하는 사람들과 사회의 결과물이다. 그러나 이런 생태도시들은 대부분 소규모 도시에 적합하다는 것이다. 대도시화되어 가는 현실에서 모든 도시가 이렇게 변화하기는 거의 불가능하다. 생태도시를 표방하지 않더라도 자연과 공존하며 높은 삶의 질을 유지할 수 있는 방법은 도시 내 녹지공간의 확충이다. 녹지는 토양과 물, 생물, 대기로 구성된 생태계의 순환에 있어 중요한 한 축이기 때문이다. 녹지는 지표수와 지하수의 수자원을 함양하며 토양침식을 막고 토양생태계를 유지하여 생물다양성 유지에 기여한다. 식물들의 호흡작용과 광합성

작용을 통해 공기순환에 기여하여 대도시에서 나타나는 도시 미기후 현상들을 완화시켜준다. 또한 시민들에게 휴식 공간도 제공하여 삶의 질을 높이는데 기여한다.

## 대안 : 녹지공간의 확충

녹지는 도시의 자연환경을 보전하고 개선하며, 공해나 재해를 방지하고 양호한 도시경관을 보호하기 위하여 도시계획법 및 관련법제에 따라 계획·조성·관리되는 지역으로서 인공적인 자연환경지역이다. 인구의 과밀화를 억제하고 대기를 정화하여 대기오염이 심화되는 것을 막아준다. 또한 자연풍치의 환경조성으로 계절감을 느끼게 해주므로 도시민에게 레크레이션 장소를 제공하여 주민의 삶의 질 향상에 기여할 뿐만 아니라 야생조류나 곤충들의 생물을 보호하는데도 중요한 역할을 한다. 또한 녹지는 도시경관을 구성하는 시각적 요소로써 그 도시의 이미지 형성에도 큰 역할을 한다. 그래서 녹지로 채색된 도시공간은 풍요함을 상징하는 귀중한 사회적 자원이기도 하다. 따라서 21세기의 도시건설은 다양한 도시기능의 제공은 물론이고 녹지공간을 충분히 확보하면서 이루어져야 한다.

녹지(open Space 또는 green Space)라는 용어의 사용은 1906년 영국의 오픈스페이스법령(Open Space Act)의 제정에서부터 시작되었다. 토지의 1/20이상이 건폐되어 있지 않은 토지로서 그 전부 또는 일부가 정원으로 조성되거나 레크레이션 목적을 위해 사용되거나, 또는 황폐화되어 있지 않은 토지로 정의하고 있다. 미국에서는 일반적으로 도시 내에서 자연이 지배적인 상태로 있는 지역 또는 자연이 회복되고 있는 지역을 의미하고 있다.

오픈스페이스라는 말을 가장 넓게 해석할 경우 비건폐지 중에서 대규모의 교통용지나 수면 등을 제외한 것을 의미한다. 또 오픈스페이스는 그 용도, 토지의 소유, 관리의 상태 등에 의해 다양하게 분류되는데 이것들은 도시 주민에게 있어서 각각 효용이 다르다. 녹지는 오픈스페이스의 개념에 포함되는 하나의 형태인데 수목이나 초목의 군집으로 구성된 식물피복 공간이다. 어느 정도의 공간적 범위를 가지며 자연환경, 생활문화환경 중에서 기능하고 있는 것이라고 정의할 수 있다. 또 그 기능에는 생산기능, 보호기능, 풍치기능, 레크레이션기능 등이 있으며 특히 도시 주민의 일상적 안전성, 건강과 쾌적성을 창출하는 공간으로 기능하고 있는 도시자원의 하나이다. 이중 공원녹지는 녹지의 중핵을 이루는 부분으로서 매우 중요하다.

도시의 주요한 용도지역으로 가장 넓은 면적을 차지하고 환경적 가치가 높은 녹지지역은 경제적 가치를 최우선으로 하는 사회에서 그다지 주목을 받지 못하고 있다. 더욱이 계속적인 도시화·공업화로 인해 녹지는 지속적으로 감소하고 있고 도시민들은 생활수준의 향상과 여가의 증가로 녹지 공간 속의 휴식을 더욱 필요로 하고 있다.

우리나라 대도시의 녹지는 도시공원과 개발제한구역(Green Belt)으로 구성되어 있는데 대부분 도시외곽의 산악지대로서 개발에 부적합한 부지 특성상 어쩔 수 없이 공원으로 지정되어 방치된 곳이 대부분이기 때문에 이들 공원은 시민이 언제든 쉽게 이용할 수 있는 공간이라기보다는 단순히 존재의미만 가진 자연녹지에 불과한 곳도 많다. 시민들이 일상적으로 이용할 수 있는 근린공원

녹지의 면적은 시민 1인당 10.5m$^2$(2019)로 1998년 3.04m$^2$보다 3배나 증가하였다. 쾌적한 도시생활환경에 대한 시민의 욕구도 충족시키고, 도시경관을 아름답게 하여 도시마케팅의 한 부분으로도 이용하고, 혼탁한 대기환경도 정화시키고자 하는 지자체들의 노력의 결과라고 생각된다. 그러나 녹지공간의 적정성 여부는 단순히 면적만으로 얘기될 것이 아니라 시민들이 얼마나 쉽게 접근할 수 있는가 하는 입지분포가 더 큰 의미를 갖는다.

사실 공원녹지면적의 증가는 택지공급의 원활화를 위해 입안된 택지개발촉진법에 의한 택지조성에 힘입은 바 크다. 그 법에 의하면 개발부지 면적의 일부를 공원이나 녹지로 확보해야하기 때문이다.[8] 도시 내에서 녹지공간을 확보한다는 것은 지가문제 및 지방자치단체의 수입원과 관련하여 현실적으로 매우 어려운 것이 사실이다. 많은 도시들이 도시공원 일몰제[9]로 인하여 공원면적의 상당부분을 토지소유주에게 돌려주게 되었다. 녹지공간에 대한 수요는 갈수록 높아지는데 토지매입비용이 없어서 숲을 잃게 되고, 난개발까지 예상되고 있어서 지방자치체와 환경단체들의 고민이 깊어지고 있다. 그러나 도시의 양호한 생활환경을 형성하고 삶의 질을 향상시키기 위해서는 공공용지에서 사유지에 이르기까지 전체적인 도시녹화를 생각해야 하며, 그 효과를 가장 잘 발휘할 수 있는 거점으로서 도시공원의 정비가 시급하다.

국가마다 도시공원의 조성 목적은 다르게 나타난다. 일본 도쿄는 고지가(高地價)문제로 어려움을 겪으면서도 녹지공간의 확보를 위해 부단히 노력하고 있다. 이는 환경에 대한 관심 증가와 생태 도시의 구현과 같은 최근의 세계적 추세 때문이기도 하지만 지진이 빈발하는 일본의 특수한 상황에서 방재(防災) 공간의 확보라는 측면과 밀접하게 관련되어 있다. 공원 개설 초기의 공원규모는 10ha 내외의 소규모였으나 많은 공원이 조성되면서 30ha 이상의 규모가 큰 공원도 다수 조성되었다. 이것은 공원의 중요성 인식과 생활수준 향상에 따른 수요증대, 도시화 된 이후의 녹지 확보의 곤란을 감안하여 남겨진 녹지의 대거 확보와도 관련이 있다. 급격한 도시화 과정에서 많은 녹지를 잃었기 때문에 남은 녹지라도 빨리 확보하고 잔존녹지를 중심으로 공원화하여 잘 보전하고 원래의 임상(林相)을 회복하려는 노력을 계속하고 있다. 공원녹지의 규모가 크면 훨씬 다양한 동식물군이 서식할 수 있어서 생태적 가치가 우수하고 생태통로로서도 작동하여 생태적 완결성이 높아지는 장점이 있다. 또한 큰 규모의 공원은 단지 공원이 존재함으로써 얻을 수 있는 것과 그 이용을 통해 얻을 수 있는 것으로 나누어 볼 수 있다. 다채로운 향토경관의 보존, 쾌적성의 향상과 미기후의 조절 등 도시환경의 개선, 문화유산의 보존과 지역사회활동의 중추형성, 방재공간의 확보 등은 공원의 존재만으로 얻을 수 있는 것인 반면, 큰 자연과의 접촉, 개방적 공간에서의 심신의 회복효과, 장시간 레크레이션 활동의 수용, 많은 사람들의 동시 이용이나 넓은 활동범위를 필요로 하는 행동의 수용 등 총합적 레크레이션 활동의 촉진 등은 넓은 공원을 적극적으로 이용해서 얻을 수 있는 이점이라 하겠다.

뉴질랜드의 크라이스트처치는 세계적인 전원도시로 유명한데, 이렇게 된 데에는 식민정착 초기의 열악한 환경, 즉 배수도 불량하고 황량한 환경에 적응하기 위해 식목으로서 대응한 결과이다. 물론 대부분의 이민자들이 잉글랜드인으로서 본국의 정원관리 전통도 함께 가져왔음을 이해할 필요가 있다. 이미 2000년대 초반

700여개의 크고 작은 공원들이 있음에도 매년 15개 내외의 공원을 새롭게 조성하고 있었는데 이는 이민에 따른 인구증가도 있지만 공원기부의 법령덕분이다. 즉 개발이 오픈스페이스에 미치는 영향을 상쇄하거나 완화하기 위해, 시 의회가 공원조성을 위한 기부금을 개발면적을 기준으로 개발업자에게 기부토록하고 있다. 따라서 인구가 증가하면 주거지 및 상업지개발이 불가피하고 이것은 곧 공원의 확보로 이어지게 된다.

크라이스트처치의 공원조성과정은 자연보전이라는 공원관리목표와도 밀접한 관련이 있다. 특히 1990년대 이후 자연자원과 경관가치의 보전을 위해 도시 내에 잔존하는 습지와 하천을 중심으로 규모가 큰 새로운 공원들이 많이 조성되었으며, 가능한 한 자연환경상태 그대로 여가활동이 가능토록 인공을 최소화하고, 생태서식지도 그대로 유지하기 위해 노력하고 있다. 이로써 공원이용자에게 여가의 다양한 즐거움과 환경교육을 제공하고 공원과 수로, 습지와 배수에 대한 공동체 의식을 구축함으로써 환경에 대한 자원봉사 참여도 이끌어 낼 수 있다고 보고 있다. 결국 크라이스트처치에서 환경보전의 목표와 그 필요성은 도시를 관류하는 하천의 범람과 관련하여 도시의 안전을 지키는 것이기도 하다. 또한 이렇게 자연시스템을 보존하고. 지속가능한 토지배수체계를 제공하여 과거에 하항(河港)으로 기능했던 문화유산적 가치도 보존하고자 하는 것이다.

공원녹지공간은 초기에는 복잡한 도시환경 내에 전원적 경관을 구성하여 정적인 휴식공간으로서 주로 이용되어 왔으나 오늘날은 정적인 활동과 함께 동적인 활동까지 가능한 장소가 되기를 요구하고 있다.

## 광주광역시의 도시공원

광주광역시의 도시공원 조성과정과 분포를 살펴보자.

1985년 광주시의 공원은 무등산 도립공원을 비롯하여 60개소가 지정되었는데, 지정공원의 총면적은 39.34$km^2$로 시민 1인당 공원면적이 43$m^2$에 달하였다. 이는 도시공원법에서 정하는 1인당 6$m^2$보다 훨씬 큰 수치이며, 도시 일상생활 중 이용률이 가장 높다고 할 수 있는 근린공원, 어린이공원 면적만 해도 8.5$km^2$에 달해 시민 1인당 약 9$m^2$가 되었다. 이러한 양적 확보에도 불구하고 실제로 조성되어 이용할 수 있는 공원면적은 여전히 빈약했다. 당시 이용이 빈번했던 시가지 내 공원으로는 도심부에 근접해 있던 사직공원과 광주공원으로서 시설공원의 성격을 뚜렷이 나타내기는 했으나 시설이 미비하고 장소도 협소하였다. 두 공원은 도심부에 근접할 뿐만 아니라 오랜 역사성이 묻어 있는 공원으로서 시민들에게 의미 있는 공간이다. 특히 사직공원은 조선 태조 때부터 사직단이 있어 사직제를 지내던 곳이었다. 1960년대 말에는 동물원이 들어서서 시민들에게 즐거움을 주었으나 동물들이 늘어남에 따라 곧 비좁아졌고, 결국 1989년 사직단의 역사성과 사직공원 본 모습 찾기 운동과 함께 동물원과 수영장은 멀리 우치공원으로 옮겨가게 된다.

1990년대에는 택지개발지구와 토지개발지구를 중심으로 다수의 공원이 신설되었으며, 1980년대 택지개발과 함께 계획되었던 공원들이 속속 완공되었다. 이 시기에 개발된 문흥지구, 일곡지구, 풍암지구, 운남지구, 금호지구, 첨단지구, 동림지구, 상무지구, 신가지구 등은 이전에 개발된 택지지구보다 훨씬 큰 규모로 개발되면서 더 넓고 많은 공원을 조성할 수 있었다. 특히 이 시기에 조성된 공원은 이전까지의 시설의 미비함과 장소의 협소함을 벗어나 규모 있고 계획적인 공원이 조성되었다.

이러한 추세는 2000년대에도 계속 이어지는데, 신창지구나 진월지구, 수완지구의 택지개발사업도 다수의 공원을 탄생시켰다. 녹지공간이나 공원에 면한 택지가 각광을 받는 최근의 주거문화 트랜드 변화에 따라 근래의 택지개발은 과거에 비해 수적으로나 면적 면에서 훨씬 많은 공원을 조성하고 있다. 또 생태도시를 지향하는 도시정책 하에 도심의 철로나 관공서의 이전 적지에도 공원을 조성하는 사업을 적극 추진하여 폐선 부지에 푸른길 공원이 조성되고 도심 한복판에 금남로공원을 조성하는 등 도심부의 공원화에도 공을 들이고 있다.

그림 4.1은 광주광역시 근린공원의 분포를 규모별, 조성내역별로 지도화한 것이다. 대부분의 공원이 택지개발사업과 함께 조성되었기 때문에 조성된 공원들의 분포는 택지개발사업지구의 분포와 유사하다고 할 수 있다. 공원이 분포하지 않는 시역의 동부는 무등산 국립공원이 넓게 자리하고 있는 곳이며, 남부와 서부의 빈 공간은 보전녹지지역이다. 도시의 중앙부에서 조성 중이거나 미조성인 공원들을 많이 볼 수 있는데, 이미 조성된 공원들에 비해 규모가 상당하다는 것을 알 수 있다. 이 공원들은 주로 시가화 된 도시구역에 섬처럼 남겨진 산림지역인 경우가 대부분이다. 비록 미조성 상태 이기는 하지만 이들 산림지역은 아파트단지들로 빙 둘러 있고 어떤 단지에서도 접근이 용이한 산책로가 정비되어 있을 뿐만 아니라 일부 운동시설도 갖추고 있어서 인근 주민들은 자유롭게 이곳을 산책 및 운동공간으로 이용하고 있다. 대부분 일몰제 대상공원에 해당하여 일부는 공원으로 남고 일부는 개발이 예

정되어 있다. 광주시 전체 도시공원 19.94 $km^2$ 중 일몰제 대상공원은 25곳 11 $km^2$로 55% 정도를 차지한다. 2021년 미집행 된 24개 공원을 조성하는 실시계획을 마쳤다.

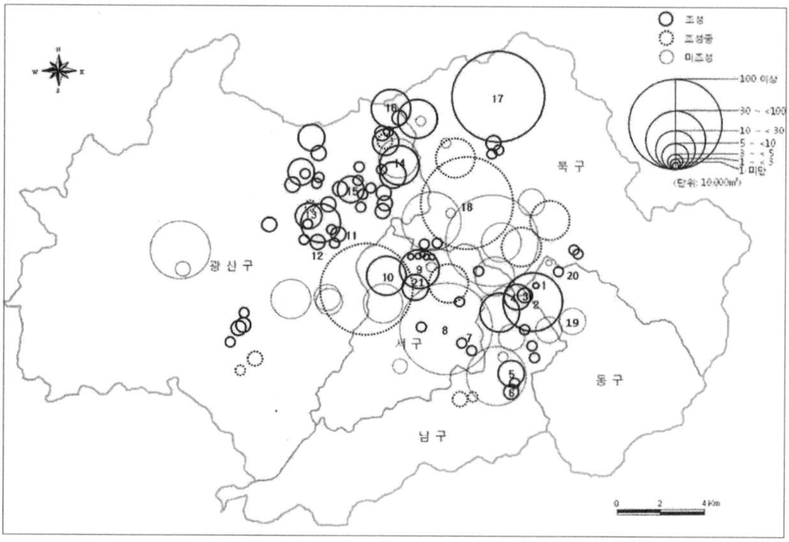


1. 금남로공원 2. 천변공원 3. 광주공원 4. 사직공원 5. 풀빛공원 6. 물빛공원 7. 신암공원 8. 중앙공원 9. 5.18기념공원 10. 시민공원 11. 운남공원 12. 산정공원 13. 경암공원 14. 원당산공원 15. 수완호수공원 16. 쌍암공원 17. 우치공원 18. 중외공원 19. 푸른길공원 20. 산수공원 21. 상무공원

**그림 4.1.** 광주 도시공원분포도

광주의 근린공원들은 입지한 곳의 자연적 특성을 바탕으로 입지유형을 4분류할 수 있다. 개발이 어려운 산지나 구릉지를 공원화 한 산지형 공원, 하천이나 저수지, 택지개발과정에서 생긴 호수 주위를 공원화 한 수변형 공원. 택지 또는 공업단지 개발과정에서 공원용도로 확보된 평지형 공원, 도로를 따라 길게 조성된 가로형 공원으로 분류할 수 있다. 물론 5.18기념공원처럼 규모가

크면 산지와 평지가 결합된 유형이 나타날 수도 있다. 공원은 존재만으로도 생태계에 중요한 역할을 한다. 생태계의 일원으로서 시민들도 그 공간을 통해 즐거움과 평안함을 누릴 수 있다면 도시 생활의 만족도를 한층 높일 수 있을 것이다.

제5장

# 도시의 규모와 순위 간에 어떤 규칙이 있을까

도시는 지난 300년 동안에 걸쳐 규모와 개수가 꾸준히 증가해 왔다. 1800년경에는 100명당 약 3명 정도가 인구 5,000명 이상의 읍에서 살았다. 당시 세계 인구의 대부분은 농촌에 살고 있었다. 도시는 광대한 농촌이라는 바다에 작은 핀으로 콕 찌른 점만큼 작았다. 50만 이상의 인구를 가진 몇몇 도시들이 있었으나 1900년까지 거의 10명 중 한 사람만이 읍에 살고 있었다. 50만 이상의 인구를 가진 도시의 수는 20여개 정도 있었다. 1990년 지구상에 약 53억의 인구가 살고 있고 10명 중 4인이 읍에 살고 있으며, 50만 이상의 인구를 가진 도시 수는 무려 600개까지 증가했다. 2008년 세계 인구의 반이 도시에 거주하고 있다는 IMF의 보고가 있었다. 2018년에는 세계인구의 55%가 도시에 살고 있으며, 2050년이 되면 세계 도시 인구의 68%가 도시에 살게 될 것이라고 한다(그림 5.1).

20세기 후반 도시화는 가속도적으로 진행되어 2020년 현재 세계 인구의 반 이상이 도시에 살게 되었다. 역도시화[10] 현상도 나타났지만 도시규모는 더욱 커졌다. 메트로폴리스나 메가로폴리스로 설명되지 않는 도시들의 등장으로 새로운 용어가 떠올랐다.

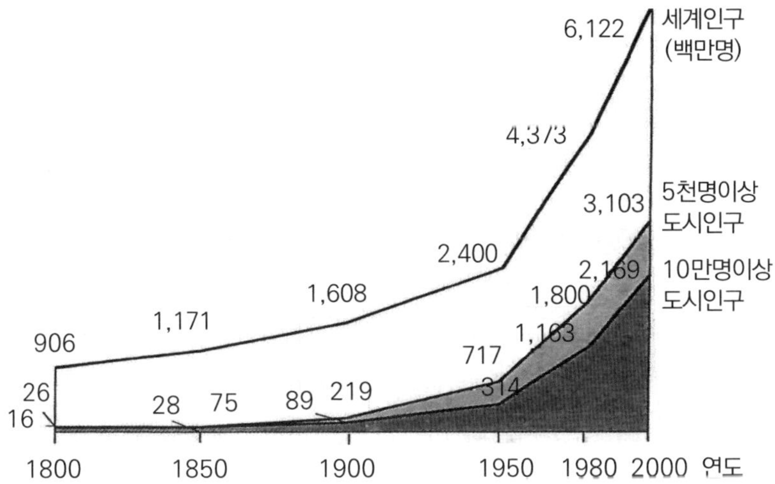


출처: Brunn and Williams (1993)

그림 5.1. 세계인구와 도시인구의 성장 추이

엄청난 인구를 품고 있지만 세계 경제에 미치는 영향력은 미미한 **메가시티**, 정보·자본·재화의 세계적 순환의 결절로서 독보적인 경제 권력을 세계에 행사하고 있는 **글로벌시티(세계도시)**가 등장하였다. 주권국가 개념이 희석되고 있는 유럽에서는 인구 1000만 이상의 메트로폴리탄이 통신망과 교통망 등 네트워크의 발달로 국경을 초월하여 1일 생활권이 될 정도로 긴밀하게 결합하여 정보와 재화가 사이버공간은 물론이고 물리적 공간을 넘나드는 **메타시티**까지 등장하였다.

도시화란 인구가 도시에 집중되는 과정이며, 이로써 도시의 규모가 커지고, 도시의 개수가 증가하는 것을 말한다. 동시에 도시적 생활양식이 확대되는 것을 포함하고 있다. 촌락이 도시로 변화되어 가는 과정은 물론 도시적 지역이 더 도시적인 지역으로 이행하는 과정도 포함한다. 그래서 도시화 현상은 도시 내부, 도시주변지역 및 농촌지역에서 모두 전개 된다. 도시 내부에서는 도심부의 기능분화가 이루어지고, 메트로폴리스의 경우에는 부도심이 형성되며, 시가지 내부는 상업지역, 주택지역, 공업지역 등으로 분화되어 가는 현상을 볼 수 있다. 시가지의 말단은 도시 외연부로 더 확대된다.

한 국가의 도시화율은 총 인구 중 도시인구의 비율로 나타낸다. 2020년 기준 한국의 도시화율은 93%(2020)로 이는 10명중 9명 이상이 도시에 살고 있다는 말이다. 도시라는 행정구역 안에 살고 있지 않은 주민이라 하더라도 소비와 판매를 위해 부단히 도시와의 관련 속에 살고 있기 때문에 한국은 아주 도시화된 사회라 할 수 있다.

## 도시의 계층

막대한 인구증가와 도시적 생활양식의 확대는 전 세계에 다수의 도시와 거대도시를 형성했다. 도시의 규모는 아주 다양하기 때문에 그 규모에 따라 여러 용어들이 있다. 읍(Town), 시(City), 대도시(Metropolis), 연담도시(Conurbation), 거대도시(Megalopolis) 등의 용어들이 규모의 차이를 말해주고 있다.

대도시(Metropolis)는 대체로 100만인 이상의 규모를 가지며, 전국적인 차원은 물론이고 세계적인 중요성을 가진다. 또한 대도시를 둘러싼 넓은 대도시권에 대해 도시적 기능을 수행하며, 위성도시도 다수 포함하고 있다. 국지적인 지역에 대해서만 도시기능을 수행할 때에는 인구가 많아도 메트로폴리스라 할 수 없다. 연담도시는 두 개 이상 대도시의 시가지가 점점 확대되면서 농촌지대로 분리되지 않고 연담화 했을 때, 이 연담화된 시가화 구역을 말한다. 단순한 도시의 집합이 아니고 중심도시와 밀접한 일상적·경제적·사회적 관계를 맺고 있는 범위의 지역이다. 거대도시(Megalopolis)는 여러 개의 대도시가 연속하여 다핵적 구조를 가지는 거대도시화지대를 말하는 용어이다. 다양한 도시적 활동이 집중하여 복합적 도시지대를 이루고 있다. 대도시에서 주택과 상공업 등의 스프롤로 말미암아 성운상의 구조를 이루며 전국에 대한 영향력이 막강하다.

### ▪ 메가로폴리스

고트만(Gottman, J.)이 1957년에 미국 북동부 대서양안 뉴햄프셔주 남부(Hills Borough County)에서 버지니아수 북부(Fairfox County)에 이르는 연속된 거대도시화지대(a belt of almost continuous urbanization)를 처음으로 메가로폴리스라고 불렀다. 고트만은 그의 저서 "Megalopolis" (1961)의 서두에서 미국 북동부의 임해지역에는 도시지역 및 근교지역이 연속되어 있다. 북쪽은 뉴햄프셔의 남부에서, 남쪽은 버지니아주의 북부에 이르고, 동쪽은 대서양 안에서, 서쪽은 애팔래치아 산록에 이르는 이 지대는 미국 역사상 일찍부터 도시화된 지대이다. 여기에는 독특한 생활양식과 토지이용이 전개되어 있다. 또 미국 최대의 인구집중지역으로 가장 높은 인구밀집지역이 가장 널리 퍼져 있다. 이 지역의 발전은 거의 3세기에 걸쳐 있다. 도시와 농촌의 구별이 확실하지 않고 행정구분이 어려운 지역이다. 그래서 이 지역에는 특별한 명칭이 필요하다. 이 지역을 메가로폴리스라고 부르기로 한다고 기술하고 있다. 이 거대도시지역은 길이 약 970km, 폭 약 50km~160km, 면적 약 137,000km$^2$에 달하는 광대한 지역이며, 미국 면적의 1.8%에 해당하는 곳에 인구의 21%(1950년에 3000만인)가 집중하고

> 있다. 이 지역에는 보스턴, 뉴욕, 필라델피아, 볼티모어, 워싱턴 등의 대도시가 있고 각각 고유의 대도시권(Metropolitan area)을 형성하고 있다.
>
> (홍경희, 1987, 도시지리학, 법문사)

각각의 도시는 좁게는 지역적 차원에서, 넓게는 국가적 차원이나 지구적 차원에서 그 위치를 짐작할 수 있다. 도시가 크면 클수록 모든 차원에서 그 역할이 커진다. 즉, 큰 도시는 지역과 국가에서 중요한 역할을 할 뿐만 아니라 세계도시로서도 위상을 갖는다. 1960년대 초반에는 도시지리학의 초점이 지역적 차원이었다면, 세계화가 급속도로 진행된 요즈음은 지구촌 경제라는 시각 내에서 개개 도시의 위치를 이해하는 쪽으로 변하고 있다. 물론 한 도시를 이해하기 위해서는 세 차원에서 변화하는 위상을 알 필요가 있다.

지구적 차원에서 도시의 계층을 확인해 보면, 맨 위에 세계경제의 중심인 런던, 뉴욕, 도쿄가 있는데 이것을 세계도시(World city)라 한다. 이 용어는 1915년 도시학자 게데스(Patrick Geddes)가 세계에서 가장 중요한 업무의 대부분이 처리되는 장소를 언급하기 위해서 '세계도시'라는 용어를 만들었다. 이 세 도시는 정보, 자본, 투자의 전 지구적 흐름의 주요 결절을 이루며, 지난 100년 동안 세계 권력의 핵심 이었다. 이 계층 바로 아래의 2차 금융 중심지들이 우위를 차지하기 위해 경쟁하고 있으며 일부는 영향력 면에서 세계도시에 필적하는 도시들이다. 그러한 도시들로서는 파리, 로스앤젤레스, 시카고, 밀라노, 프랑크푸르트 등을 들 수 있다. 도시의 규모와 국제적 영향력이 꼭 일치하는 것은 아니다. 세계 최대의 도시들 중에는 세계적 영향력이 그다지 크지 않은 도시들도 있다. 멕시코시티는 1950년 인구가 500만이었지만 1990년에는 1600만까지 증가했고, 2000년에는 거의 3000만의 인구를 가진 최대의 단일 도시권을 형성했다. 이러한 인구증가는 지구적 차원에서의 지위변화라기 보다는 자국 내의 인구이동을 반영할 뿐이다. 그래서 거대한 인구에 비해 런던이나 뉴욕이 세계경제에 미치는 것과 같은 영향력을 전혀 갖고 있지 않다. 이렇게 단지 인구만 많은 도시를 메가시티(Mega city)라 하는데 세계도시와는 구별해야 한다.

런던, 뉴욕, 도쿄와 같은 세계도시는 과거 150년 동안 전 세계에 독보적인 경제 권력을 휘둘렀다. 런던은 영국의 수도로서 뿐만 아니라 홍콩과 인도의 대부분, 아프리카와 카리브 해에 이르는 광대한 상업제국의 수도로서 군림해 왔다. 공식적으로 제국이 붕괴한 후에도 런던은 영연방의 핵심으로 존재하며 무역동맹과 금융기관, 시장은 식민주의라는 토대 없이도 움직일 수 있었다.

미국은 제2차 세계 대전 후 세계 경제에서 확실한 선두주자로 등장했다. 달러의 강세, 경쟁력 있는 미국 산업의 우세, 유럽 경제의 침체 등은 전후 무역체계에서 미국의 우세한 위치를 보장해 주었다. 뉴욕은 세계 금융 중심지의 하나가 되는 월가와 함께 새로운 초 권력의 중심지가 되었다. 그래서 국제적인 기업들이 가장 많이 집중되어 있고, 금융서비스업 또한 가장 집중되어 있는 도시로서 세계도시로서의 우위를 유지하고 있다.

1970년대와 1980년대 일본은 세계적인 중요성을 가진 산업국으로 떠올랐다. 일본의 제품은 품질, 신뢰도, 가격경쟁력 면에서 명성을 얻고 전 세계로 팔려 나갔다. 일본은 전자제품을 비롯한 여러 상품들의 주요 수출국이 되었고, 그 결과 금융뿐만 아니라 산업 능력이 탁월한 나라로서 거대 외환보유국이 되었다. 1990년까지 도쿄의 증권거래소는 세계에서 가장 규모가 컸다.

이 3개의 도시들은 현재 지구적 도시계층의 최상부에 자리하고 있다. 이 도시들은 세계 경제의 통제 중심지이며, 세계 업무의 주요한 결절점이다. 이 3개의 도시에서 거래가 맺어지고, 계약이 체결되며, 동향이 감시되고 분석되며, 화폐가 교환된다. 그들은 국제경제와 세계무역, 범국가적 교역의 중심지이다. 사스키아 사센(Saskia Sassen, 1991)은 이 도시들을 '글로벌 시티(global city)'라고 불렀다. 그녀는 글로벌 시티에서 금융서비스업이 아주 중요하다는 것에 주목했다. 금융서비스부문에 종사하는 고임금의 핵심부 직업군과 비금융서비스부문에 종사하는 저임금의 주변부 직업군의 양상을 대비하였다. 그리고 글로벌시티는 노동시장의 임시직화가 빠르게 진행되면서 비공식 경제부문이 크게 증가했으며 이로 인해 빈자와 부자간의 양극화 현상이 도드라졌다. 결국 글로벌 시티는 부와 가난이 같은 도시공간에서 극단적으로 드러나는 가장 불평등한 도시라고 일갈했다.

현대 생활에서 가장 명확하고 중요한 사실은 경제의 세계화이다. 현재의 경제적 거래는 범세계적 수준에서 이루어지고 있다. 다국적 기업과 국제상사 등 범국가적 무역형태는 전 세계의 대부분을 경제적 상호의존성이라는 견고한 망으로 연결하고 있다. 세계경제라 말할 수 있는 생산, 소비, 교환의 세계화가 진행되고 있다. 세계시장, 세계적 생산연계, 세계적 시장전략 등의 말들이 빈번하게 쓰이고 있다. 세계 도시들은  정보와 자본 그리고 재화의 다양한 흐름의 교차점이며 국제적 순환의 결절이다.

## ■ 사스키아 사센(Saskia Sassen, 1949~ )

사스키아 사센은 세계화(globalization), 세계경제(global economy), 그리고 세계도시(global city)에 관한 논의의 한가운데에 서 있는 학자이다. 사센은 1949년 네덜란드에서 출생하여 미국의 노트르담(Notre Dame)대학에서 사회학과 경제학 전공으로 박사학위를 취득했다. 그녀의 연구초점은 세계·지역·도시의 경제발전, 노동력과 자본의 국제적 이동, 그리고 세계경제와 국가에 관한 것이다.

사센의 초기 연구주제는 선진국 대도시로 유입되는 제3세계의 이민자들에 관한 것이었으며, 이는 1988년 출간된 『노동력과 자본의 이동(*The Mobility of labor and Capital*: A study in international investment and Labor Flow)』에 종합되어 있다. 이어서 1991년 『세계도시(The Global City: New York, London, Tokyo)』 라는 명저를 통하여 세계도시에 관한 경험적 연구와 관점을 제시하게 된다. 기존의 가설 수준에서 논의 되었던 세계도시 논제를 보다 구체화하여 도시연구의 지평을 확대하는 동시에 1980년대 이후 급변하는 도시체계와 도시공간구조에 관한 새로운 접근방법을 제시하였다. 1990년대를 기점으로 그녀의 연구는 세계도시로의 노동력과 자본의 이동, 그리고 그에 따른 사회적 양극화로부터 점차 이러한 구조적 변화의 기저에서 작용하는 과정을 규명하게 되었고, 여기에 경제의 세계화와 정보화라는 주제가 결합되면서 그녀의 세계도시 논제는 가설을 검증하는 단계를 넘어서 학문적 이론으로서 정착되고 있다. 사센은 국경을 초월하는 세계도시체계와 세계 주요 도시들의 구조적 변화를 연결하는 발전적인 연구를 수행하게 되었고, 그 연구결과는 1994년 출간된 『도시와 세계경제(Cities in a World Economy)』에서 집약되었다. 이러한 맥락에 이어서 그녀의 최근 연구 주제는 세계경제에서의 도시와 도시네트워크, 그리고 세계도시 내부의 사회·경제·인종적인 양극화, 지역사회 집단, 여성노동력 문제로 확장되고 있다. 뉴욕 컬럼비아대학의 도시 및 지역계획학 교수로 13년간 재직했던 그녀는 이처럼 왕성한 연구

활동의 결과로서 도시생태학을 태동시키고 도시연구의 요람으로 상징되는 시카고대학의 사회학과 교수로 1998년 부임하여 세계도시론, 국가의 세계화 등의 강의를 맡고 있다.

그녀는 최근 이민자들의 불평등문제를 다룬 『손님과 이방인(*Guests and Aliens*, 1999)』과 『세계화와 그에 따른 불만(*Globalization and Its Discontents*: Essays on the New Mobility of people and Money, 1998)』을 출간하였다. 이는 초기의 두 저서인 『세계도시』와 『노동력과 자본의 이동』을 바탕으로 세계경제의 구조에 대한 새로운 이해를 전개한 것이다. 이 책을 통하여 사센은 자신의 이론을 더욱 확장시켜, 세계경제를 보다 효율적이고 사회적 평등을 추구하는 방향으로 유도하기 위해서는 국가 및 세계적인 조절기제가 필요하다는 점을 강조하고 있다.

(유환종, 2000, "사스키아 사센의 세계도시론", 국토 2000년 6월호, 국토연구원, pp. 116-121).

## ▪ 메타시티(Metacity)

아직 학문적 개념은 규정되지 않았지만 이미 유럽과 미국에서는 새로운 도시공학적 테마로서 메타시티를 주목하고 있다. 1000만 명 이상이 거주하는 메트로폴리탄들이 유·무선 인터넷 등 네트워크의 발달로 긴밀히 결합되어 형성된 단일 생활공간으로, 국경 등 물리적 경계선을 초월하여 1일 생활권을 형성하는 도시를 말한다. 메타시티는 거대한 네트워크를 갖춘 도시가 집합된 것으로 시·공간적 경계를 갖지는 않는다. 기존 메트로폴리탄들을 잘 연결하면 메타시티가 탄생한다. 즉, 집은 런던에 있지만 직장은 암스테르담에, 주말엔 파리의 아늑한 카페에서 외식과 관광을 즐기는 삶이 일상화될 수 있다는 것이다. 런던과 파리는 도시 하나가 정치·경제적으로 자급자족이 가능한 공동체지만 그동안 국경선으로 나뉜 공간적 제약으로 성장한계에 직면했다. 성장의 딜레마를 타개하고자 양국 정부가 노력을 기울이기 시작했다. 1990년대 말 프랑스 정부는 파리를 뉴욕에 뒤지지 않는 권력으로 만들기를 원했고, 초거대 교통과 통신 인프라스트럭쳐를 구축하는 메타시티 정책을 내놓기에 이른다. '그랑파리'로 불리는 이 프로젝트는 런던과 파리를 연결해 이 권역을 유럽의 경제 중심으로 만드는데 목표를 뒀다. 대규모 통신망과 교통망을 이용해서 국경을 초월한 새로운 인간 거주 공간개념이 나타난 것이다. 네트워크로 연결된 도시들은 긴밀한 협조 속에 물자 이동뿐만 아니라 정치·행정활동을 공유하게 된다. 메타시티에서 사람들은 수많은 정보와 재화를 물리적 또는 사이버공간을 통해 거래하고, 권한 행사와 의무 역시 경계선에 의해 제한받지 않기 시작했다. 국경을 바탕으로 한 주권국가 개념이 희석되고 있는 유럽 환경 속에서 메타시티가 탄생한 것이다. 그러나 이것은 유럽에서만 나타나는 현상도 아니고 거대 도시가 많이 나타나는 북미나 중국에서도 충분히 가능한 현상이라 할 수 있다.

공간의 한계를 갖지 않고 끊임없이 확대되는 것이어서 장점 못지 않게 문제점도 심각해 질 수 있다. 건강과 교육의 불평등과 범죄나 테러 등에 대한 대응책도 시급하며, 기후변화와 환경오염 등을 해결하기 위한 노력도 만만치 않다. 고정된 기존 통제시스템으로 제어할 수 없는 메타시티를 원활하게 작동시키기 위해서는 연결성(Connectivity)을 공공화하기 위한 커뮤니케이션 네트워크가 전제되어야 한다고 전문가들은 주장한다.

(매일경제, 2010.4.14)

## 위성도시

위성도시는 대도시 주변에 분포하는 중소도시로서 모(母)도시와 밀접한 관련을 맺고 그 궤도 내에서 활동하는 도시이지만 독립된 행정시제를 갖고 있다. 대도시의 과밀을 완화하기 위해 계획적으로 건설된 중소 신도시도 포함된다.

대도시의 팽창과 교통기관의 발달에 따라 다수 발생하는데, 기존 지방도시가 위성도시화 되는 경우가 많다. 모도시인 대도시의 기능을 일부 분담하고 있기 때문에 대도시와 밀접한 관계를 가지고 발전해 간다. 대도시에 있었던 행정·공업·주거·대학 등의 기능이 주변 중소도시에 진출하면서 위성도시가 된 것이다. 수원·안양·의정부·구리·부천·김해·양산 등을 들 수 있다. 계획적인 위성도시로는 성남·안산·과천 등이 해당한다.

수도 서울에 인구와 자본, 그리고 많은 도시기능이 집중하면서 인접 경기도로의 기능 분산이 급격하게 이루어졌고, 경기도의 중소도시만 28개에 달하고 있는데 거의 모두 서울의 위성도시라 해도 과언이 아니다. 서울의 과밀에 따른 도시문제를 해결하기 위해 인접 도시들에 기능을 분담시켰으나 이것은 더 많은 인구를 유입시키는 결과를 가져왔다. 2019년 11월 수도권의 인구가 총 인구의 50%에 이르렀다.

## 신도시의 기원과 유형

신도시의 기원은 하워드(Ebenezer Howard)의 전원도시 아이디어에서 시작된다. 그는 1898년에 『내일: 진정한 개혁에 이르는 평화로운 길(*Tomorrow: A Peaceful Path to Real Reform*)』을 저술하고 4년 후 1902년에 『내일의 전원도시(*Garden cities of Tomorrow*)』로 제목을 바꾸어 출판하였다.

19세기 후반 런던은 산업화에 수반한 각종 도시문제로 고통을 겪고 있었다. 하워드는 런던과 같은 대도시의 과밀 문제를 해결하기 위해서는 대도시의 주변에 많은 전원도시를 만들 필요가 있다고 제안하였다. 그의 전원도시는 인구 3~5만 명 정도의 규모에, 경제적으로 자립자족 할 수 있는 정주단위가 되어야 하며, 사회적으로 조화를 이룬 공동체를 이루어야 한다고 하였다. 도시주변에 농업지대를 확보하여 식량을 조달하고, 시민의 일자리를 위한 공업을 유치하며, 계획의 높은 완성도와 공동체의 미래자산으로 토지를 공유해야 함 등을 구체적으로 제시하였다. 전원지역에 주택과 직장을 겸비한 자립적 독립도시로서 공동체의 이상까지 누릴 수 있는 그런 도시를 꿈꾼 것이다. 스스로 '전원도시회사'를 설립하고 런던 근교에 레치워스(Letchworth)와 웰윈(Welwyn) 전원도시를 건설하였다.

영국이 체험한 전원도시는 프랑스·독일 등 유럽국가 뿐만 아니라 미국·소련·일본에서도 관심을 보이며 뉴타운으로 건설되기 시작했다. 국가마다 목표인구라든가 기능배분 등은 조금씩 양상이 다르지만 1960년대 이후 전 세계에 파급되었다

신도시의 유형은 대략 6가지 유형으로 나눌 수 있다. 첫째, 다양한 경제적 기반을 갖추어 주민 대부분이 도시 내에 취업하는 자급자족적 신도시이다. 가장 바람직한 유형이지만 흔하지 않다. 둘째, 하나의 산업에만 주로 의지하는 반 독립적 신도시로서 서울의 행정기능을 분담한 과천이나 공업기능을 분담한 안산을 들 수 있다. 셋째, 주민의 고용과 서비스를 전적으로 모도시에 의존하는 위성도시적 신도시이다. 넷째, 대도시 주변의 기존 소도시를 계획적으로 대폭 확장하여 개발한 확장도시적 신도시로서 고양, 안양, 부천, 김해 등이 해당한다. 다섯째, 대도시 교외에 개발되는 대규모 주택단지들로서 대도시의 택지개발사업과 연관되는 신시가지를 말한다. 여섯째, 기존 도시 내의 대단위 재개발을 통해 이루어지는

도시 속의 신도시로서 서울의 목동이나 상계동 등이 해당한다.

대부분의 신도시는 위성도시적 성격이 강하다. 그래서 모(母)도시와의 거리에 따라신도시의 규모와 성격을 짐작할 수 있다. 모도시로부터 20km내외의 신도시는 인구 5만명 미만의 주택도시적 성격이 강하고, 40km내외의 신도시는 인구 5~20만 명 규모의 주택 및 거점적 성격을 보이며, 70km 이상 떨어진 곳은 순수거점적 성격을 갖게 된다고 한다. 국토가 작고 인구밀도 높은 일본과 대만의 신도시는 모도시로부터 12~40km 정도 떨어져 있고, 인구는 20~40만 규모를 보이는데 미국이나 유럽에 비해 모도시와 상대적으로 가깝고 인구규모는 더 큰 경향이 있다. 영국에서는 하워드가 구상한 5만 명 내외의 규모는 자립자족에 어려움이 있다는 비판을 받고, 1960년대 이후 10만~40만 명의 규모가 일반적이 되었다.

## 한국의 신도시

한국의 최초의 신도시는 1968년 서울시 무허가 판자촌 철거민들을 광주군(廣州郡) 중부면에 강제이주 시키면서 시작되었다. 서울의 도심재개발사업을 추진하면서 대량으로 양산된 철거민을 이주시킬 공유지가 부족하자, 서울 인근지역에 이들을 수용할 위성도시를 건설하고자 하였다. 그러나 생활기반시설이며 생계수단이 전혀 갖춰지지 않아 인구의 상당부분이 서울로 재 유입되는 등 어려움이 있었다. 그러나 1973년 인구 19만 명으로 광주군에서 분리하여 성남시로 승격했다. 1989년 분당 신도시개발로 크게 발전하였다.

1979년 정부 제2종합청사를 건설하고 교외주거지개발을 위해 과천 신도시를, 서울의 중소기업을 유치하여 서해안 개발의 거점을 확보하기 위해 반월공단을 조성했다. 두 지역은 1986년 각기 과천시와 안산시로 승격되었다.

올림픽 이후 급격한 지가폭등 속에서 서울의 주택문제를 완화하고 국민의 심리적 불안을 안정시키기 위해 1989년부터 대규모의 신도시 개발이 시작된다. 성남의 분당과 고양의 일산은 목표인구가 30만~40만 명으로 이전의 어떤 신도시보다 규모가 컸다. 그 외 안양의 평촌, 군포의 산본, 부천의 중동에서도 신도시개발이 진행되었다. 이것을 수도권 제1기 신도시라고 한다.

2000년대 들어 대출규제 완화로 집값 상승이 우려되자 2003년 2기 신도시사업이 계획되어 성남의 판교, 수원의 광교, 화성의 동탄, 김포의 한강, 파주의 운정, 양주, 위례, 고덕 등에서 진행되었다. 제1기 신도시는 서울에서 반경 20km 이내에 건설된 반면 제2기 신도시는 서울에서 반경 30~40km정도에 건설되었다. 그래서 교통대책이 관건인데 김포의 한강이나 위례 지역은 교통대책이 미흡하여 곤란을 겪고 있다. 인구의 수도권 쏠림현상이 가중되면서 수도권 주택시장을 안정시키기 위해 제3기 신도시를 남양주의 왕숙, 하남의 교산, 인천의 계양, 과천에 조성할 계획이다.

수도권의 신도시들 대부분이 베드타운으로서의 성격이 너무 강한 것이 큰 문제이다. 일부 신도시를 제외하면 서울과의 원활한 교통연계가 심각한 문제점으로 대두되고 있다. 신도시 자체의 고용기회를 확대하여 경제적 자립기반을 확보하면 젊은 층도 더 많이 유입될 것이며 신도시의 고령화도 예방할 수 있을 것이다. 일본의 경우 고령화와 저출산의 여파로, 고도 성장기에 각광받던 대규모 신도시들이 최근 주민의 고령화와 젊은 층의 유입부족으로 초중학교의 폐교가 잇따르고 상권이 몰락하는 등 어려움을 겪고 있다. 우리의 신도시도 20년 후 과연 적정 인구를 채울 수 있을지 고민해봐야 한다.

## 도시순위규모법칙

도시들은 국가 내에서 고유한 입지적 특성을 가지며 그 때문에 서로 다른 성장률을 보이며 발전해 나간다. 국가의 정책적 흐름과 세계 경제의 변동 속에서 크게 성장하며 규모가 커지는 도시도 있고 새로운 도시가 생겨나기도 하며 침체상태에 빠져 규모가 정체되는 도시도 있다. 특정 시점에 어떤 도시의 규모는 모든 다른 도시들의 규모와 입지에 따라 달라질 수 있다.

한 국가의 총 도시들을 인구규모에 따라 순서대로 정렬해 보면 도시의 순위와 인구규모 사이에 일정한 규칙이 발견되는데 이것을 도시의 순위규모법칙이라 한다. 한 국가의 대도시에서 소도시에 이르는 도시의 개수와 도시의 인구규모 간에 어떤 법칙성이 있는 것은 아닌지, 또 만일 일정한 법칙성이 있다면 어떤 힘이 거기에 작용하고 있는지에 대해 지리학자들이 관심을 가졌다. 1913년 독일 지리학자 Felix Auerbach는 가장 인구가 많은 1위 도시에서 최소 도시까지 순서대로 정리하여 비교해 본 결과, 대체로 2위도시의 인구는 1위 도시 인구의 1/2, 3위 도시 인구는 1위 도시 인구의 1/3, n위 도시 인구는 1위 도시 인구의 1/n이 되는 관계를 파악하고 아래의 관계식을 제시했다.

$Pr=\frac{P_1}{r}$ (Pr ; r번째 순위의 인구, $P_1$ ; 1위 도시 인구, r ; 순위)

도시의 인구규모와 순위의 관계를 양 대수 방안지에 옮겨놓으면 즉, 최대규모의 도시를 1순위, 그 다음 규모의 도시를 2순위, 이렇게 순차적으로 표시해 보면 분포상의 실제적 규칙성을 확인할 수 있다. 이렇게 도시의 인구규모와 순위 사이에 일정한 배열원리가 작동되고 있음이 경험적으로 확인된 이후 많은 검증 작업이 있었다. 드디어 36년이 경과된 1949년 G. Zipf에 의해 관계식이 완성되어 도시순위규모법칙이라고 불리게 되었으며 완성된 관계식은 아래와 같다.

$Pr = \frac{P_1}{r^q}$ (Pr ; r번째 순위의 인구, $P_1$ ; 1위 도시 인구, r ; 순위, q ; 상수)

지수 q값의 변화에 따라 순위분포의 양상이 달라지며, 국가나 지역의 특성을 파악할 수 있기 때문에 q값이 중요한 지수이다. q값이 1이면, Auerbach의 공식과 같이 r번째 순위의 도시는 1위 도시 인구의 1/r에 해당하는 인구규모를 보이는 관계를 의미하며 순위규모유형이라 한다. q값이 1보다 큰 경우 좌표 상에서 L자와 같은 모양의 곡선을 보이는데 이는 1위 도시에만 인구가 집중하여 2위·3위 도시의 규모와 큰 차이가 있어서 그렇게 나타난다. 이를 수위도시유형 또는 종주도시유형이라 한다. q가 1보다 적은 경우는 좌표 상에서 ㄱ자와 비슷한 곡선이 그려지는데 이는 상위 도시들의 인구규모가 비슷할 때에 나타난다. 과두분포유형이라고 하며, 규모가 비슷한 상위 도시 그룹이 2개이면 binary패턴, 3개이면 trinary패턴이라 한다(그림 5.2).

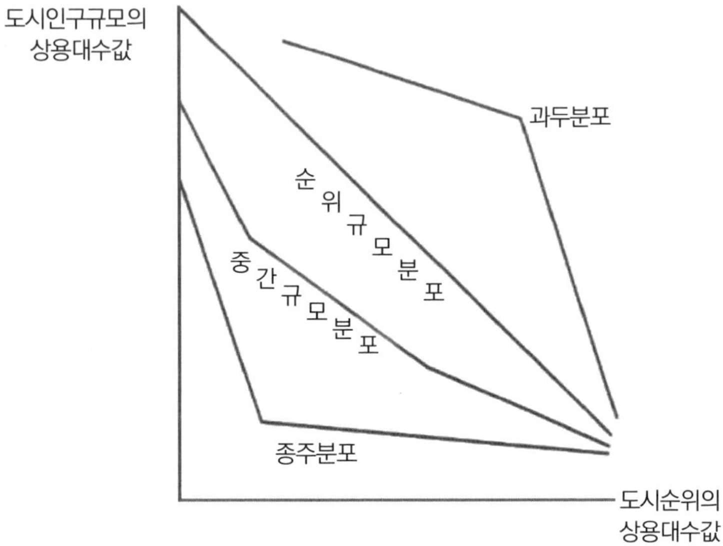


출처: De Souza (1990)

**그림 5.2.** 도시순위규모의 유형

베리(Berry, B. J. L)는 세계 38개국에 대해 검증작업을 하고 각 유형에 해당하는 국가들의 특성을 정리했다. q값이 1에 근사한 값을 보이는 순위규모유형 국가들은 영토가 넓거나, 도시화의 역사가 오래 되었거나, 다양한 사회경제체제를 가진 지역에서 나타나는 경향이 있다. q값이 1보다 큰 종주도시유형의 경우는 영토가 작고 중앙집권적 체제를 가지는 국가, 도시화의 역사가 짧은 지역, 과거 제국시대의 왕도가 그대로 현재의 수도로 된 경우, 외부의 힘이 기존 도시체계에 영향을 미쳐서 수위도시의 성장을 촉진시키는 경우에 상·하위 도시규모의 격차가 큰 유형을 나타내는 경향이 있다.

지역의 정치 경제 사회구조가 다양할수록 도시 간 이질적 다양성들이 상호작용에 의해 어떤 균형 상태에 접근하는 속도가 빠르므로 직선적인 순위규모관계에 빠르게 접근하는 반면, 지역구조가 단순하거나 도시수가 적고, 도시규모가 작을 때는 특정 소수 도시만이 과대 성장하는 결과를 낳게 된다. q값이 1보다 적은 과두분포유형의 경우는 국가의 규모가 커서 각 지방 간의 이질성이 너무 크다든지, 지방분권체제가 오래 유지되었다든지, 영토의 형상이 매우 길어 여러 개의 중심 도시가 필요하다든지, 또는 경제수준이 아주 유치하여 대도시가 미처 출현하지 못한 지역에서 나타나는 유형이다. 이런 것을 감안한다면 q값이 1보다 큰 가 적은가는 그 지역이나 국가의 다양성 정도를 간접적으로 말해주는 것이며, 장기적으로 보면 중소규모의 도시들이 성장 발전하면서 점차 q값이 1에 근접해지는 이행과정을 밟는다고 할 수 있다. 이는 어떤 지역이 수위도시유형에서 출발했다 하더라도 도시체계가 정비되어감에 따라 결국 순위규모유형으로 접근해 간다는 것이다.

각 유형에 해당하는 대표적인 국가들을 통해 그 형성과정과 특성들을 살펴보자.

**종주분포**라는 것은 일국의 도시계층이 하나의 대도시에 의해 지배되는 구조를 말한다. 대표적으로 영국의 사례를 들 수 있다. 지난 600년 동안 영국의 도시역사는 런던 주도하에 있었다. 거대한 변화의 흐름 속에서 변치 않는 것은 도시계층에 있어 런던지역의 압도적인 우위였다.

1800년경 영국은 본질적으로 농업사회였고, 대다수의 인구는 토지에 의존하여 살고 있었으며, 촌락이나 소읍에 거주하고 있었다. 인구의 3/4은 2500명도 되지 않는 작은 읍에서 살고 있었다. 노위치(Norwich)와 브리스틀(Bristol)과 같은 도시는 중요한 지역

중심지로써 지방생산자들을 위한 시장역할을 하였고 국가경제의 무역거점이었다. 계층의 꼭대기에는 수도인 런던이 있었다. 런던은 국가적 우위뿐만 아니라 전 세계에 뻗어 있는 거대한 교역망의 중심으로써도 압도적인 위치였다. 런던은 대영제국의 경제생활을 위한 거대한 어음교환소였고, 그 영향력이 캐나다, 호주, 남아프리카공화국, 그리고 세계 곳곳에 흩어져 있는 수많은 섬들에까지 미치는, 말하자면 거대한 바퀴의 허브였다. 런던은 1800년에 이미 세계도시였다.

런던의 우위성은 계속 유지되었고, 런던의 인구는 영국의 차 하위 도시 15개의 인구를 모두 합한 것보다 더 많았다. 전 인구의 3명 중 1명은 런던이나 런던의 영향권인 남동부지역에 살고 있었다. 공식적인 행정경계 내에서의 런던의 인구는 계속해서 감소해 왔다. 1939년 860만이었던 인구는 1991년 거의 600만으로 감소했다. 런던의 성장은 런던의 행정구역 밖에서 이루어 진 것이다. 이러한 편중은 수도인 런던에 전국적인 기능이 집중하는 데에 기인한다. 런던은 그 지역에서 최대 도시일 뿐만 아니라 영국의 행정부가 있는 곳이며, 거의 대부분의 국내 및 해외 주요 기업의 본사가 입지한 곳이기도 하다. 런던은 또한 영국 법률체계의 중심이며, 금융과 보험의 중심지이고 출판·패션·광고 등의 중심지이기도 하다. 자본과 권력, 그 집중의 영향력에 대해 많은 설명을 할 수 있는 곳이 바로 런던이다. 수도의 영향력은 거의 국가 전역에 미친다.

영국은 선진국에서의 종주도시규모분포를 나타낸다. 개발도상국가에서는 이러한 유형을 더 쉽게 볼 수 있다. 도시성장이 극적으로 이루어져 온 남아메리카의 여러 국가들을 예로 들 수 있다.

1940년 남아메리카에서 인구의 2/3는 농촌에 살고 있었다. 그러나 1990년 급속히 팽창한 인구의 2/3가 도시, 그것도 대도시에 살고 있었다. 각 국가의 최대 도시들은 일찌부터 식민 본국의 필요에 의해 개발되고 발전해 왔던 터라 공업과 행정부의 기능을 모두 갖추고 있었기 때문에 가장 빠르게 성장하였다. 취업기회가 많았고 그래서 이주자를 끌어들였다. 경제적 우위는 대도시로 편중되었고 이러한 양상은 강력한 기득권에 의해 유지되고 강화되었다. 대도시는 중산층을 양산하였고, 그들은 다시 더 많은 소비재 산업의 발달을 촉진시켜 도시 인구를 증가시켰다. 풍부한 직업기회와 교육과 의료 등의 기본서비스를 더 잘 누릴 수 있다는 점에서 이촌향도를 가속화시켰다. 그 결과 하나의 거대 도시에 의해 지배되는 도시계층이 형성된 것이다.

도시의 종주성은 하나의 대도시가 국가의 나머지로부터 이주민과 자본, 서비스를 흡수함으로써 혼잡을 야기한다. 그 결과 매우 불균등한 경제성장분포를 보인다. 중심부에서는 뇌일혈이, 주변부 지역에서는 빈혈이 발생하고 있는 것이다.

**순위규모분포**는 하나의 대도시가 도시체계를 지배하는 상태가 아닌, 비교적 도시가 균등하게 분포할 때 나타난다. 총인구가 3억 2천 명에 달하는 미국이 그 예이다. 최대 도시인 뉴욕은 1800만의 인구를 보인다. 전 인구의 7% 미만이 최대 도시에 사는 셈이다. 전 인구의 18%가 멕시코시티에 사는 멕시코의 경우와 전 인구의 20% 이상이 런던 대도시지역에 사는 영국과 비교해 보라

미국은 도시화된 국가이다. 70% 이상의 인구가 5만 이상의 도시에 살고 있다. 또 100만 이상의 도시가 20개 넘게 있는 대도시의 국가이다. 미국의 경제적 정치적 사회적 삶을 지배하는 단 하

나의 도시는 존재하지 않는다. 뉴욕은 최대 도시이기는 하지만 연방권력의 중심은 아니다. 국가의 규모, 개개 주들의 막강한 권한, 경제활동의 변화하는 지역분포 등은 한 도시로의 집중에 저항하는 방향으로 작용해 왔다. 경제적 행운의 변화가 서로 다른 도시지역에서의 성장과 쇠퇴를 나타내고 있다.

미국에서 도시지역의 성장은 결코 균일하지 않다. 20세기 말 약 20년 동안 도시의 성장은 남부와 서부에 집중된 반면 북동부와 중서부의 도시는 현저하게 쇠퇴하였다. 가장 빠르게 성장하는 도시는 캘리포니아주, 애리조나주, 텍사스주, 조지아주, 플로리다주와 같은 소위 선벨트(Sun Belt) 지역에 있다. 캘리포니아의 실리콘밸리에서의 컴퓨터산업을 비롯하여 우주항공산업, 무기산업과 같은 첨단산업들은 건조하고 쾌청한 날씨를 절대적으로 필요로 하기 때문이다. 노년 은퇴자들은 건강유지에도 좋고 생활비도 적게 들어 선벨트지역을 선호하였다. 전통적인 제조업지역이었던 북동부 오대호 연안지역으로부터 많은 기업과 인구가 선벨트지역으로 이동하였다. 로스앤젤레스, 피닉스, 달라스-포트워드, 애틀랜타, 마이애미와 같은 도시들은 지난 30년 동안 놀라운 성장을 경험하였다. 1945년부터 1995년까지 피닉스의 인구는 6만5천 명에서 79만까지 증가하였으며 1990년에는 200만을 넘어섰다. 태양의 매력, 맑은 공기, 값싼 비노조원 노동력의 확보 용이성, 에너지이용에 있어서 간접적인 연방보조금, 물공급, 방위물품의 조달 등 이 모든 것이 주요인이다. 선벨트 대부분의 지역에 걸쳐 나타나는 경제성장은 우주개발계획과 무기기술에 대한 연방정부의 경비지원에 의해 부분적으로 영향을 받았다. 휴스턴은 NASA프로그램을 위한 통제중심지가 되었고 캐나배랄 곶은 로케트 발사장소였다.

그 밖에 특히 남부 캘리포니아에서 하이테크 무기개발에 관한 막대한 비용투자는 경제 확장에 강력한 촉진제였다. 그런데 이러한 급격한 성장은 생태적으로 여러 가지 문제를 일으키고 있다. 고온 건조하고 물이 부족한 지역에서의 대규모 도시개발은 얼마 지나지 않아 생태적 한계에 달해서 개발을 중지하거나 더 많은 비용을 들여야 하는 상황이 된 것이다.

반면 미국의 북부와 동부, 중서부의 오래 된 지역에서는 도시의 쇠퇴가 현저하다. 미시간주, 오하이오주, 펜실베니아주, 매사추세츠주와 같은 프로스트벨트(frost belt)의 도시지역은 전통적으로 제철산업과 자동차산업을 기반으로 발전하였다. 1970년대 이후 전통적인 제조업고용은 값싼 외국경쟁업체에 밀려 위축되면서 탈산업화가 빠르게 진행되었다. 1970년대에는 미국에서 운행되는 자동차의 90% 이상이 미국에서 만들어졌지만, 1990년대에는 자동차의 50~60%만이 미국에서 만들어졌다. 독일과 일본의 자동차가 가격에 비해 가치가 높다는 인식이 확산된 것이다. 외국의 자동차 회사들이 미국 내에 공장을 설립했지만 디트로이트와 같은 구 공업지역이 아니라 임금이 낮은 선벨트지역에 건설되었다. 결국 프로스트벨트에서의 제조업고용은 크게 위축되었다. 공업지역의 쇠퇴과정에서 가장 영향을 많이 받은 일부 도시들은 산업쓰레기만 남겨진 지역이라는 뜻으로 러스트벨트라 불리게 되었다. 고용의 손실은 고용기회의 축소, 소득감소로 이어지고, 도시 세원의 감소와 공공서비스의 질 저하로 나타난다. 많은 사람들이 고용기회를 찾아 떠나면 이런 하향 악순환은 가속화된다. 자동차산업의 중심지였던 디트로이트는 2013년 파산을 신청했다. 이렇게 쇠퇴해가는 도시들이 안고 있는 문제는 침체 경제를 어떻게 회생시키고 또 투자를 어떻게 유치할 것인가 하는 도시재생이 큰 문제이다.

미국 제조업 중심지의 지역적 이동은 프로스트벨트의 도시지역에서 선벨트의 도시지역으로 기업체와 회사가 이동함으로써 야기되었다. 보다 쾌적한 기후에 대한 선호는 그 이유의 일부일 뿐이다. 선벨트지역에서는 임금이 보다 낮고, 노조가 덜 활성화되어 있으며, 노조의 활동과 조직의 범위를 주(州)가 규제하고 있다. 세금도 주들 간에 심지어 주 내에서도 매우 다양하다. 프로스트벨트의 주들은 세금이 더 높은데 이는 사회복지와 교육에 대한 지출이 많기 때문이다. 캘리포니아주는 선벨트지역에서도 예외에 속하는데, 기업체들이 세금이 높은 캘리포니아주에서 세금이 더 낮은 애리조나주로 이동하기도 한다. 결국 전통적으로 고율의 세금, 고임금 비용의 주에서 선벨트라는 보다 업무지향적인 기후지역으로 기업체의 이동이 이루어진 셈이다. 사람들은 이렇게 변화하는 고용기회에 보조를 맞추었고, 그 결과 선벨트지역에서는 도시의 성장이, 프로스트벨트에서는 도시의 쇠퇴가 나타났다.

기술발전에 따른 산업변화와 경쟁력 면에서 지역 간 차이가 크기 때문에 미국의 도시시스템은 안정과 변화가 공존한다. 도시계층의 최상부는 안정되어 변화하지 않는다. 뉴욕은 200년 동안 최대도시로 군림하였다. 일부 도시들에서는 급격한 성장을 볼 수 있다. 예를 들면 로스앤젤레스는 1900년경 겨우 인구 100만 명의 작고 조용한 도시에 불과했다. 그러나 20세기 들어 공업과 상업의 발달이 지역 간 및 국제적 이동의 동인(動因)이 됨에 따라 놀라운 성장을 보였다. 1990년 L.A.의 대도시권은 1200만 명의 인구를 포함하였다. 애리조나주의 피닉스도 1945년 인구가 6만5천명에 불과했지만 1990년 200만 이상이 되었다. 풍부한 토지, 값싼 노동력, 저율의 세금으로 유치된 공장과 산업시설들이 소도시를 대도시로 변신시킨 것이다.

**과두분포**를 보이는 국가는 호주가 대표적이다. 최상층부에 2개 혹은 3개의 지배적인 도시가 존재하는 경우이다. 호주는 18세기 후반 영국의 유형(流刑)식민지였다. 5개의 주들이 연합하여 하나의 국가로 출범한 것이 겨우 1901년 이였다. 그 이전에는 각 주들이 영국과 해외 시장에 대해서 독립적인 실체로서 존재하였다. 즉, 각 주는 런던에 본사를 가진 기업체의 지사 공장이었다고 할 수 있다. 각각의 주도(州都)는 재화의 수출입항구로 성장했으며, 내륙에 더 많은 지역이 개척되고 교역이 증가함에 따라서 도시들도 성장하였다. 교역시스템의 팽창이 지방의 소득을 증가시키면서 도시는 더욱 더 커졌고 이는 더 많은 상품과 서비스에 대한 수요를 창출하였다. 각각의 주도는 이러한 종류의 누적적 인과관계의 과정을 밟았다. 각 주는 강력한 주도가 교역, 교통, 교육, 기타 광범한 공공투자에 대해서 책임을 지는 독립국가와 같았다. 각 주의 정치가들은 주도의 우위성을 유지하기 위해서 주도 중심의 정책을 펼쳤다. 즉, 시드니에 기반을 둔 주정부는 뉴사우스웨일즈의 다른 항구를 이용하기 보다는 시드니를 통해서 수출하는 것이 농부에게 더 유리하도록 철도의 이용요금을 정하였다.

그래서 시드니, 멜버른, 브리즈번, 애들레이드, 퍼스는 각 주에서 종주도시이다. 그 도시들의 독립성은 표준시간대가 2개나 될 정도(시드니와 퍼스)로 거리가 멀었으며 경제적 특성도 달랐다. 상이한 철로구간, 상이한 신문, 심지어 럭비운동의 규칙까지도 상이했다. 시드니가 중심인 뉴사우스웨일즈 주에서는 럭비가 행해진 반면, 멜버른이 중심이 되는 빅토리아주에서는 호주식 축구가 행해진다.

주도(州都)의 상이한 인구는 다양한 경제발달과 부에 대한 함수이다. 빅토리아나 뉴사우스웨일즈와 같은 부자 주는 각기 최대 도시를 유지할 수 있으며 두 도시들 간의 경쟁은 극심하다. 두 도시는 종종 호주의 상이한 특성을 확인하는데 이용되곤 한다. 경박하고 쾌락적이며 퇴폐적인 시드니에 비해 멜버른은 훨씬 문화적이고 문명화된 곳으로 간주된다. 오죽하면 두 도시의 중간지점인 캔버라에 수도를 새로 만들었겠는가?

표 5.1. 호주의 도시 수위성(2019)

| 주(州) | 최대 도시와 인구(백만) |
|---|---|
| 뉴사우스웨일즈 | 시드니, 4.6 |
| 빅토리아 | 멜버른, 4.2 |
| 퀸즐랜드 | 브리즈번, 2.2 |
| 서부호주 | 퍼스 1.9 |
| 남부호주 | 애들레이드, 1.2 |

출처: world population review. com

## 한국의 순위규모분포

한국의 도시순위규모분포에 관해서는 해외학자들에 의해 먼저 연구되었다. Berry(1961) 연구의 38개 연구대상국에 포함되었는데, 국토가 작고 식민지를 경험한 저개발국이었음에도 순위규모분포 유형을 보여서 주목을 받았다. 개발도상국이나 저개발국은 대체로 도시체계가 갖추어지지 않고 식민지 경험으로 말미암아 해외교역이 열려져 있는 수도나 대도시 등 소수의 도시만 발달되어 있는 경우가 많아서 대체로 종주도시유형을 보인다. 시간이 경과한 후 도시수가 증가하고 도시체계가 어느 정도 갖추어지면 순위규모분포로 이행해 간다는 것이 순위규모법칙의 핵심이다.

식민지경험도 있고 경제발전단계도 유사한 한국과 필리핀이 왜 다른 유형의 도시체계를 보이는지 비교역사연구를 통해 밝혀보고자 한 연구(Nemeth & Smith, 1985)가 있다. 필리핀은 종주도시유형의 전형적인 예에 해당하지만, 한국은 순위규모분포 유형을 보인다고 지적했다. 두 국가의 이러한 차이는 세계자본주의 체제에 편입되는 역사적 과정 속에서 찾을 수 있다. 즉 개발도상국이라 할지라도 도시시스템의 발전과정과 자원의 분포 등에 따라 도시화의 양상이 달라질 수 있다는 것이다.

수위도시 서울이 압도적인 인구집중지이고, 기능적으로나 문화적으로 주요한 세계도시여서 종주도시유형을 보일 것이라고 예상하지만 여러 학자들에 의한 수차례의 연구결과 전반적인 도시체계유형은 순위규모분포에 가깝다(그림 5.3).

한국의 도시체계는 오랜 역사 속에서 자본주의 세계시스템과 접촉하기 이전에도 지역별 중심도시들이 이미 존재하고 있었고, 독립과 분단, 한국전쟁, 경제개발 등 일련의 역사 속에서 1920년 당시의 순위가 그대로 유지되는 양상을 보이는데 이러한 도시유형의 지속은 사회적 조직의 제도화된 패턴 즉, 통치 엘리트들의 이해관계와 국가의 정치 경제 시스템이 적절히 조화되는 과정에서 나타난 결과이다. 분단 이후 서울의 북한 근접성이 안보에 위협이 됨에 따라 여러 중심지들에로 인구분산이 전략적으로 필요했으며, 남동부해안지역의 급격한 도시성장은 북한으로부터 멀리 떨어진 곳에서의 산업적 성장에 초점을 맞춘 의식적인 정책의 결

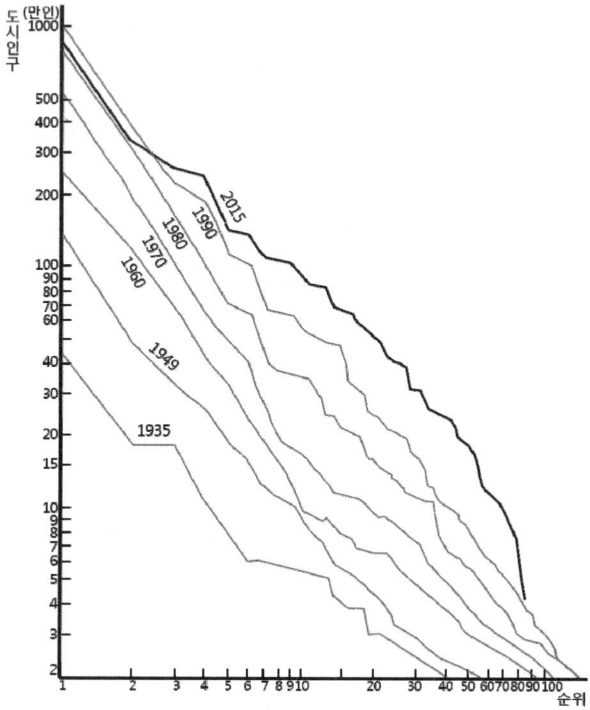


그림 5.3. 한국 순위규모분포의 변화(1995-2015)

과였다고 할 수 있다.

1995년 이후 20년 동안 한국의 도시체계는 도농복합시의 출범으로 중규모도시들이 대폭 증가하고 소도시들이 줄었으며, 수도권과 광역시를 중심으로 도시화가 가속되면서 신도시의 증가도 많았다.

서울이 전체 도시인구 중에서 차지하는 비율은 1995년 26%에서 점점 줄어들어 2015년에는 21%까지 감소한 상황이다. 종주지수도 계속 감소하여 수위도시 서울의 종주도는 조금씩 약화되고 있는 것으로 보인다.

표 5.2. 수위도시규모에 대한 2위, 3위 도시의 규모와 종주지수

| | 서 울 | 2위 도시인구의 비율 | 3위 도시인구의 비율 | 종주 지수* |
|---|---|---|---|---|
| 1995 | 10,231,217(26.0%) | 37.28%, 3,814,325 | 23.94%, 2,449,420 | 1.19 |
| 2000 | 9,895,217(23.4%) | 37.01%, 3,662,884 | 25.06%, 2,480,578 | 1.15 |
| 2005 | 10,287,847(22.8%) | 35.81%, 3,684,153 | 25.37%, 2,610,715 | 1.16 |
| 2010 | 9,708,483(21.4%) | 35.05%, 3,403,135 | 27.17%, 2,637,652 | 1.14 |
| 2015 | 9,794,304(21.4%) | 34.86%, 3,414,950 | 27.18%, 2,662,509 | 1.15 |

자료 : 통계청, 인구총조사(1995, 2000, 2005, 2010, 2015)
서울의 ( )는 총 도시인구 중 서울인구의 비중이다.
3위 도시의 인구는 대구(1995, 2000)와 인천(2005, 2010, 2015)의 자료이다.
* 종주지수 : 2위, 3위, 4위 도시들의 합에 대한 1위도시인구의 비율

순위규모법칙은 인구로 대변되는 도시의 크기에만 주목하는데, 그 크기가 갖고 있는 실질적인 경제력의 표현이라 할 수 있는 각 도시의 최고지가를 인구규모 대신 순위규모법칙에 적용하면 어떻게 될까? 순위규모법칙은 도시순위와 인구규모 사이에 일정한 규칙이 있다는 것인데, 각 도시의 인구규모와 최고지가 간에 높은 상관이 있으므로[11] 인구규모 대신 최고지가를 대입해 보는 것이다. 수도권의 경제력 집중이 극심하므로 경제력을 반영하는 최고지가의 대입은 상당히 의미있는 시도라 할 수 있다.

지가는 단순히 크기만을 나타내는 인구와 달리 기능적 특성이나 접근성의 차이까지 함축하고 있는 변수이다. 더욱이 한 도시의 최고지가는 그 도시 역량의 최대치일 뿐만 아니라 교통여건에 따라 인접지역과의 관련성도 포함하기 때문에, 도시의 행정구역 안이라는 폐쇄시스템적 성격을 갖는 인구크기와는 다른 특성이 있다. 특히 수도권도시들의 경우 서울과의 접근성이 용이하다는 이유로 지방의 더 큰 인구규모를 보이는 도시보다 높은 지가를 보였다.

한 도시의 최고지가는 그 도시의 경제력을 잘 반영한다고 볼 수 있다. 왜냐하면 경제발달과정에서 야기되는 도시화와 산업의 고도화는 필연적으로 인구와 경제활동을 특정지역에 편중시키고 그 결과는 토지가격에 반영되어 나타나기 때문이다. 그래서 단순히 인구수만을 고려하는 것보다 경제력까지 반영할 경우 수위도시의 강도는 더 강해질 수 있으며, 그것은 종주분포를 보이게 할 수 있다. 그런데 최고지가를 지표로 했을 때도 한국의 도시체계는 순위규모분포를 보였다. 수위도시 서울의 경제력과 역량이 커져가면서 서울과의 연결이 용이한 수도권 도시들의 성장이 급상승한 것은 사실이지만 이것은 결국 수도권에 있는 중간규모 도시들의 개수를 늘리면서 순위규모분포로의 이행은 계속 이어지게 될 것이라 생각된다.

제6장

# 도시의 공간적 분포원리; 중심지이론

## 중심지이론

취락의 규모와 분포는 여러 가지 요인들에 대한 함수이다. 즉, 취락의 역사, 토양비옥도, 농업생산성과 같은 다양한 자연적 요인들을 들 수 있다. 토양이 척박하고 비생산적인 지역보다 비옥한 농업지역이 인구가 많을 것이며, 인구가 많아지면 공공서비스를 비롯한 다양한 서비스를 필요로 하게 되고 이러한 필요에 대응하게 되면서 규모가 점점 커지게 된다. 다종다양한 서비스가 늘어나게 되면 주변지역의 인구에 대해서도 서비스를 제공하게 된다. 취락이 읍이 되고 도시가 되어가는 과정이다. 단지 수천의 인구, 제한된 범위의 소매점과 공공서비스를 갖춘 작은 읍에서 수백만의 인구, 수천 개의 상점과 전 범위에 걸친 도시서비스를 갖춘 거대도시에 이르기까지 도시계층은 다양하게 나타난다.

지역적 차원에서 도시계층의 규모와 분포는 오랫동안 관찰자들에게 매혹적인 소재였다. 크리스탈러(W. Christaller)는 무엇이 읍의 개수와 규모, 분포를 결정하는지 알고 싶었다. 그는 또한 경제생활을 결정하는 경제법칙이 있는 것처럼 도시의 배열을 결정하는 경제·지리적 법칙이 존재할 것이라고 생각했다. 도시들의 크기와 수, 분포에 대한 일반법칙이 있지 않을까? 그는 독일 남부지역의 지도에 동등한 크기의 도시들을 직선으로 연결하여 도로 및 철도교통망에서 어떤 규칙을 찾을 수 있지 않을까 생각했다. 서로 변을 접하고 있는 다수의 삼각형, 오각형, 육각형의 망이 만들어졌고, 같은 크기의 도시들 간의 거리를 측정하니 도시들 간의 거리가 거의 같게 나왔다. 군(County) 급 도시의 경우 간격이 대략 21km였다. 20km의 거리는 중세에 2륜 짐마차가 하루에 왕복할 수 있는 거리이다. 이것은 장거리 교역교통을 위한 도중하차지의 성격을 갖는 거리라고 할 수 있다.

크리스탈러는 경제학을 공부했었기 때문에 경제학에서 통상 등장하는 이론적 도식의 중요함을 알고 있었다. 베버(A. Weber)모형에서 아이디어를 얻어 몇 가지 전제 하에 도시들이 어디에 입지하게 될 것인가를 생각했다. 즉, 등질평야와 인구의 균등분포, 경제인이라는 전제 하에 연구를 진행했다.

기존의 도시개념으로는 연구진행이 곤란함을 알고 '중심지(central place)'라는 용어를 도입했고, 이에 따라서 크리스탈러의 이론을 **중심지이론**이라고 한다. 중심지란 '중심지 기능'을 수행하는 취락을 의미하며, 중심지 기능이란 중심지를 둘러싼 주변지역에 재화와 서비스를 제공하는 기능을 말한다. 또 중심지로부터 재화와 서비스를 받는 지역을 '보완지역'이라 한다. 중심지의 규모가 크면 클수록 수행하는 중심지 기능도 더 많고 복잡해져서 중심지 간 '계층'을 발생시킨다. 크리스탈러는 연구지역인 남부 독일에서 최고차에서 최저차까지 7개의 계층을 발견했는데, 고차 계층의 중심지는 저차 계층의 중심지가 수행하는 기능 외에 고차의 행정 및 부차적인 기능을 수행한다고 하였다. 즉 중심기능에도 계층이 있어서 고차중심기능, 저차중심기능으로 나눌 수 있다. 중심지가 주변지역에 수행하는 기능들에 의한 중심지와 주변지역 간의 결합도를 '중심성'이라하며 전화대수를 이용하여 측정하였다. 크리스탈러가 연구를 한 1930년대는 전화가 행정·경제 등 업무용도로 중요하게 사용되었기 때문에 전화대수를 지표로 하여 중심성을 측정하려 한 시도는 적절했다고 생각된다.

중심지가 수행하는 기능의 존속여부와 미치는 범위에 대해서는 필수적인 2가지 개념 최소요구치(Threshold)와 상품도달범위(Range of goods)를 이용하여 해결하였다. 최소요구치는 어떤 재화의 계속적인 공급을 유지하기 위해 필요한 최소한의 인구를 말한다. 우유 판매는 작은 마을에서도 존속할 수 있지만 자동차 판매는 훨씬 많은 인구가 거주하는 도시를 필요로 한다. 즉 우유판매는 저차 중심기능, 자동차판매는 고차중심기능이라 할 수 있다. 상품도달범위는 사람들이 재화를 구매하기 위해서 기꺼이 이동할 준비가 되어 있는 거리이다. 즉 사람들은 우유보다는 자동차를 사기 위해서 더 멀리 이동할 수 있다. 그래서 자동차는 우유보다도 훨씬 큰 상품도달범위를 갖는다. 넓은 상품도달범위와 높은 최소요구치를 갖는 재화와 서비스는 고차 재화와 서비스라고 불린다. 제한된 상품도달범위와 낮은 최소요구치를 보이는 재화와 서비스를 저차 재화와 서비스라고 한다. 즉 중심지에서도 중심기능에서도 계층을 읽을 수 있다.

중심지의 보완구역은 육각형을 이룬다. 왜 육각형인가? 원형이라 생각하기 쉽지만 여러 중심지들의 보완구역이 원형일 경우 중심지기능을 서비스 받지 못하는 지역이 생긴다. 모든 지역이 서비스권이 되려면 원형을 중첩시키고 중첩된 지역을 1/2로 나누어 균등하게 서비스하는 구조로 되게 하면 자동적으로 육각형망이 될 수밖에 없다(그림 6.1). 대부분의 사람들이 교통비를 감안하면 가장 가까운 중심지만을 이용할 것이라고 생각했던 것이다.

크리스탈러는 상이한 k값을 갖는 3개의 육각형 구조를 제안했다. k값은 하나의 고차중심지가 서비스하는 저차 중심지의 보완구역 개수를 말한다. k=3을 시장원리라 하는데 이때 최고차중심지에 포섭되는 차하위 중심지 개수의 수열은 1,2,6,18,54...로, 보완구역의 수는 1,3,9,27,81...이 된다. 시장원리구조에서 강조점은 소비자 이동을 최소화하면서 보완구역에 재화를 공급하는 것이다. k=4를 교통원리라 하는데 이때 중심지 개수의 수열은 1,3,12,48... 보완구역의 수는 1,4,16,64... 가 된다. 교통원리구조에서는 고차중심지와 저차중심지를 연결하는 교통로를 보다 효율적이게 함으로써 교통이익의 최대화를 도모하는데 교통로 상에 입지하는 중심지의 수가 극대화된다. k=7을 행정원리라고 하는데 중심지개수의 수열은 1,6,42,294...보완구역의 수는 1,7,49,343... 가 된다. 행정원리 구조에서는 개개의 저차중심지가 고차중심지의 경계 내에 완전히 포섭되도록 함으로써 통제효율의 극대화를 도모한 것이다. 각각의 원리에서 만들어지는 육각형의 크기와 중심지의 배치는 다르게 나타난다. k=3의 육각형 크기가 가장 작고 k=7의 육각형이 가장 크다. 중심지체계란 최소의 비용으로 공간상의 상호작용을 최대화하고, 정치·사회·경제활동을 전개하는데 있어 거리마찰을 최소화하려는 노력의 결과이다.

1960년대부터 중심지모델을 검증하는 연구들이 세계 곳곳에서 행해졌다. 현실과 유리된 등질 평야와 인구의 균등분포, 경제

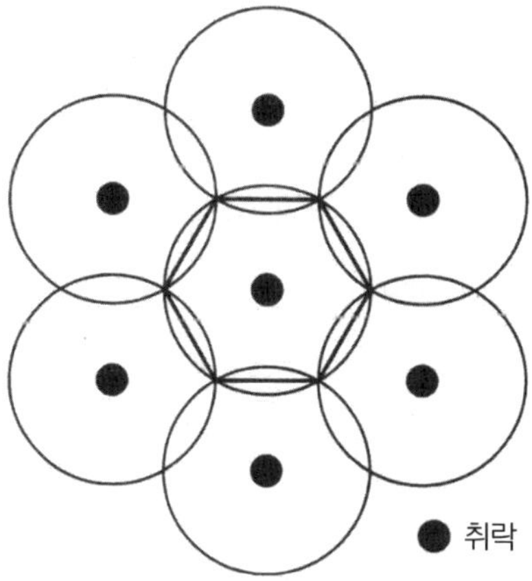


그림 6.1. 육각형 시장지역

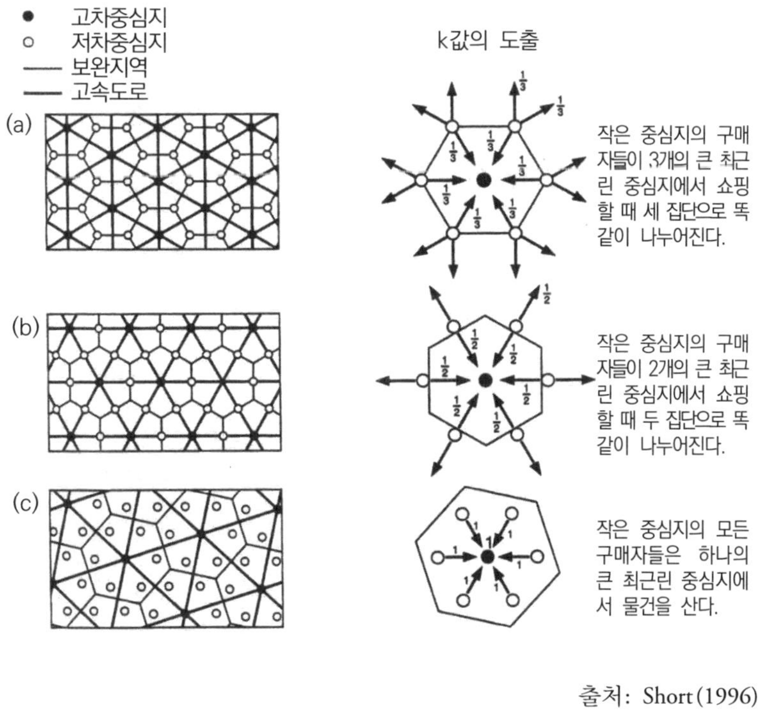


그림 6.2. 상이한 육각형 구조 (시장원리 k=3, 교통원리 k=4, 행정원리 k=7)

인이라는 전제에서 출발하기 때문에 현실에서는 잘 맞지 않았다. 지형이나 도로의 상태, 교통비를 감안하면 육각형 아닌 사각형이나 원형 등 다양한 형상의 보완구역이 나타났다. 인구밀도의 차이 때문에 보완구역의 크기가 달랐는데, 인구희박지역은 최소요구치 충족을 위해 넓은 보완구역을 보였고, 인구과밀지역은 좁은 보완구역에서도 최소요구치를 충족할 수 있었다. 도로망의 구축정도에 따라 중심지 계층이 발달 혹은 미발달 상태로 나타났다. 소득수준의 차이 또한 공간에 반영되어 나타났는데, 부유한 지역은 다양한 재화에 대한 욕구가 있고, 교통비 부담이 적다 보니 이동이 커서 넓은 보완구역을 보였으며 각 계층중심지마다 제공기능이 다양하고 복잡해지면서 도시발달이 활발하였다. 반면 빈곤지역은 재화에 대한 욕구도 낮고 교통비부담이 커서 좁은 보완구역을 보였고, 작은 중심지들이 비교적 밀집 분포하는 형상이었으며 도시기능의 발달도 미약했다.

경제발전에 따라 중심지모델도 변화해 갔다. 즉, 상품가격, 인구밀도, 구매력, 수송수단, 운송비의 변화 등이 최소요구치와 상품도달범위, 이윤에 큰 영향을 미쳤고 시장권도 변화시켰다. 인구가 증가하고 재화와 서비스에 대한 수요도 증가하면서 초과이윤이 발생했고, 새로운 업체들을 끌어들여 조밀한 시장권망을 형성했다. 규모경제가 가능해지면서 공급자는 생산비를 절감했으며, 싼 공급가격은 넓은 상권을 장악하게 했다. 할인점과 같은 대규모 유통업체의 출현 역시 이러한 상황을 가속화 했다. 도로망이 확충되고 교통수단이 편리해짐에 따라 저렴한 비용으로 먼 거리 이동이 용이해져서 고차중심지의 이용경향이 강화되어 고차중심지의 상권이 확대되었다. 합리적 구매행위에 다목적 구매행태까지 가

세하여 중심지모델은 빠르게 변형될 수밖에 없었다.

크리스탈러의 획기적인 계층구조이론은 그 후 많은 사람들에 의해 이론적으로 또 경험적으로 연구 검토되어 많은 수정과 비판이 뒤따랐는데, 수정모형과 비판들은 대체로 다음과 같은 근거에서 출발하고 있다.

첫째 균등지역을 전제한 것은 비현실적이므로 자연·인문적 다양성을 이론에 반영시킬 수 있어야 한다. 현실에서 인구는 균등한 분포를 보이지 않는다. 둘째, 모든 중심지가 무한 공간속에 이미 존재하고 있음을 가정하고 있으나, 실제 현존 취락들은 동시에 발생하지는 않는다. 셋째, 주민들이 완전한 정보를 가지고 행동한다고 전제하고 있으나 이는 현실적이 아니며, 또 사람은 언제나 경제성에 준해서만 행동하는 것도 아니다. 넷째, 동일한 계층의 중심기능을 가지면서도 중심지는 규모가 다를 수 있다. 이런 비판들은 모두 타당성을 지니는 것이기는 하지만, 중심지이론의 핵심인 지역의 계층구조 개념 자체를 부정하고 있는 것은 아니다. 중심지이론은 인간의 소비행태와 3차 산업의 입지결정 등을 매우 간명히 그리고 논리적으로 설명해 줄 수 있는 귀중한 이론으로 평가되고 있다. 그래서 크리스탈러의 6각형 모형은 간척이나 개간지에서의 취락배치와 농로개설, 병원이나 학교의 적정 배치 등 각종 지역계획의 수립에 매우 긴요하게 이용되었다.

### ▪ W. Christaller (1893~1969)

크리스탈러처럼 특이한 연구자 일생을 보낸 지리학자도 많지 않다. 예부터 천재는 생전에 대접받는 경우가 적다고 말해지지만 크리스탈러의 생애도 거기에 가까운 것이었다.

크리스탈러는 1893년 4월21일 독일 남부의 슈바르츠발트지방에 있는 베르넥이라고 하는 작은 마을에서 태어났다. 목사의 아들로 경제적으로 어려운 젊은 시절을 보냈다. 어린 시절부터 지도를 좋아했던 크리스탈러는 지도첩이 유일한 장난감이었다. 변경된 국경선이나 새로운 철도와 도시들을 지도에 그려 넣고 새롭게 설정된 행정구역의 인구를 계산해 보는 등의 놀이를 하며 놀았다. 1차 대전에 참전하여 부상당했는데 병상에서도 그 지도첩을 즐겨 보았다. 가난한 선생의 길밖에 없는 지리학을 공부할 생각은 없었다. 1차 대전과 결혼 등으로 학업이 이어지지 못했으나 뒤늦게 에르랑겐 대학에 적을 두고 경제학을 전공하여 1930년에야 졸업하였다. 40세가 다 되어서야 어린 시절에 가졌던 지리학에 대한 새로운 열정이 생겨 동일 대학에 있던 당시 유명한 취락지리학자였던 그라드만(R. Gradmann)의 강의를 청강하며 경제지리학 연구에 깊은 관심을 갖게 되었다. 크리스탈러는 그 동안의 지리학이 현상이나 사실을 관찰하는 것에 치우쳐 있어서 경제활동의 기능적 측면을 경시하고 있다고 생각했다.

지리학이 순수과학이라고 한다면, 지리학은 법칙이나 원인 혹은 기능적 상호관계라고 하는 것과 무관한 것이 아니라고 생각한 크리스탈러는 베버(A. Weber)가 「공업입지론」에서 이용한 방법에 관심을 가졌다. 공업입지론에서는 일종의 추상공간이 상정되고, 공간이 갖는 유용성은 개개 지점을 기능적으로 연결할 때의 운송비에 의해서 표현되며 그 결과로서 하나의 전체 공간이 조직된다. 공간에 대한 이러한 인식이 크리스탈러의 중심지이론연구의 출발점이 되었다.

그의 연구 이전에도 중심지 혹은 도시의 입지에 관한 연구는 긴 시간에 걸쳐서 축적되어 왔다. 독일의 지리학계에서는 크리스탈러가 직접 사사했던 그라드만(Gradmann)도 취락지리학의 대가이며, 식물생태학의 사고방법을 취락지리학에 도입했다. 스승과는 상당히 다른 방법으로 도시입지연구에 접근하려했던 크리스탈러의 연구목적은 아주 명백하다. 그것은, 도시의 규모와 수, 그 공간적 분포를 설명하는 일반적 원리가 존재하는 것일까 라고 하는 것이었다. 그래서 그는 종래의 지리학적 방법 이외에 역사학적 방법, 통계학적 방법 으로도 접근해 볼 수 있지 않을까 하는 생각을 했다. 종래의 지리학적 방법으로는 자연적 배경에서 시작해서 도시성립의 경위, 발전의 계기와 과정에 관해서 기술하는 것은 가능하지만 도시입지의 일반적 법칙을 도출해 낼 수는 없다.

크리스탈러가 도시와 농촌에 관해서 생각할 때에 경제현상은 결정적인 의미를 갖고 있다. 그것은 도시가 발생할 때에는 거기서 경제행위를 하는 사람이 반드시 있고, 또 거기서 제공되는 재화와 서비스에 대한 수요가 존재하기 때문이다. 그러한 경제활동이 영위되는 도시의 성립 메카니즘은 경제지리학의 연구대상이며, 거기에 작용하는 경제지리학적 법칙에 의해서 도시의 규모와 수, 그 분포가 설명될 수 있다고 생각했다. 크리스탈러는 지도상에서 같은 규모의 도시간 거리를 계산하기도 하고 철도와 도로에 의한 도시 간 연결방법에 무엇인가 규칙성은 없는지 반복해서 조사했다. 농업이 잘 발달히여 이론을 검증하기 좋은 남부독일을 대상지역으로 하여 작업을 진행하는 중, 소규모의 농촌중심지가 21km의 등 간격으로 분포하고 있다는 것에 주목했다. 이러한 중심지는 장거리교역의 중계지이며, 중세에는 마차의 1일 노정이 거의 20km였다는 것에서 그 규칙성을 설명할 수 있었다.

도시의 본질이 형태가 아니라 기능에 있다는 것을 발견한 크리스탈러는, 도시라고 하는 구체적인 것이 아니라 그것을 추상화한 중심지라고 하는 개념을 이론의 근저에 두었다. 중심지를 시작으로 하는 몇 개의 개념을 조작적으로 이용하면서 그는 이론을 만들어놓고 있지만 아이디어는 연구실에 있을 때보다 오히려 야외에 있을 때 샘솟았다. 당시 그는 매 주말 근처의 야산에 하이킹 가는 것을 습관으로 하고 있어서 그때 휴대용 노트를 반드시 지니고 갔다. 하이킹 도중에 무엇인가 아이디어가 떠오르면 곧 노트에 적어서, 다음날 월요일에 그것을 정리했다. 이론적 사고로 피곤해지면 중심성을 추정하기 위해 채용한 지표인 전화대수를 중심지마다 계산하는 등 기계적인 작업을 했다.

당시의 학계상황을 생각하면 이같이 추상적 수리론적인 연구의 의의를 인정하는 것은 통상적인 것은 아니었다고 생각된다. 크리스탈러의 이 저작에 대한 독일 지리학계의 반응은 그다지 호의적이지 않았다. 몇 개의 지리학 잡지에서 서평이 쓰여졌지만, 공통된 것은 이 연구가 경제학적이라기보다 수학적 수법에 치우쳐 있다고 하는 견해였다. 그러나 그 반대의 논평자는 이 난해하지만 지적흥미로 가득 찬 저작을 읽는 사람은 인문지리학이나 취락지리학의 일반화의 방향성에 관해 시사를 받는 것이 크다고도 서술하고 있다. 여하튼 이 저작이 그 후, 경제지리학과 도시지리학에서 일반적 원리를 수학적으로 정립해가는 새로운 연구에 헤아리기 어려운 영향을 미칠 것을 발견한 지리학자는 없었다.

독일 국내에서는 좋은 평가를 얻을 수 없었지만, 곧 미국과 스웨덴의 지리학자의 눈에 꽂혀서 큰 놀라움과 함께 크게 칭찬받게 되었다. 1938년에 디킨슨(R. E. Dickinson)이 그 탁월한 연구내용을 소개한 것을 시작으로, 1940년에는 뢰쉬(A. Lösch)가 경제공간에 관한 저작 『경제입지론』내에 그 중요성을 지적하고, 나아가 뢰쉬로부터 이 책을 소개받은 울만(E. Ullman)이 1941년에 '도시의 입지론'이라고 하는 논문을 써서 북미의 지리학자에게 그 존재를 알렸다.

남부 독일의 중심지에 관한 그의 저작은 크리스탈러가 40세 후반부터 50대에 걸쳐서 서서히 알려지기 시작했다. 1960년에 스톡홀름에서 열린 국제지리학회의 심포지움에서 그의 중심지모델은 큰 관심을 받아 논의되었고 많은 지지를 얻을 수 있었다. 1962년에는 반기(W. Bunge)가 '이론지리학'을 써서 크리스탈러에게 헌정하고 있다. 그 후에도 베리(B. J. L. Berry), 파르(J. B. Parr), 프레스톤(R. E. Preston)을 위시해서 많은 연구자가 크리스탈러 모델을 발전시키는 시도를 이어갔다. 너무 늦은 각광이었다.

이러한 위대한 업적에도 불구하고 크리스탈러는 70세가 될 때까지 어떠한 표창도 받지 않았다. 최초의 명예도 해외로부터였는데, 1964년에 미국지리학회가 이례적인 표창을 수여했다. 1968년에는 스웨덴의 룬트대학과 고국 독일의 보훔대학으로부터 각각 명예박사학위를 받았다. 만년에는 헤센 주정부가 경제적 원조를 하고, 연방정부로부터 표창도 받았다. 뒤늦긴 했지만 독일의 지리학계도 그를 위한 기금을 만들었다. 겨우 이 연령이 되어서야 처음으로 돈 걱정을 하지 않아도 되었다고 술회하는 크리스탈러의 심정은 어떤 것이었을까? 온후하고 친절한 성격이었지만, 자신을 세간에 알리는 것이 매우 어려웠던 이 사람은, 스스로의 연구가 현대지리학 연구의 패러다임에 이정도로 큰 영향을 주게 될 것이라는 것을 과연 예측했었을까? 이론적·계량적 지리학의 그 후의 융성을 알지 못한채, 1969년 3월 9일 크리스탈러는 76년간에 걸친 생애를 마쳤다.

(竹内啓一, 杉浦芳夫, *20世紀の地理學者*, 2001, 古今書院)

## 정기시장의 존립

중심지이론의 필수 개념인 최소요구치와 상품도달범위를 이용하여 정기시장의 존립을 잘 설명할 수 있다. 어떤 중심지가 계속 존립하기 위해서는 중심 재화나 서비스의 수요가 항상 최소요구치를 넘는 수준을 유지해야 한다. 중심지기능을 수행하는 시장이늘 최소요구치를 확보할 수 있다면 상설시장으로서 기능할 수 있을 것이다. 그러나 만약 수요가 최소요구치에 미달될 때에는 중심지가 쇠퇴 소멸하든지, 아니면 여러 개의 보완구역에서 수요를 합하여 최소요구치를 확보하려 할 것이다. 이 경우 이동 점포들이 일정장소에 주기적으로 모임으로써 이동점포 존립을 취한 최소요구치를 확보할 수 있다. 또 주기적으로 모인다는 것은 일정 장소에서의 수요가 며칠 누적되어야만 최소요구치를 채울 수 있다는 의미이기도 하다. 이렇게 공간적으로는 보완구역의 수요를 합하고 시간적으로는 주기성을 둠으로써 정기시장이 존립하게 되는 것이다.

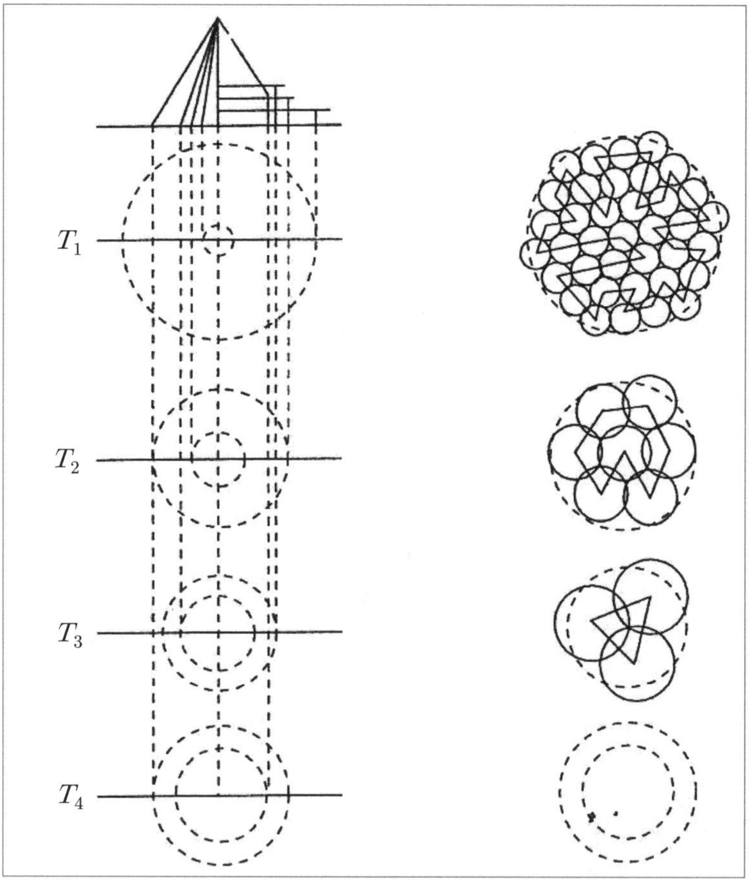

출처: Stine (1962)

그림 6.3. 정기시장의 상설화

과거 인구밀도가 낮고 교통여건이 불충분한 지역에서는 생활에 필요한 재화를 가지고 이동해 다니던 보부상(褓負商)이 있었다. 보부상이 존속에 필요한 최소요구치를 충족하기 위해서는 인구밀도가 낮기 때문에 상당한 면적에 달하는 보완구역의 수요를 합해야 했다. 그래서 보부상은 인근의 마을들을 정기적으로 돌아다니면서 필요로 하는 최소요구치를 확보했다. 소비자들 역시 소득이 낮아 재화에 대한 욕구가 낮고 교통여건 때문에 자유로운 이동이 어려워서 자연스럽게 상품도달범위가 좁았다. 이렇게 최소요구치가 필요로 하는 면적은 넓지만 상품도달범위가 좁을 때 여러 개의 상품도달범위 수요를 모으는 정기시상이 성립하게 된다. 조선시대에는 5일마다 한번 씩 열리는 5일장(1·6, 2·7, 3·8, 4·9, 5·10)이 열렸다. 중국에서는 1,4,7 2,5,8 3,6,9장이 열렸다.

개시주기는 지역에 따라 3～10일로 다양한데, 우리나라는 조선시대에 순(旬)을 기본으로 한 10일 장이 상당수 있었으나 현재는 5일장으로 완전히 고정되었다. 대체로 인구증가, 구매력 향상, 교통의 발달, 빈번한 교역이 가능할수록 개시주기는 짧아진다. 또, 고차 정기시부터 상설시장화 되어 가는데 상당기간 동안은 상설시장과 고차정기시가 병존하다가 점차 상설 시장에로 그 기능을 흡수당하여 소멸되는 반면, 교통이 불편한 저차계층의 정기시만이 계속 열리는 과정을 밟아 나간다.

개시주기는 정기시장 간 공간적으로 근접할 경우 시간적으로는 분리되며, 공간적으로 멀리 떨어져 있으면 시간적으로 근접한다. 즉 정기시가 인접해 있을 경우의 장날은 한쪽이 1·6장이면 다른 쪽은 3·8장이나 4·9장이 된다. 인접한 시장과 시간적으로 좀 먼 주기를 취함으로써 공간적 경쟁을 줄이는 것이다. 또 하위시장의 개시주기가 상위시장과 충돌하지 않도록 배치된다는 것도 놀라운 현상이다. 강진읍의 장날은 4·9장인데 강진군 내 7개 정기시장의 개시주기와 전혀 충돌하지 않으며, 해남읍은 1·6장인데 해남군 내 14개 정기시장의 개시주기와 전혀 충돌하지 않는다. 읍의 장날은 규모가 크고 다양한 문화적 이벤트도 있으며 행정업무도 볼 수 있는 곳이기 때문에 단순히 상품거래에 그치는 하위시장의 장날과는 경쟁이 될 수 없는 것이다. 정기시장 간의 경쟁을 최소화하기 위한 전략이며, 군 단위의 행정구역이 개시주기에 미치는 영향이 크다는 것을 반영하고 있음을 알 수 있다.

점차 인구가 늘고 교통여건이 개선되면서 최소요구치 충족이 용이해졌고 정기시장은 서서히 상설화되어갔다. 이미 상설화 되었음에도 관성 때문에 과거의 장날에는 더 붐비는 경향이 있다. 광주의 유명한 재래시장인 서구의 양동 시장과 북구의 말바우 시장은 원래 2·7장이었지만 수요가 많아지면서 2·4·7·9일 장이 섰고, 상설화 이후에도 장날에는 인근 농촌지역에서 찾는 농민들과 광주시민들로 붐빈다.

상품도달범위가 최소요구치에 미달되는 현상은 소득수준이 낮아 구매력이 약하고 운송비가 비싼 개발도상국가에서 전형적으로 나타나지만 정기시장은 이들 국가에서만 나타나는 것은 아니다. 서구사회의 많은 나라에서도 일종의 정기시가 지금도 존속하고 있다. 정기시는 교역기능이 우세하기는 하지만 문화 전파의 매개 역할도 하기 때문에 많은 학자들이 관심을 가지고 여러 지역에서 사례연구작업을 했다. 중심지가 이동하면서 중심기능을 행사하는 특이한 사례로서 정기 시에도 계층구조가 나타나는지, 어떤 포섭 원리로 구성되는지에 대해 연구가 진행되었다.

## 신소매업지리학의 등장

중심지이론은 수십 년 동안 도시지리학에서의 유일한 이론이었다. 중심지이론의 정립 그리고 계속적인 검증과 정교화는 도시지리학의 발달에 중요한 부분이었으나 최근에는 관심을 많이 잃고 있다. 여기에는 두 가지의 이유가 있다. 첫째 중심지이론은 전(前) 산업적 도시체계에 가장 적합하다는 것이다. 즉, 크리스탈러가 1930년 경 독일 남부의 농업지역을 무대로 연구를 진행한 것과 같이 자족적인 농업지역에서 중심지에 대한 최적 설명이 가능하다. 세계의 여러 지역에서 산업화가 급격하게 진행되고, 세계경제가 확장되고 강화되면서 멀리 떨어진 오지(奧地)의 지역조차도 세계교역체계의 궤도에 속속 편입되는 상황에 영향 받을 수밖에 없는 현재의 도시체계에는 덜 적합하다. 둘째, 사회의 공간적 조직화가 공간의 사회적 조직화에 의해 대체되고 있다는 것이다. 즉, 중심지이론처럼 거리와 기하학적인 사고보다는 정치와 문화가 새로운 도시지리학에서는 더 중요하게 되고 있다는 것이다.

중심지이론의 적용은 주로 소매업과 쇼핑부문에서였지만 최근 연구의 핵심은 중심지이론의 한계를 넘어서 진행되고 있다. 소매업의 공간적 표현보다는 소매업의 사회적 조직에 더 관심을 갖는 신소매업지리학의 등장이 그것이다. 즉, 소매업의 조직, 소매상과 공급업자의 관계, 소매업 고용의 특성, 특수한 소매업 유형의 사례와 같은 주제들이다.

선진 자본주의 사회에서 소매업회사의 규모 확대는 중요한 추세이다. 요즘 소규모의 가족경영식 상점은 수천 명의 고용인과 수백 개의 대리점, 막대한 구매력을 갖춘 거대 소매회사와 경쟁해야만 한다. 이러한 추세는 여러 국가에서 뚜렷이 나타나고 있다. 영국의 테스코(Tesco), 막스 앤 스펜서(Marks & Spencer)와 같은 소수의 회사들에 의한 시장지배의 수준은, 보다 규모가 크고 다양하며 지리적으로 분산되어 있는 미국의 시장보다 훨씬 막강하다. 물론 미국은 반독점금지법이 작동되고 있다는 것을 기억해야 한다. 한국도 대규모 할인점의 전국적인 확장과 번성, 소규모 슈퍼마켓의 몰락, 24시간 편의점의 확산 등 유통업의 획기적인 변화 등을 목격하고 있다. 이러한 회사들의 입지 전략과 그들 간의 경쟁이 소매업지리학에 영향을 미치는 1차적 요인 중의 하나이다.

또 다른 요인은 소매업자와 공급업자 관계의 영향이다. 이들의 관계는 단순히 '생산자는 생산하고 소매업자는 판매한다' 는 것보다 더 복잡하다. 많은 선진국에서 대형소매유통업체의 증가는 생산자 특히 소규모 생산자들에게 막대한 판매 이익을 안겨주었다. 대형소매체인을 위해 생산된 상품 질이 상승하면서 비용도 상승 추세를 보인다. 시장은 생산자들의 세력만큼 소매업자들의 세력에 의해서도 영향을 받는다. 소매업자들의 세력이 커지면서 거꾸로 생산연계에 개입하여 소매부문에서 팔리는 많은 상품들의 단가와 품질, 적시성에 영향을 주게 된다. 우리나라 대형마트의 소상공인들에 대한 갑질이 여러 차례 도마에 오른 것을 알고 있다. 요컨대 유통이 생산을 결정하게 된 것이다.

전통적으로 소매업고용은 노동력의 조직화가 취약한 부문 중의 하나였다. 일반적으로 일용직이나 시간제 노동자들에 대한 의존이 높아서 노동의 조직화에 좋은 조건은 아니었다. 소매업 부문에서의 고용은 취업이 용이하기는 하지만 본래 저임금이고 장시간 일해야 하며, 승진의 기회도 별로 없다는 특성이 있다. 경제의 다른 부문에서와 마찬가지로 극심한 경쟁과 비용 절감의 압력 하에서 회사는 임금부담을 더 낮추고 싶어 할 것이며 이것이 소매점포의 자동화를 초래한 주요 이유이다. 더 많은 진열대를 갖추고 상품을 쉽게 접하도록 함으로써 많은 점원들의 보조 없이도 소비자들이 상품들을 훑어 볼 수 있도록 한다. 컴퓨터화 된 감시체계로 회사는 소수의 인원만으로도 그들의 판매와 재고목록들을 확인할 수 있게 되었다.

또 소매업 부문은 매우 다양하다. 음식업 부문은 공간적인 입지요구, 투자유형, 생산연계의 관점에서 패션부문과는 다르다. 이러한 차이들은 개개부문에 대한 사례연구를 통해서만이 자세히 알 수 있다. 암스테르담의 마리화나 소매업에 관한 연구(Jansen, 1991)는 공간적 분석뿐만 아니라 인종적 설명도 포함하고 있는데, 이렇게 특수한 소매업 유형의 경우는 자세한 사례연구를 통해서만이 그 소매업의 특성을 밝힐 수 있을 것이다.

신소매업지리학에서 또 흥미로운 것은 소비와 소비자 중심주의에 관한 강조이다. 쇼핑은 필수적일 뿐만 아니라 사회적 활동이며 문화적 추구이다. 우리가 어디서, 언제, 무엇을 살 것인가는 사회계층분화와 개인정체성에 있어서 중요한 요소이다. 소비는 생산만큼이나 정체성의 역할을 한다. 당신이 무엇을 사는가 하는 것은 당신이 무엇을 하는가 만큼 당신을 확인시켜준다. 소비공동체는 특수한 소비재의 소유로 확인될 수 있다. 어떤 재화나 서비스는 단순히 스타일이나 취향이 아니라 젠더, 연령, 인종적·민족적 정체성으로 변화하는 정의들을 통합하는 부문이 되고 있다. 소매업 자본과 소비자의 소비, 그리고 사업과 소비자, 공동체를 연결하는 문화적 독점 간에 미묘한 연계가 있다. 쇼핑과 소매업에 관한 최근의 연구는 초기 중심지이론의 기하학적인 초점을 벗어나서 소매업공간의 경제적 중요성과 문화적 의미성에 대해 더 많이 고려하고 있다.

제7장

# 세계 경제의 변화와 도시

다국적 기업의 등장과 범국가적 무역형태는 전 세계의 대부분을 경제적 상호 의존성이라는 견고한 망으로 연결하고 있다. 생산, 소비, 교환의 세계화가 진행되고 있으므로 세계 경제라 말할 수 있다. 세계시장, 세계적 생산연계, 세계적인 시장전략 등의 용어가 거리낌 없이 사용되고 있다.

## 콘트라티에프 주기

도시에서의 생산은 도시가 어디에 입지하고 언제 생겨났는가와 깊은 연관이 있다. 자본주의 경제는 공간상에서 다양한 만큼 시간상에서도 부단히 변화한다. 뚜렷한 주기성이 확인되었는데 50~55년을 주기로 한 콘트라티에프 주기(그림 7.1)가 그것이다. 1920년대에 이러한 파동에 주목한 구소련의 경제학자 니콜라이 콘트라티에프(N. Kondratiev)의 이름을 따서 명명한 것이다. 콘트라티에프는 미국 도매물가의 연평균증가율을 지표로 1790년부터 200년간의 그래프를 통하여 스태그플레이션 위기 간과 불황 간에는 대략 50여년의 주기가, 스태그플레이션과 불황 간에는 25년~30

년의 주기가 있음을 발견하였다. 이 파동은 1인당 GNP의 연평균 성장률을 지표로 한 20여년 주기의 쿠즈네츠 파동과도 연결될 수 있으며, 이 장기파동을 통해서 200년 동안의 신기술의 성장과 변화, 나아가서는 도시의 변천까지도 알 수 있게 되었다.

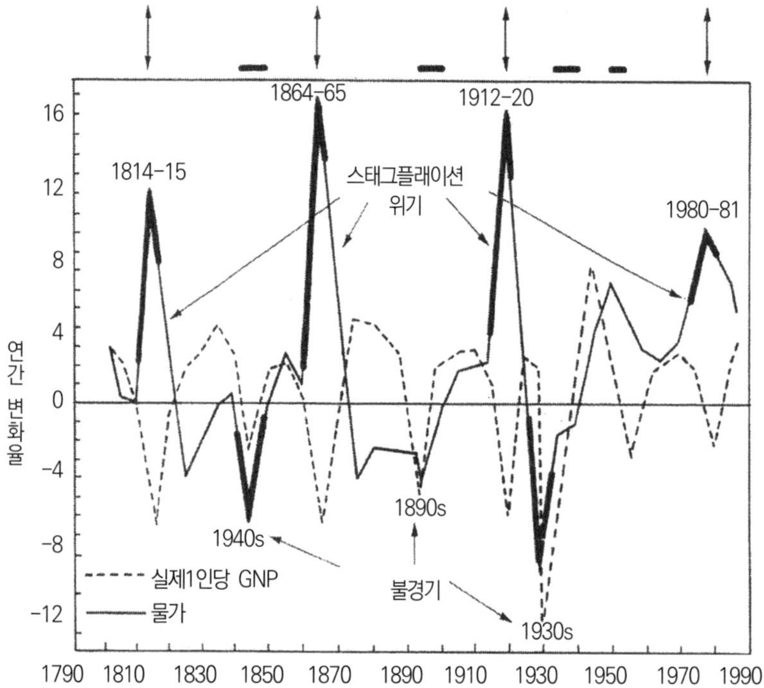


출처: 이현욱 역(1997)

**그림 7.1.** 콘트라티에프와 쿠즈네츠 주기

이러한 파동이 어떻게 기술적 변화뿐만 아니라 경제활동의 사회적, 공간적, 정치적 조직의 변화까지 포함하는지 주목하자. 파동의 형태와 방향은 이전 파동의 사회·경제·지리에 대한 함수이며, 또 다음 파동을 위한 사회적·공간적 경관을 형성하는 등 도시 공간상에도 변화를 가져올 수 있음을 염두에 두자. 이러한 주기를 이해하고 또 이 주기가 도시들에 대해 갖는 의미를 이해하기 위해서는 발명과 기술혁신 사이의 구분을 명확히 해야 한다. 발명은 새로운 기술이나 기계장치의 창안을 의미한다. 기술혁신은 그 발명을 시장성 높은 상품으로 성공적으로 적용시킨 것이다. 표 7.1은 전기적인 발명과 기술혁신 간의 관계를 보여준다.

발명은 우연히 일어나는데 반해, 기술혁신은 50년을 주기로 집중 발생함을 알 수 있다. 기술혁신으로 인한 생산성 증대가 나타날 때마다 새로운 직업의 상당 부분이 도시에서 창출되며, 이는 이주자를 자극하여 도시성장이 발생한다. 즉, 기술혁신이야말로 도시 변천의 역사적 전환점을 마련해 주는 기본적인 메카니즘이다.

표 7.1. 전기발명품과 혁신

| 최초의 발명 | 후속품의 예 | 후속 기술 혁신의 수 | 연쇄적인 기술혁신의 시기 |
|---|---|---|---|
| 축음기 | LP레코드, 스테레오레코드 컴팩트 디스크 | 12 | 1877～1982 |
| 전화 | 구내교환전화, 모뎀, 다이얼직통장거리전화 디지털시스템 | 13 | 1876～1975 |
| 무선전신 | 방송, FM, 패킷교환 | 11 | 1896～1976 |
| 2-전극판 | 속도변조관, 분자증폭기 | 14 | 1909～1974 |
| 전자 TV | TV방송 | 4 | 1919～1936 |
| 디지털컴퓨터 | IBM 701, 소형컴퓨터, 대형컴퓨터 | 21 | 1939～1979 |

출처: Dummer (1983)

콘트라티에프 주기는 평균 50~55년을 주기로 한 물가의 장기 파동으로서 수많은 주요 산업과 관련되어 있다. 이러한 파동은 도시변천 및 지역성장에 획기적인 전환점을 유발한 교통기술 및 에너지자원의 변화까지 담고 있다. 주요 혁신에 따른 새로운 산업의 등장과 그에 따른 산업조직의 변화, 그것이 야기한 지리적인 변화로 새로운 지역이 등장하는 것을 표를 통해 확인할 수 있다.

각각의 콘트라티에프 주기는 수많은 주요 산업과 관련되어 있다(표 7.2).

**제1기**(1787~1845)에 등장한 주요 기술혁신은 역직기(力織機)와 연철법(鍊鐵法)이었는데 이를 바탕으로 등장한 산업은 면방직공업과 제철공업이었다. 이러한 산업들은 공간적 요소와 사회적 의미를 동시에 가진다. 즉 도시화가 촉진되고 공장이 있는 도시의 증가, 조직화된 노동자계급의 형성, 그리고 심화되는 자본가계급과 노동자 계급의 분리, 노동자들의 권리를 희생하며 재산권을 강조하는 야경국가의 출현 등이 그것이다. **제2기**(1846~1895)의 주요 기술혁신은 베세머강과 증기선을 들 수 있는데, 이로 인한 산업은 철강·공작기계·선박 등의 산업을 발전시켰다. 이러한 산업은 소규모 공장으로는 작업이 되지 않기 때문에 공장은 대규모화되었고, 자본의 집중이 필요해짐에 따라 합자회사나 주식회사가 등장하였다. 작업의 특성 상 숙련노동자들이 필요해졌고 공정에서 필요로 하는 막대한 연료의 부담 때문에 공장은 주로 탄전에 입지하는 경향을 보여서 탄전도시가 크게 성장하게 되었다. 산업도시의 등장이라 할 수 있는 새로운 도시화의 시기를 열었다. 즉, 도심에 생산과 유통기능이 집중하고 토지이용의 분리와 특화가 이루어지기 시작했으며, 상류층 거주지가 점차 외곽으로 이주하

표 7.2. 콘트라티에프 주기

| | 제1기 1787-1845 | 제2기 1846-1895 | 제3기 1896-1947 | 제4기 1948-2000(?) |
|---|---|---|---|---|
| 주요 혁신 | 역직기(力織機)<br>연철법(鍊鐵法) | 베세머강(鋼)<br>증기선 | 교류, 전등<br>자동차 | 트랜지스터<br>컴퓨터CIT |
| 주요 산업 | 면방직<br>제철 | 철강<br>공작기계<br>선박 | 자동차<br>전기공학<br>화학 | 전자, 컴퓨터<br>통신, 항공우주<br>생산자서비스 |
| 산업조직 | 소규모 공장<br>자유입지 | 대규모 공장<br>자본집중<br>합자회사<br>(주식회사) | 거대 공장<br>'포디즘'<br>카르텔<br>금융자본 | 대규모 '포드주의자'들과 소규모 공장들(하청)의 공존<br>다국적기업 |
| 노동 | 기계공 | 숙련공 | 단순작업 | 양극화 |
| 지리적 변화 | 도시로의 이주<br>(탄전, 항구) | 탄전도시의<br>성장 | 연담도시의<br>시대 | 교외화<br>탈도시화<br>신산업지구 |
| 국제 | 영국,<br>세계의<br>작업장 | 독일,<br>미국의 경쟁<br>자본 수출 | 미국,<br>독일의<br>리더쉽<br>식민지화 | 미국의 주도권<br>일본의 도전<br>NICs의 부상<br>노동의 신국제분업 |
| 역사 | 유럽의 전쟁<br>철도 초기 | 북미의 개방<br>세계적운송·<br>통신 | 세계대전<br>대량소비 초기<br>대공황 | 냉전<br>우주경쟁<br>'지구촌'<br>대량소비 |
| 국가의 역할 | 최소의 군대/<br>경찰 | 제국주의<br>초기 | 발전된<br>제국주의<br>과학과 교육 | 복지국가<br>전쟁국가<br>조직화된 R&D |

출처 : Hall and Preston(1988)

는 경향을 보였다. **제3기**(1896~1947)의 주요 혁신으로는 교류전기와 전등, 자동차가 있다. 이로 인해 전기공학과 자동차 산업, 화학 산업이 급부상했다. '포디즘'의 등장으로 공장은 거대화되었으며, 카르텔이 등장하는 등 금융자본의 중요성이 급부상하였다. 노동은 컨베이어벨트 상에서의 단순작업으로 변모하였고, 자동차의 보급으로 도시화가 급속하게 진행되면서 연담도시의 시대를 열었다. 또 이 시기에는 2차례나 큰 전쟁을 치루면서 전에는 생각지 못했던 과학기술이 크게 발전했다. 대량생산과 대량소비의 시대를 열어가면서 예기치 못한 대공황을 겪기도 했다. **제4기**(1948~2000?)의 주요 혁신은 트랜지스터와 컴퓨터 관련 기술의 등장이다. 전자·통신 산업, 컴퓨터 및 관련 산업, 항공우주산업, 생산자서비스업 등 이전에 없던 산업들이 속속 등장하였고 산업의 특성에 따라 대규모의 포디즘 공장과 소규모 하청 공장들이 혼합되는 양상을 보였고, 다국적 기업들이 등장하였다. 노동은 핵심부 인력과 주변부 인력으로 양극화되었으며, 국제적인 분업양상을 보였다. 이 과정에서 아시아의 신흥공업국(NICs)이 부상했다. 도시의 교외화가 가속화되고 탈도시화의 흐름과 함께 역도시화현상도 나타났다. 1970년대 두 차례의 오일쇼크를 겪으며 불황에 빠졌고, 이것을 벗어나기 위한 산업적 모색과정에서 신산업지역이 등장했다. 기술이 표준화되고 교통수단이 발달됨에 따라 세계경제는 급속도로 글로벌화 하여 지구촌 시대가 열렸다.

티켈과 페크(Tickell & Peck, 1992)는 제4기에 부상한 주요 산업으로 수공예기술 산업과 사무 및 업무서비스업, 첨단기술 산업으로 분류하여 설명하고 있다.

**수공예기술 산업**은 노동집약형인가 디자인 집약형인가에 따라 입지와 노동형태가 다르게 나타난다. 노동집약형의 경우 거대도시에 입지하고 매우 착취적인 노동형태를 보인다. 즉 노동조건이 아주 열악할 뿐만 아니라 임금도 낮다. 특히 로스앤젤레스나 뉴욕과 같은 대도시의 노동자는 불법체류도 많아 더 취약한 경우가 많다. 디자인 집약형의 경우 종종 대물림하는 가족 경영이 많고, 변화하는 고객의 요구에 빠르게 반응하는 지역적인 응집력과 밀접하게 연관되어 있다. 두 가지 형태 모두 중요한 것은 집적과 유연성이다. 유연생산의 특징은 제품의 수와 범위, 형태가 빠르게 변형될 수 있다. 그래서 유연생산제품은 소품종이 대량으로 생산되기 보다는 다양하게 특화된 제품들이 생산된다. 결국 유연노동자들은 기술 간 급격한 구분이 없는 상이한 형태의 업무를 수행해야 한다. 요컨대 유연생산이란 작업리듬을 빠르게, 강도 높게 하기 위해서 노동에 자본력을 반영, 구체화한 것이다.

1970년대와 1980년대에는 **사무 및 업무서비스업**이 증가하였다. 관리 단계는 주로 남성이, 단조로운 작업의 대부분은 여성이 하였다. 대부분의 국가적 또는 지역 중심지에서 발생하기도 했지만 세계도시일 경우 그런 추세는 더욱 두드러졌다. 이 시기에는 전반적으로 서비스부문이 크게 증가했지만 1980년대 후반과 1990년대 초의 세계 경제침체기의 영향을 받아 화이트칼라층이 위축되었으며 이로써 화이트칼라 중산층의 소득, 생활양식, 기대를 주춤하게 하였다.

**첨단기술 산업**은 가장 최신의 산업으로 이중노동시장을 확인할 수 있다. 즉 고도로 숙련된 소규모 집단의 노동자들은 연구와 개발부문에, 대규모집단의 반숙련·비숙련 노동자들은 기술제품의 반복적 제조과정에 종사하고 있다. 업무의 분리는 때때로 기능의 분리를 반영한다. 즉, 반복적인 제조과정은 값싸고 유순한 노동력이 있는 지역에 유치된다. 오래 된 산업지역이나 산업의 역사가 없는 지역에서의 여성노동자들은 가장 선호되는 노동력의 원천이다.

이러한 유형 분류는 다소 조악하다. 그러나 고급기술인력을 끌어들이기 위한 쾌적한 입지, 대도시의 각종 서비스업 특히 금융업에의 접근성 등은 첨단산업들의 집적 경향을 파악할 수 있게 해주는 요인들의 중요성을 알 수 있게 해 준다. 유형분류는 또한 그러한 중심지들의 발달에 중요했던 각기 다른 요인들의 범위를 가르쳐 준다. 특히 방위 산업의 경우 연구와 개발부문의 재정확보에 있어 정부의 역할은 결정적이다. 연구중심 대학이나 회사 연구시설의 존재 또한 중요하다. 유형분류는 변화될 수 있다. 방위비 삭감, 연구에 대한 아낌없는 재정지원, 그리고 회사의 재 조직화에 의한 부수적 효과 등은 공간입지의 재구조화와 첨단 산업의 재입지에 영향을 미치고 있다. 제4기의 가장 성공한 사례는 실리콘밸리이지만 성장에 따른 지방경제의 과열, 주택가격의 상승, 혼잡도의 증가에 직면했다. 대기업 중심의 경제였던 뉴욕주의 버팔로는 쇠퇴의 문제 즉, 고용기회의 축소, 세원 감소, 경제적 활력 감소, 자신감 상실 등에 직면해 있다.

**▪ 콘트라티에프와 쿠즈네츠 주기에 대한 설명**

**1. 불황기**

성장률과 물가, 주식시장의 하락세가 최대에 이르고, 생존력 없는 기업들이 도태되기 시작하여 부도율이 높게 나타난다. 그러나 세계적인 상황변화에 따라서 새로운 성장산업은 기반을 구축하게 된다. 부도나는 기업이 늘어나면서 실업자가 폭증하고 수요가 감퇴하며, 상품가격이 하락한다. 부동산의 가치도 최하점에 다다르게 되고 부동산과 주식 등의 재산가치가 감소한다. 인플레 된 자산가치에 기초한 대부금 미상환으로 금융위기가 올 수 있다. 일본의 거품붕괴와 잃어버린 20년을 상기하면 된다.

### 2. A형 성장 가속기

불황기가 바닥을 치고 호경기로 진입해 가는 성장기를 말한다. 불황기 속에서 살아남은 자들이 헐값으로 자산을 인수하고, 행정가들도 불황을 타개하기 위한 여러 가지 노력을 한다. 일자리를 만들고 수요를 진작시켜 실업률을 줄이는 노력을 한다. 이전 파동에서의 생산기술 혁신을 찾아 상품화하여 경제활성화를 꾀한다. 이윤이 증가하고 공간 수요가 늘어남에 따라 임대료가 승가하고 건축 붐이 일어난다. 특히 소비재 상품 산업이 확장하고 수요가 공급을 초과하면서 물가가 오르고 임금도 상승한다. 경제성장율이 가속화하고 이러한 호황은 15년 정도 지속된다. 경쟁기업이 많아지면서 이윤이 잠식되고 성장률은 감속한다. 호황기 늘어난 통화량으로 화폐가치가 하락하는 인플레가 유발되어 자본의 흐름은 생산부문에서 토지와 부동산 시장으로, 주식에서 금이나 자원 등 상품으로 이동한다.

### 3. 스태그플레이션 위기

성장률이 낮은데도 물가가 높은 상황이다. A형 성장기에서 오를대로 오른 고임금과 인플레가 물가 상승을 주도한다. 그러나 기존 제품은 가질 사람은 다 가지고 있고, 신제품은 없는 상황이라서 소비감퇴가 일어나고 경제침체가 지속된다. 도심 빌딩의 공실율이 증가하기 시작한다. 물가와 임금이 폭락하고 실업이 급증한다. 부동산 시장에서 채무불이행이 증가하고 신용불량자와 노숙자들이 속출한다.

### 4. B형 성장 가속기

불황으로 이어지는 시기를 말한다. 점점 어려워지는 경제 상황 속에서 행정가들은 이자율을 낮추고 규제를 완화하여 경제 살리기에 나선다. 투자자들은 벤처에서 이윤기회를 찾고자 한다. 바닥을 치며 성장이 서서히 회복되면서 신기술이 새로운 시장을 개척한다. 불경기적 성장에서 혁신과 기술진보가 높게 나타난다. 숙련기술 노동자에 대한 수요가 증가하고 구식 산업은 쇠퇴해 간다. 고임금의 기술숙련직과 저임금의 단순 반복직으로 양분화 된 이중노동시장이 형성된다. 신기술 기반의 고가품은 부유층 중심으로 소비되며, 결국 대중 소비의 위축으로 경기는 침체되며, 성장 하락이 가격을 끌어 내리고 불황으로 이어진다.

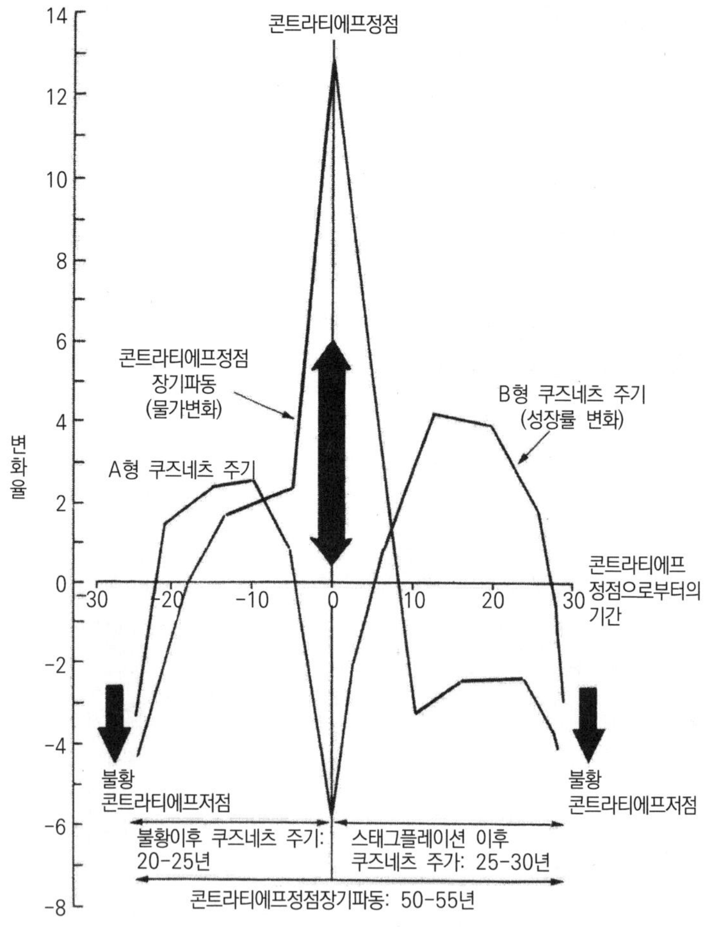


출처: 이현욱 역 (1997)

그림 7.2. 콘트라티에프와 쿠즈네츠 주기의 도식적 연관성

## 생산도시의 유형

도시는 상품생산을 위한 거점이다. 생산과정에서 자본과 노동의 관계가 어떻게 되어 있는가에 따라 3개의 도시유형으로 구분할 수 있다. 첫째, 오로지 이윤추구와 창출을 지향하는 **원시적 자본축적의 도시**이다. 산업혁명 초기 단계의 도시들을 말한다. 그런 도시들의 노동 및 생활환경은 매우 열악하였다. 결과적으로 도시는 다수 노동자의 열악한 생활환경을 내포한 채 자본가를 위한 돈벌이의 중심이었다. 이러한 도시들은 자본주의 산업화의 초기에만 한정되지 않는다. 빠른 도시화와 산업화가 진행 중인 중앙집권적 계획경제하에서도 발견된다. 동부 유럽의 많은 신흥 산업 도시들은 상대적으로 열악한 생활형편 이었다. 급속한 경제성장을 강조하였고 노동과 삶의 조건은 부차적인 고려 대상일 뿐이었다. 1970~80년대조차도 사회주의권 공업도시들의 생활환경은 아주 열악하였다. 원시적 자본축적 도시들은 오늘날의 자본주의 국가에서도 찾아볼 수 있다. 즉, 공업이 집중된 곳, 노조가 약한 곳, 정부의 규제가 약하거나 무용지물인 곳에서 볼 수 있다. 멕시코의 티후아나 같은 도시는 미국의 노동기준이나 환경기준을 충족시키지 않은 채 미국 시장에 접근하고자 하는 회사들을 유인하고 있는데, 이것은 원시자본축적의 새로운 입지이다. 이곳은 노조가 미약하고 정부는 투자유치만 적극적이어서 거의 제약을 가하지 않는다. 그 결과 노동 시장은 노동자의 일자리 보다 자본의 필요에 의해 주도되며 도시의 생활환경보다는 이윤이 더 중요시 된다.

둘째, 자본과 노동의 관계가 수정된 **케인즈식 도시**이다. 2차 세계대전 후 선진 자본주의 국가들은 케인즈의 이론을 정부정책으로 수용했는데 이는 국가가 경제와 사회적 안정을 책임지는 중요하고도 합법적인 역할을 가져야 함을 보여준 것이다. 케인즈는 대공황을 겪으면서 시장원리에만 맡겨서는 완전고용을 보장할 수 없다고 지적하고, 국가가 직접적인 투자를 통하여 유효수요를 창출해야 한다고 주장했다. 노동자들의 생활수준을 유지하고 개선하는데 있어 국가의 중개자 역할을 강화하고 교통·건강·교육·주거와 같은 집합적 소비에 더 많은 관심을 갖게 되어 노동자들이 더 나은 작업 및 생활환경에서 살게 되었다. 케인즈식 도시는 노동자들이 비교적 고소득을 누리고, 고품질의 공공재화와 서비스를 안정적으로 공급받을 수 있도록 하는데 노력을 기울인 결과, 실업자에게 조차도 복지지출을 통해 비교적 높은 생활수준을 보장했다. 그래서 노동비를 낮추는데 일조하는 실업자 산업예비군이 감소하였고, 자본주의 경제의 자연스러운 호황과 침체는 정부의 개입에 의해 수정되었다. 케인즈식 도시의 전성기는 1960~1970년대 초였다. 당시, 스칸디나비아 제국과 영국, 미국의 도시들은 일종의 케인즈식 도시의 체계를 형성하고 있었다.

케인즈식 도시는 두 차례의 오일 쇼크와 경기불황으로 경제가 급변하면서 1970년대 중반 이후로 후퇴하기 시작했다. 특히 영국은 극심한 인플레이션과 막대한 복지 지출, 노조의 파업으로 경제가 제 기능을 하지 못했고, 결국 1976년 IMF와 금융구제 협상을 했다. 이후 공적비용의 지출이 감소하고 노동에 대한 자본의 장악력이 커졌다. 케인즈식 도시의 공적인 특성을 유지하고 지지하는 정부의 역량이 감소한 시점이다. 신자유주의에 입각한 미국에서의 레이거노믹스와 영국에서의 대처리즘은 케인즈식 도시의 이상과 실천에 대한 일련의 이데올로기적인 정치적 공격이었다고 할 수 있다.

셋째, **포스트포드주의 도시**이다. 1970년대 중반 이후 자본-노동관계에 큰 변화가 있었고, 케인즈식 도시와 달리 정부의 개입이 대폭 축소된 상황을 반영하는 도시를 말한다. 도시의 노동 시장은 다수의 영세 기업체들로 구성되어 있다. 영세 기업체 노조의 힘은 소수의 대기업이 지배하는 시장상황에 비해서 아주 취약하다. 소규모 생산단위 내에서는 대량생산 기법 대신 유연한 생산체계로 대체되었으며, 보다 낮은 임금, 보다 강도 높은 작업 수행으로 변화하였다. 포스트포드주의 도시에서 자본-노동관계의 변화는 재조절 된 국가의 배경이 되고 있다. 재조절 된 국가라는 것은 복지비용이 감소하고, 공공서비스에 충분한 자금을 제공하지 못하고, 다양한 형태의 민영화로 변화하고 있는 국가를 말한다. 2008년 경제학자 폴 크루그먼은 사회복지프로그램은 국가의 기본이라며 정부의 역할을 강조하고 신자유주의를 강도 높게 비판했다.

원시적 자본축적의 도시에서 케인즈식 도시를 거쳐 포스트포드주의 도시까지의 역사적인 이동을 상상할 수 있다. 이러한 이동은 자본과 노동의 변화하는 역학 관계에 기인한다. 스칸디나비아 제국의 도시들은 미국의 도시들보다 더 강한 케인즈식 도시의 유산을 가지고 있다. 그래서 스칸디나비아 국가들에서 볼 수 있는 포스트포드주의 도시들은 미국의 포스트포드주의 도시들과는 다르다. 또한 개개의 국가 내부에서 조차도 다양하다. 뉴욕주의 한 도시는 앨라배마주 혹은 사우스캐롤라이나주의 도시들 보다 교육과 직업훈련, 환경보호에 있어 1인당 더 많은 지출을 할 것이다. 재조절된 국가의 포스트포드주의 도시는 자본-노동관계, 지방정부의 개입, 지방공동체의 선호와 권력구조에서 국가적·지역적·지방의 차이를 심화시킨다. 왜냐하면 국가의 개입이 줄어들면서 지역·지방의 권력구조, 그리고 도시노동시장에 더 많이 의존하기 때문이다. 포스트포드주의 도시가 케인즈식 도시보다 오히려 원시적 자본축적의 도시를 반영하는 경향이 있는데, 그 반영정도는 그 도시의 자본-노동관계, 사회적 정치적 힘의 균형, 국제 경제에서의 도시의 위치 등에 따라 다르게 나타난다.

### ■ 산업의 양극화

1990년대 들어 세계의 대도시는 세계화·첨단화·유연화 과정을 거치며 외양적으로는 화려하게 고도화 되었으나 그 내부를 들여다보면 소기업이 증가하고 비공식부문이 확대되었다. 외국인 노동자와 임시직 노동자의 증가, 저임금 여성노동자의 증가, 가내하청이 확산되는 등 취업구조에 있어 많은 문제를 안고 있다. 산업의 양극화는 산업구조의 양극화와 생산의 외부화에 기인한다. 산업구조의 양극화란 대기업과 중소기업 간에, 생산부문과 생산자서비스부문 간에, 상위생산공정과 하위생산공정 간에, 핵심기술직 노동자 집단과 주변 임시직 노동자 집단 간에 임금과 성과격차의 간극이 갈수록 심화되고 있다. 이것은 중소기업들의 경쟁력을 약화시켜 지속적인 경제발전에 부정적인 영향을 미치게 된다. 또 대기업은 특화된 전문기술제품이나 다양한 서비스를 공급받기 위해 외부화(outsourcing)를 진행해 왔다. 그러나 이는 의도와 다르게 생산비용 절감을 위한 동기가 더 크다고 보고 있다. 왜냐하면 대기업의 외부화는 소기업들의 경쟁을 조장함으로써 비용을 낮출 수 있고, 외부업체는 하청관계에 놓일 가능성이 높아지기 때문이다. 대기업은 막대한 자본조달력이 있어 자동화·기계화 등 신기술에 능동적 대처가 가능한 반면 소기업은 불가능하다. 소기업의 경우 원청회사의 주문 물량이 불안정하면 기술노하우나 신기술의 도입에 소극적일 수밖에 없다. 결국 대기업의 최종제품은 기술력도 높고, 가격경쟁력도 높지만, 이는 중소하청기업의 상대적 희생을 통해 가능한 것이다. 이렇게 생산 네트워크에서 불평등하고 불안정한 하청 관계의 심화가 영세업체를 확산시키며, 중소기업의 성장 억제가 구조적으로 진행되고 있다.

(조명래·이세영, 1995, "산업양극화와 사회적 갈등", in 새로운 공간환경론의 모색, 한국공간환경학회, 한울)

## 공업의 국제적 이동

운송비가 높았던 19세기의 공업은 동력원이나 시장근접성과 밀접하게 관련되어 있었다. 유럽과 북미의 공업도시들은 수력이나 탄전, 대도시에 근접해서 입지하였다. 상품을 제조하는 산업의 중심부와 원료를 수출하고 제품을 수입하는 주변부 등으로 세계를 명확히 구분할 수 있었다. 20세기에는 이러한 형태가 주변부의 산업화에 의해 역전되었다. 최근에는 생산기술의 표준화, 운송의 개선, 지구적 자본투자의 상대적 용이성 등으로 국가 차원에서보다 오히려 세계적 차원이 현대 기업의 의사결정을 위한 범위로 적합하게 되었다.

입지의 의사결정과정에서 중요한 요인은 노동비와 노조 투쟁성이다. 핵심부의 오래 된 공업중심지의 노동력은 더 비싸고, 더 조직화되어 있으며, 노동강도를 강화시키거나 노동력을 줄이는 기술을 도입하는데 저항이 크다. 훨씬 커진 공업생산의 이동성 때문에 핵심부에서 주변부에로의 지구적 차원의 산업이동이 가능해졌다. 그 결과 주변부의 산업화와 핵심부의 탈산업화가 진행되었다. 한국, 홍콩, 타이완, 싱가포르가 그 예이다. 미국의 접경지에 위치하고 있는 멕시코의 티후아나의 임금은 국경 맞은 편 미국 임금의 1/10에 불과하고, 환경 제약이나 노조활동이 미약해서 총 비용이 훨씬 덜 들면서도 북미 시장에 쉽게 접근할 수 있는 위치이다. 핵심부 구 도시의 일부에서는 탈산업화가 진행되면서 제조업 고용이 많이 감소하고 있다. 미국의 디트로이트나 영국의 버밍엄과 같은 자동차 생산 도시에서의 제조업 고용 감소는 지방경제에 큰 충격을 주었다.

노동의 신국제분업이 출현했는데, 단순 반복적인 생산에 의존하는 제조업은 임금이 저렴한 제3세계의 도시에서 행해지는 반면, 구 산업도시들은 공장이 폐쇄되면서 고용이 감소하고 경제적 기반이 위축되었다. 싱가포르와 뉴욕주의 시라큐스, 타이완과 오하이오주의 톨레도는 연결되어 있고 그들의 운명은 성장과 쇠퇴, 팽창과 위축, 투자와 투자회수 등의 리듬이 변화하는 가운데 세계의 모든 도시들이 연결되어 있는 세계 경제와 긴밀하게 연계되어 있다. 오늘날 다국적기업의 상이한 부문들이 각각 상이한 장소에 입지함을 알 수 있다(표 7.3).

**표 7.3. 다국적기업의 부문별 상이한 입지**

| | 입지 | 입지적 요구사항 | 도시의 변화 |
|---|---|---|---|
| 대기업의 본사 | 대도시 지역 | 대면접촉의 필요<br>사업서비스에의 근접<br>정부대행기관에의 근접 | 교외화의 시작, 물리적 근접성의 필요를 요구하지 않는 원거리 통신의 발달 |
| 연구와 개발부문 | 교외지역, 소도시 | 연구자를 끌어들이는 좋은 환경, 낮은 세금 | 쾌적성이 높은 지역에 있는 소읍으로의 이동과 성장 |
| 조립공장 | 소도시, 촌락지역 | 값싼 노동력, 낮은 세금 | 선벨트와 제3세계의 성장 |

출처: Short (1996)

행정업무를 보는 본사는 선진세계의 대도시권에 위치하며, 연구와 개발은 선벨트지역의 전원지역에 입지한다. 단조로운 제조활동은 값싼 노동력이 매력인 세계의 주변부지역에서 이루어진다. 1960년대부터 운동화나 스포츠의복으로 세계에 널리 알려진 나이키는 신발수입업자로 시작하였다. 창립자 나이트(Phil Knight)는 신발을 일본에서 수입하여 그것을 북서태평양에서 열리는 스포츠대회에 팔면서 성장하여 다국적 기업체제로 변신하였다. 본사는 창립자가 선정한 오레곤주의 포틀랜드 교외 비버튼(Beaverton)에 있다. 조깅로가 갖춰진 아름다운 풍치지역에서 6000명이 넘는 사원들이 광고와 연구 개발에 종사하고 있다. 신발을 만드는 조립공장의 위치는 지구적 차원의 이동을 잘 보여주는 사례이다. 1960년대에는 신발을 일본에서 만들었다. 비용이 증가함에 따라 1970년대 중반에는 한국으로 생산지를 옮겼다. 부산에 있는 공장들이 더 현대적이고 더 효율적이며 값싼 노동력을 고용할 수 있었다. 자유경쟁 세계에서 회사들은 여전히 품질을 보증하면서, 생산비용은 감소시키기 위해 끊임없이 노력하고 있다. 남한에서 노동비가 증가함에 따라 1980년대에는 타이와 인도네시아로 옮겨 갔다. 뉴욕과 파리에서 팔릴 신발을 방콕과 자카르타의 공장에서 만들고 있는 것이다. 1990년대 초에는 남중국의 광저우(廣州)부근 동관(東岸)에서 공장이 가동되었다. 1990년대 들어 값싼 노동력이 있는 잉글랜드 북부와 같은 유럽지역을 찾기도 했다. 나이키는 이렇게 생산지를 끊임없이 바꾸고 확대해 가는 다국적 기업이다. 이렇게 1980~90년대는 고용의 사회적 공간적 조직에서 놀라운 변화가 있었다.

자본과 노동 간에는 주요한 차이가 있다. 자본은 노동보다 훨씬 유동적이고 더 많은 이윤을 얻기 위해 특정 장소의 특정 입지에 투자된다. 특정 입지에 자본을 고정시키는 것이다. 자본은 기술과 운송발달의 변화 때문에 덜 고정되어 있는 반면 노동은 특정 입지와 연결되어 있다. 노동은 국가 내에서의 이동은 가능하지만 국가 간의 이동은 어려울 수 있다. 국제적인 차원에서 자본은 노동보다 훨씬 유동적이다. 그래서 다국적기업들이 저렴한 임금지역을 찾아 생산지를 옮겨가는 것이다.

이 시기동안 활발한 이론적 논쟁도 있었는데 장기파동, 축적체제, 사회적 조절의 양식 등이 그것이다. 이 세 가지 이론들은 우리에게 자본축적과 기술적 발전, 사회적 재조직화 간의 관계에 대해 더 포괄적으로 이해할 수 있게 해주기 때문이다. 즉, 콘트라티에프 주기, 유연생산, 포스트포디즘 간에 중요한 연관성을 찾을 수 있다.

## 정보도시

카스텔(Manuel Castells)은 자신의 저서 『정보도시(*The Informational City*), 1989』에서 정보의 생성·조작·이용이 이전 어느 때 보다 경제개발에 훨씬 중요하게 되었음을 지적했다. 그의 견해는 1970년대와 1980년대에 광범하게 퍼졌는데 당시는 정보기술, 정보시대, 정보사회와 같은 용어들이 일반화 되고, 급증하는 컴퓨터의 이용과 컴퓨터의 고도화로 특징지어지는 시기였다. 정보는 항상 기업체에 집중된다.

정보는 경제적 정치적 생활의 모든 영역에서 더욱 중요하게 되었다. 생산의 관점에서 국제적 생산연계를 갖는 대규모의 다국적

기업들은 현재, 그들의 생산과정을 개선하고 유지하기 위해 대량의 정보를 필요로 한다. 사실 정보가공과정에서 개선이 가능하다. 소비측면에서도 시장조사와 소비자의 선호도 조사 그리고 변화하는 선호도와 욕구에 대한 끊임없는 감시가 필요하다. 부단한 감시결과는 구매상품의 상세 정보를 중앙자료실에 입력함으로써 변화하는 소비자선호를 측정하고 알 수 있게 해준다.

삶의 모든 영역에서 국가개입의 증가는 정보를 조작하는 역량이 증가된 결과이다. 선진세계의 대부분의 국가들은 현재 어떤 형태로든지 도시주민의 이름과 주소를 가지고 있다. 즉, 선거인명부·과세등록·운선면허증 정보·범죄기록·재산소유·학교기록 등이 그것이다. 이러한 목록은 계속해서 보완되고 생겨날 것이다.

세계도시는 정보가 수집·전달·조작되는 장소라 할 수 있다. 정치적 계층과 경제적 계층 두 개의 계층을 확인할 수 있다. 수도는 정치의 소재지일 뿐만 아니라 정치의 두뇌 집단이 거주하는 곳이다. 세평과 험담, 음모와 함께 선출된 대표자와 그들에 대한 기록과 자료은행, 그리고 정보처리기를 갖춘 정보기관도 있다. 작은 마을의 작은 파출소에서 국가의 경찰 본부에 이르기까지 국가권력을 유지하는 의사전달과 정보가 흐른다. 서로 다른 계층단계들은 상이한 방법으로 기능한다. 하위의 계층들은 정보를 보내는 반면 상위계층은 정보를 받을 뿐만 아니라 정책을 세우고 대응 및 전략을 짜기 위해 정보를 이용한다. 수도는 정치적 정보가 풍부하고, 이는 수도의 매력이며 강점이기도 하다. 위싱턴은 만져서 알 수 있는 상품은 거의 만들지 않으나 국가적 그리고 국제적 정보가 교차하는 곳이다. 그 정보들은 경제성장과 활력의 원천이 된다.

비즈니스세계에서 정보흐름은 훨씬 국제적이다. 정점에는 통치

기능과 기업의 본사, 금융기관을 갖춘 세계도시들이 있다. 세계도시는 권력과 지식, 재정이 유통되는 결절이다. 뉴욕·런던·도쿄는 전 세계에 금융정보를 제공한다. 뉴욕의 증시가 폐장하고 나면 동경 증시가 개장하며, 동경 증시가 폐장할 즈음 런던 증시가 개장하여 자본은 하루 24시간을 쉼 없이 대륙을 이동하고 있음을 알 수 있다. 세 개의 도시는 계속적인 정보의 흐름, 항구적인 외환시장, 지구촌을 망라하는 총체적인 시공간 상의 영향범위를 공유하고 있다. 이렇게 최소한 3개의 도시가 작동하고 있으면 전 지구를 망라할 수 있다.

세계도시라는 지리적 중심은 개인의 사회적 접촉을 허용하는 대면 접촉에 기반을 둔 사업목적을 위해 만남의 장소를 제공하는 지역사회이다. 지구적 계층의 정상에 있는 업무 및 금융중심지인 세계도시는 정보의 수집과 분배, 기술혁신의 추적, 거래형성, 지구촌 경제의 표출과 감독의 장소로서 기능하고 있다. 이 중심지들은 만남의 장소로서, 다양한 주장의 중심으로서 역할하며 세계경제에 서비스를 제공하는 지식기반산업에서 혁신을 만들어 내고 있다.

■ **포디즘**

19세기가 철도교통의 시기였다면 20세기는 자동차 교통의 시기라고 할 수 있다. 자동차는 1880년대 독일에서 벤츠와 다임러에 의해 발명되어 1900년 파리산업박람회에 전시되었다. 당시 자동차는 완전한 수제품이었고 당연히 고가품이어서 소유자는 높은 사회적 지위와 부를 갖춘 사람이었다. 그러나 자동차의 대중화 시대를 연 사람은 미국의 헨리 포드(1863~1947)이다.

그는 1908년 '모델 T'라는 대중을 위한 자동차를 개발한다. 견고하고 가벼운 합금강을 사용하고 강력한 엔진을 부착한 저렴한 자동차를 생산하려고 한 것이다. 1910년 4층의 공장 건물을 신축하여 생산과정을 연속화 하고자 노력했다. 즉, 4층에서 차체를 만들어 3층으로 내려보내면, 3층에서는 바퀴에 타이어를 붙이고 페인트를 칠한 후 2층으로 내려 보낸다. 2층에서는 각 부품을 조립하여 1층으로 내려 보내어 최종검사를 마치고 판매되는 것이다. 결국 1913년 컨베이어벨트로 연결되는 조립라인을 구축하여 일관생산공정을 실현시키는데 이것이 바로 포디즘의 시작이라 할 것이다. 노동자의 작업 위치는 고정되고 컨베이어벨트 위를 이동하는 부품들이 조립되어 가면서 자동차가 완성되어 가는 것은 기존의 생산방식과는 완전히 뒤바뀐 방식이었다. 노동자들은 고정된 위치에서 단순 작업을 반복하는 일종의 부품으로 전락하게 되어 노동의 즐거움을 상실해 버렸고 이 때문에 이직률도 아주 높았다. 1913년, 100명의 노동자를 확보하는데 936명이 고용되었다고 한다. 이직을 막기 위해 고임금 정책을 썼다. 당시 1일 9시간 노동의 평균 임금은 2.38$이었으나 포드사는 1일 8시간 노동에 5$ 정책을 썼다. 또한 회사 내에 '사회부'라는 조직을 만들고 노동자의 가정을 방문하여 인간관계와 경제여건, 생활습관 등을 조사하여 음주나 도박 등의 습관이 있으면 경고하거나 해고했다고 한다. 포드의 고임금정책은 노동자를 자동차의 주요 고객으로 생각한 것이었다. 1920년대의 '모델 T'는 290$ 정도로 일반 노동자 3개월 봉급과 비슷하여 1930년에는 1가구당 1대의 차를 보유하는 자동차 대중화 시대를 열었다.

요컨대 포드주의는 20세기를 규정짓는 생산방식을 의미하며, 대량생산을 통한 원가절감과 대중소비를 일컫는다. 그래서 20세기 들어 2차례의 세계대전을 겪었음에도 불구하고 전례 없는 고도성장을 할 수 있었던 배경에는 포드주의의 확립과 확산이 크게 기여했다고 할 수 있다. 그러나 1960년대 이후 포드 회사는 위기에 봉착하게 된다. 소품종 대량생산을 하다 보니 수요다양화에 대처하기가 어려웠고, 막대한 설비투자와 임금상승, 노조가 성장하면서 노동운동이 강화되는 등 수익성 감소가 이어졌다. 1970년대는 2차례의 석유파동으로 유가상승과 경기침체가 이어지면서 수요창출에 실패하게 된다.

채플린이 감독하고 출연한 무성영화 '모던타임스'는 1930년대 포디즘 공장의 현실을 잘 보여주고 있다. 노동자가 컨베이어벨트에 적응이 안 된 경우 불량조립으로 이어지고 불량품이 생산될 수밖에 없다는 것이다.

### ▪ 포스트포디즘

포스트포디즘은 일본의 전후 복구과정에서 싹텄다고 할 수 있다. 1950년 봄, 토요타회사의 직원 몇 명이 디트로이트에 있는 '포드 자동차'의 공장을 견학하게 되었다. 컨베이어벨트를 이용한 일관생산공정은 놀라웠으나 당시 일본의 상황에 적용하기는 어렵겠다는 판단을 한다. 전후의 재정곤란을 생각하면 일관생산공정을 위한 막대한 설비투자는 불가능한 것이었으며, 패전 후의 상황에서 자동차에 대한 수요도 많지 않았다. 또한 단순 조립노동을 반복하는 노동자의 상황이 장인정신에 투철한 일본의 노동자에게는 적합지 않다는 것이었으며, 소비자 또한 다양한 모델을 추구하는 경향이 있다는 것이었다. 결국 토요타 회사는 미국식 포디즘의 장점을 절반만 채용하기로 한다. 자동차는 수많은 부품과 정교한 금형이 필요한 제품인 만큼 숙련된 장인이 절대적으로 필요하다. '포드'는 '장인' 대신 복잡하고 비싼 '숙련된 기계'를 도입한 것이다. 일본은 장비와 기계를 절반만 도입하고 다양한 업무수행이 가능한 노동력을 활용하여 공장부지도 절반으로 줄였다. 다양한 모델을 원하는 소비자들을 고려하여 신제품의 출시 소요시간도 절반으로 줄이기 위해 금형교환 기술을 개발하였다. 대량생산의 이점에 수공업의 이점을 더하는 등 경직된 포디즘 생산체계에 유연함을 도입함으로써 양질의 제품생산이 가능하게 된 것이다.

1956년 토요타 회사 직원들의 '포드사' 재방문이 있었다. 당시 미국에 등장한 새로운 유통업인 '슈퍼마켓'에서 비어있는 진열대를 채우고 다니는 매니저를 보고 떠오른 아이디어에서 재고 없는 JIT시스템을 고안하였다. 즉 여러 부품 업체에 자동차의 생산량과 시기, 순서, 운반량, 운반시기 등을 정확히 알려줌으로써 수많은 부품을 창고라는 공간에 보관할 필요가 없게 된 것이다.

토요타는 노동자에게 더 큰 권한을 부여하여 문제발생시 노동자가 생산라인을 정지시킬 수 있도록 함으로써 불량률을 줄일 수 있었다. 이로써 1980년대 일본자동차가 미국시장을 석권하게 되었다. 깜짝 놀란 미국의 엔지니어와 MIT경영학자들이 5년 간 일본공장을 연구하여 1990년 '세상을 바꾼 기계'라는 책을 출간하게 되고 그 책속에서 유연생산(Flexible production)이 소개되었다. 이후 유연성은 생산과 경영에서 화두가 되었고 포스트포디즘을 상징하는 용어가 되었다.

유연성은 생산성과 품질을 향상하는 유용한 생산방식이기는 하지만 여러 가지 문제점을 노정하고 있다. 변화에 대한 소비자의 욕구가 급변하고 있어서 수요예측이 날로 어려워지고 있으며, 신제품의 생산주기가 단축됨으로써 쓰레기를 양산하여  자원낭비와 지구 환경의 황폐화로 이어지고 있다. 여러 작업을 수행해야 하는 유연한 노동과정은 노동자의 노동강도를 강화시키고 있으며, 노동시장도 유연화하면서 비정규직이나 시간제일자리의 확대로 이어지고 있다는 점도 걱정스러운 점이다. 이것은 범세계적 경쟁의 가속화로 이어지고 있어서 아주 불안정하고 위험한 것이라 할 수 있다.

제8장

# 도시의 정치경제학

도시를 이해하기 위해서는 보다 넓은 사회적·경제적 맥락에서 파악할 필요가 있다. 이 장에서는 정치경제학적 접근법이라고 하는 렌즈를 통해 도시를 본다. 도시공간의 분석에 정치경제학적 방법론이 도입된 것은 1970년대 중반 이후이다. 1960년대를 풍미했던 실증주의적 지리학에 입각한 도시 분석에 대한 회의와 비판을 제기하면서 마르크스적 이론과 개념들을 도입하여 현대 도시공간의 발전과정과 그 안에 내재되어 있는 모순 및 갈등현상들을 분석하고자 했다. 데이비드 하비(David Harvey)가 대표적인 학자인데 그는 정치경제학적 방법이야말로 도시공간경제를 이해하는데 최적이라고 주장한다.

## 자본순환과정과 도시공간의 역할

정치경제학적 입장에서 도시연구의 주요한 목적은 자본축적의 역동성과 건조환경(建造環境, built environment) 창출 간의 관계를 해명하는 것이다. 자본은 이윤을 찾는 과정에서 새로운 경관, 새로운 노동분업, 새로운 사회적 관계를 창조하고 재창출하는 창조적이고 파괴적인 힘으로 간주된다. 특정 장소에서의 사회적 변화와 경제적 재구조화를 자본의 투입과 자본의 회수라는 리듬에 연결하는 것이다.

자본주의 사회에서 도시공간은 자본의 순환과정에 따라 생산되고 재생산된다. 정치경제학에서 가장 기본적으로 제시되는 자본 순환과정의 모형은 다음과 같다(그림8.1).

생산수단(*MP*)
화폐(*M*)–상품(*C*) ... 생산과정(*P*)–새로운 상품(*C'*)–더 많은 화폐(*M*+ $\Delta$*M*)
노동력(*LP*)

**그림 8.1.** 자본순환과정의 모형

화폐를 가진 자본가가 상품이라는 형태의 원료를 가지고 자본과 토지, 공장 등 생산수단과 노동력을 투입하여 생산과정을 거쳐서 새로운 상품을 만들어 내고, 부가가치가 더하여져 더 많은 화폐를 획득할 수 있게 된다는 것이다. 이때 원료를 공장까지 이동시킬 교통시설이 필요하며, 생산수단인 공장을 입지시키고 노동력을 확보할 공간이 필요하게 되는데 바로 도시공간이다. 이렇게 도시공간은 생산시설을 조성하고 가동시킬 수 있는 고정자본의 장소이며, 노동력의 저수지이고 원료와 중간 부품들이 지리적으로 이동·집결할 수 있는 결절지이다. 결국 도시공간은 자본이 모든 방법을 동원하여 잉여가치를 창출하고 실현시키고자 하는 상품의 생산 및 교환과 소비의 장(場)이라고 할 수 있다.

이러한 자본순환과정은 아주 역동적이어서 자본의 순환과정을 겪는 도시공간도 역동적으로 생산되고 재생산된다. 각각의 도시는 자연조건이 다양할 뿐만 아니라 자본축적과정에 투입되는 노동·원료·토지·시장 등이 상이한 지리적 조건을 갖는다. 또 이들을 연결하는 교통·통신 수단과 시설의 조성 정도에 따라 상이한 접근성을 가진다. 이러한 '장소특수성'으로 인해 자본의 축적에 가장 유리한 지역에 자본이 우선 투입되게 된다. 이렇게 일단 자본이 투입된 지역들은 노동의 집중과 더불어 공간, 도로, 항만, 용수, 발전시설 등 사회간접시설들의 신설, 확충을 통해 자본축적을 위한 조건들이 순환누적적으로 강화되면서 점점 대도시로 발전한다.

이렇게 형성된 대도시에는 규모경제와 집적의 이익을 겨냥한 관련 산업들이 계속 입지하게 됨에 따라 산업의 특화가 진행되면서 노동의 공간적 분업도 진행된다. 도시 간 지역 간 자본의 차별적 투입은 지리적 불균등발전으로 이어지는데, 이는 자본축적과정에 필연적으로 내재되어 있다고 할 수 있다.

자본축적과정 중 자본들 간의 경쟁이 치열해지면서 과잉투자하게 되고, 과잉공급으로 이어져서 상품재고가 쌓이면 유휴생산설비가 늘어나고, 유휴노동력이 발생하여 구조조정이 이루어진다. 과잉축적의 위기에 봉착한 것이다. 이렇게 생산영역에서 직접 이윤창출 기회를 찾지 못한 유휴자본은 토지개발과 도로확충, 항만건설, 댐건설 등의 사회간접시설 조성에 투입되거나 도심재개발과 교외의 신도시 조성 등 건조환경에 투자하여 활로를 모색하게 된다. 이 같은 건조환경에의 투자를 하비(Harvey, 1982, 최병두 역, 1995)는 제2차 자본순환이라 하였다. 생산부문의 투자감소와 부동산 투기열풍을 초래하는 등 부정적 효과를 낳기도 하지만 일단 과잉축적의 위기를 해소하는데 기여했다고 볼 수 있다.

도시 내 건축에 대한 투자가 어떻게 불경기로의 진입을 지연시키는 중요한 출구인지에 대해 보여주는 연구가 있다(Baran &

Sweezy, 1966). 또한 고속도로의 건설, 그것과 결합된 하부구조의 투자를 통한 교외화의 자극, 사적소유의 장려, 신주택건설을 위한 동기부여 등이 경제를 상승시키는데 중요한 역할을 함을 지적하고 있다. 그래서 교외화는 경제의 침체경향을 없애주며, 저소비의 문제를 감소시키고, 주택건설과 내구소비재, 자동차산업을 포함한 강력한 산업복합체를 촉진한다. 이것은 교외화가 자본주의 경제에 얼마나 큰 영향을 미치고 있는지를 보여주는 것이다. 마르크스주의 연구의 대부분은 교외를 자본축적의 요구가 이상적으로 충족되는 곳으로 간주하고, 또한 사회적 정치적 재생산을 위한 이상적인 형태를 제공하는 곳으로 생각하고 있다.

하비의 1차, 2차, 3차 자본순환을 아우르는 개념도가 그림 8.2이다. 1차 자본순환은 공업생산으로부터 이윤을 얻는 기본적인 경제 활동을 반영한다. 제조업자는 상품을 만들기 위해서 원료, 노동, 생산수단(기계, 연장 등)에 자본을 투자해야 한다. 생산된 상품의 교환가치가 원료, 노동, 생산수단의 투입가치보다 크다면 제조업자는 초과가치 또는 이윤을 실현한 셈이다. 제조업자가 더 많은 이윤을 얻기 위해 재투자할 때 첫 번째 자본순환이 이루어진다. 2차 자본순환은 필수적이지만 생산과는 직접적으로 연관이 없는 투자이지만 생산과 소비에 도움을 주는 투자이다. 생산을 위한 물리적인 틀 또는 건조환경을 형성하는 투자 자산을 고정자본 자산, 소비를 위한 건조환경 조성 투자자산은 소비자금 자산이라 한다. 건조환경 중에서 고정자본의 예로는 발전시설, 교통하부구조가 있다. 소비자금 자산의 예로는 주택, 학교, 보도 등이 있다. 도시의 건조환경을 구성하는 어떤 요소들은 고정자본 자산이며 동시에 소비자금 자산으로 기능한다. 예를 들면 일반도로와 고속도로는 근로자와 소비자들이 출퇴근하거나 놀러가거나 쇼핑할 때 활용되며, 동시에 생산자들이 원료와 제품을 운반할 때도 활용된다.

2차 자본순환은 자본주의 체계에서 필수적이지만 문제를 만들기도 한다. 첫째, 건조환경은 대규모 자본투자가 요구되기 때문에 자본가 개인이 직접 투자하기는 어렵다.

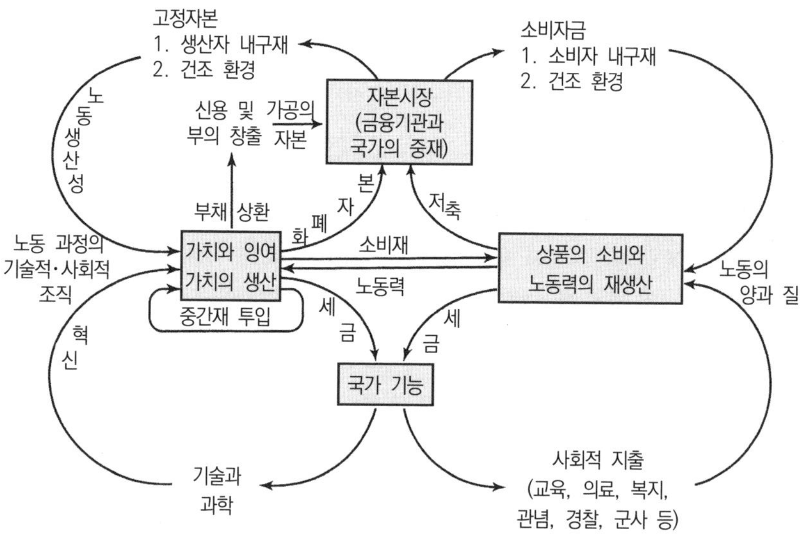


출처: Harvey (1982)

**그림 8.2.** 하비의 자본순환개념도

대출을 가능케 하는 복잡한 금융시장과 금융시장을 규제하고 세금을 부과하는 정부가 이러한 투자를 촉진하는 중요한 기관들이다. 둘째, 건조환경은 지리적으로 고정되어 있고 오래 남아 있으므로, 2차 자본순환에서의 투자는 장기간에 대한 투자인 경향이 있다. 건조환경이 처음에는 생산과 소비를 촉진시키지만 나중에는 그 유용성보다 더 오래 살아남을 수 있으며, 최종적으로는 장애물로 전락할 수 있다.

건조환경이 생산이나 소비에 더 이상 유용하지 않은 경제 위기 또는 재구조화의 시기에는 도시 건조환경의 상당부분이 폐기되거나 재건설된다. 다른 시기에는 2차 자본순환에서 새로운 투자 회전이 이루어져 도시에 새로운 건조환경이 조성된다. 교외화는 도시의 구시가지를 재건설하는 과도한 비용을 피하기 위한 한 방법이다. 소비자금 자산(주택·공원·보도 등)과 고정자본 자산(고속도로 등)에 대한 새로운 투자는 도시 외곽의 미개발지에 하는 것이 값싸고 쉽다. 이러한 투자는 1차 순환에서의 과잉생산과 건조환경의 노화 때문에 필연적이다. 낡은 운송체계는 새로운 생산체계에 지장을 줄 수 있다. 새로운 주택의 건설은 과잉생산의 문제를 해결하는데 필요한 새로운 소비회전의 중요한 배경을 마련해 준다. 즉 새 주택을 지으면 냉장고, 레인지, 세탁기 등 가정용품의 구입이 따르게 된다.

3차 자본순환은 자본주의 체제의 장기적 건전성에 유용하지만 직접적인 상품 생산으로부터는 더욱 유리된 투자를 말한다. 생산성을 높이고 새로운 상품을 설계하는데 필요한 과학 기술력에 투자하는 한편, 노동의 질을 높이기 위해 교육과 정부지원 혜택과 같은 사회적 지출을 행한다. 이러한 사회적 지출은 사회체제의 틈새로 추락하는 개인이나 가족들을 건져내기 위한 사회안전망의 형태로 시행될 수 있다.

많은 자본가들이 1차 순환에는 과잉투자하고, 체제의 장기적인 건전성과 수익성에 기여하는 연구개발과 사회적 지출에는 과소투자하는 경향이 문제이다. 이러한 투자를 촉진하기 위해서는 정부의 역할과 민관 파트너십이 요구된다. 또한 사회적 지출의 적절한 액수와 분배에 대한 첨예한 갈등이 종종 나타나는데 사회적 합의를 이끌어 내는 것이 중요하다.

## 투자흐름의 파동

오늘날의 도시에 영향을 미치는 가장 중요한 요인 중 하나는 투자흐름의 파동이다. 도시에 자본이 투자되면 도시는 성장하고, 투자가 회수되면 도시는 점점 쇠퇴하며 낙후되어 간다. 투자와 투자회수의 장소로서 도시는 자본흐름의 영향을 받는다.

도시에서 행해지는 거대 투자 즉, 도로·교량·상하수도체계·주택단지·광통신망 등은 대규모 공공투자로 이루어진다. 자본주의 도시 자체가 상당한 공공투자를 필요로 한다. 이러한 공공투자는 사적 투자의 증가에 영향을 미친다. 도시에서의 공공투자는 결코 일정하지 않다. 이전에는 이윤이 없는 것처럼 보였던 지역이 이윤이 있게 될 경우 사적 투자자들은 이윤을 낼 수 있는 사적투자를 위한 방안, 민영화방안을 모색한다. 사적투자가 이익을 보지 못할 경우 수요는 공공투자가 그것을 담당할 것을 요구한다. 투자자들은 투자성공물이 민영화되기를 바라는 반면 투자 실패물은 국유화되기를 바란다.

건조환경에서의 공공투자는 작은 것에서부터 아주 큰 것. 즉 공항·고속도로·쓰레기매립장 건설에서 4대강 사업이나, 행정복합도시 건설 등에 이르기까지 규모의 면에서 다양하다. 이것들은 잠재적인 갈등과 위험을 안고 있는 거대한 투자프로젝트이다. 이런 것들은 다시 되돌릴 수 없는 일이므로 단지 한번 뿐인 결정이 될 수밖에 없기 때문에 갈등이 발생한다. 그래서 투자의 이유, 투자의 장소, 투자의 시기에 대한 충돌이 정치쟁점화 된다.

도시에서 대규모 사적 투자의 대부분은 투기적인 특성을 갖고 있다. 예를 들면 도시 외곽의 토지는 대규모 아파트 단지나 전원주택단지와 같은 투기적 개발기회를 제공한다. 이 투자는 새로운 교통로 건설을 유도할 것이다. 변형된 공간구조는 다시 연속적인 자본투자파동의 흐름을 유도한다. 고정자본 즉 부동산의 투자유형은 연속적인 투자파동의 의사결정배경이 된다. 공간은 연속적으로 구조화될 뿐만 아니라 계속적인 자본재구조화를 위한 기반이 되기도 한다.

도시의 경관과 도시의 구조, 도시발전 방향의 상당 부분이 투기적인 활동패턴을 반영한다. 미국의 많은 도시에서 도시 토지투기의 고전적인 형태는, 농촌 토지를 값싸게 사서 모은 후 전차 등 다른 형태의 도시교통을 건설한 다음 대규모 주택단지를 조성하여 분양한 투기자들에 의해서였다. 그들은 수요를 공급으로 연결지었으며, 그 과정에서 스스로 도시의 방향을 구조화했을 뿐만 아니라 부까지 거머쥔 것이다. 토지투기는 토지의 용도 변화로 얻어지는 큰 수익에 의해 촉진된다. 농촌가격으로 논밭 등의 토지를 사서 주택으로 개발하여 파는 것은 커다란 수익의 원천이다. 주거지를 구입하여 사무소개발로 전용하는 것도 또 다른 수익의 원천이다. 자본주의 도시에서 토지의 용도를 변화시키는 것은 수익을 창출하는 강력한 동인이다.

투자기관의 중요성이 증가하면서 부동산에 대한 투자가 큰 주목을 받고 있다. 투자결정을 내리는 대형금융기관들은 대부분 투자 준거로서 수익만큼 안전성을 중시한다. 부동산은 장기적인 관점에서 중간 수익률을 제공하므로 균형 있는 포트폴리오를 찾는 기관에게 매력적이다. 영국과 북미의 많은 사람들은 자신들의 저축을 금융기관에 맡기고, 그것을 전문 펀드매니저들이 운용하고 있다. 이 매니저들은 거대한 액수의 돈을 운용하기 때문에 부단히 좋은 투자기회를 찾고 있다. 이들 펀드매니저들에게 도시의 부동산은 특히 매력적이다. 왜냐하면 도시의 대형 프로젝트는 비교적 안전한 투자이면서 막대한 양의 돈을 흡수하기 때문이다. 도시구조는 자본의 흐름과 밀접하게 관련되어 있으며, 자본주의의 건강성은 도시토지시장의 활황과 연계되어 있다.

## 건축주기

건조 환경에 대한 투자 역시 파동으로 나타나는데 건축주기라 불린다. 그림 8.3에서 그 파동을 볼 수 있다. 골-상승-정점-하강을 확인할 수 있다. 도시가 성장하고 있는 상황이라면 건축물과 토지에 대한 수요가 증가할 것이며, 투자가 계속해서 유인되고 건축물은 증가할 것이다. 정점은 빌딩 신축 붐을 암시하고 수요가 많아서 높은 수익을 얻으리라 짐작할 수 있다. 그러나 과열된 투기적 활동으로 과잉공급 상태에 이르고 결국은 투자가 회수되는 하강으로 진행되며 골에 이를 것이고 다시 새로운 주기가 시작될 것이다.

**교통과 건축주기** 이러한 건축주기가 특정 교통수단과 관련되어 있으며, 또 건축주기의 형상, 입지, 규모도 결정한다는 것이 상당히 흥미롭다. 애덤스(John Adams, 1970)는 전형적인 미국 중서부 도시에서 건축주기와 교통시대에 대한 모델을 전개했다. 그림 8.3은 1890~1960년에 이르기까지 6개의 건물 신축 붐과 상

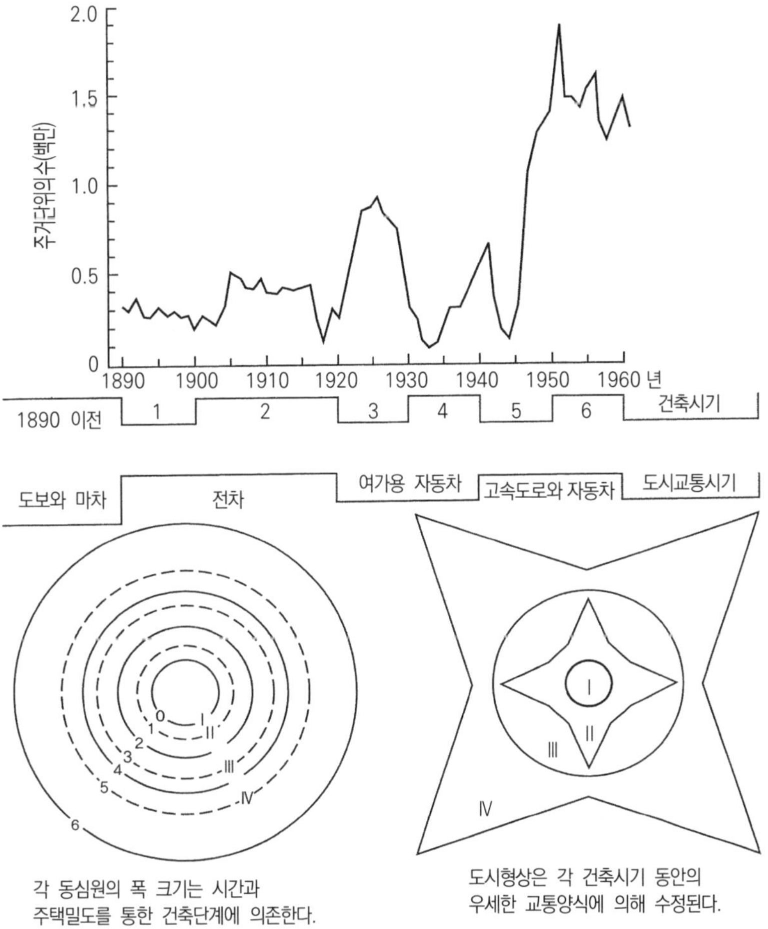


출처: Adams(1970)

그림 8.3. 건축주기, 교통양식과 도시형성

이한 교통수단의 시기 즉, 도보와 마차시기에서 전차와 자동차에 이르는 교통시기를 결합하여 보여준다. 각 시기에서 우수한 교통양식은 도시의 규모와 발전 방향에도 영향을 미친다. 가장 일반적인 추세는, 교통시스템이 발전하면서 도시중심으로부터 거리가 증가하며 연속적인 건축주기를 가능케 한다는 것이다. 그 결과 전차시대의 철로, 자동차 시대의 고속도로 등 우세한 교통회랑을 따라서 도시는 외부로 더 멀리 확대되어가는 것을 알 수 있다.

애덤스 모델은 1960년까지를 말해준다. 그 이후 1960년대와 1970년대에 새로운 건축주기가 발생했는데, 대규모 쇼핑센터들이 도심부 지향에서 교외지향으로 재배치된 것이 특징이다. 거대한 실내 쇼핑센터들이 접근성이 좋은 도시 주변부에 건설되었다. 이어서 1980년대에는 저널리스트 개로우(Joel Garreau, 1991)가 변두리도시(edge cities)로 언급한 도시 건설이 이어졌다. 이것들은 사무소공간이 45만$m^2$이상에 달하는 중심지로서 소매업공간이 5만4천$m^2$에 이르고, 주거보다 일자리가 더 많으며 최소한 30년 전에는 도시와 같은 것은 없었던 곳이라고 정의했다. 개로우는 120여개의 변두리도시들을 확인했다. 그의 책은 1980년대의 건축주기의 특성과 구(舊)도시중심지로부터 좀 떨어진 접근성이 좋은 지점에서의 건축형태를 잘 요약해 놓고 있다. 이 새로운 중심지들은 대규모 사무소 복합체와 쇼핑센터의 건설을 포함하고 있는데 이는 투자와 건축물의 새로운 국면을 보여주는 것이다. 변두리도시는 미국에서만 나타나는 독특한 추세는 아니다. 유사한 추세가 시드니, 런던 등 다른 도시들에서도 지적되고 있는데, 도심부의 쇠퇴현상은 많은 투자가 새로운 변두리도시로 이동함에 따라 미국에서 더 잘 볼 수 있다.

건축주기는 도시구조를 창출한다. 건축주기는 지배적인 건축양식, 입지, 그리고 교통양식의 물리적 구현이다. 그래서 각각의 건축주기는 고유한 특성을 갖는데, 즉 건축물의 형상이나 느낌이 모더니즘적인 직선이거나, 포스트모더니즘의 기발함, 혹은 신고

전적인 우아함 등을 나타내는 것들로 형성되어 있음을 볼 수 있다. 많은 도시에서 압도적인 성장은 특정 시기에 발생하며 그러한 특성은 특정양식과 관련되어 있다.

## 축적체제

축적체제라는 용어는 이윤을 확보하고 축적하는 지배적인 형태를 말한다. 극적으로  대비되는 포드주의적 축적체제와 포스트포드주의적 축적체제의 차이를 비교해 보자(표 8.1). 포드주의적 축적체제는 표준화된 상품의 일정한 생산을 위해서 조절된 일관작업라인 상에서 자동차의 대량생산과 결합되어 있다. 대량생산과 대량소비를 통해 급속한 경제성장을 가져오기는 했지만, 콘베이어벨트 시스템과 같은 대규모 생산시설의 경직성, 규격화된 상품에 대한 유효수요의 한계, 자원과 에너지의 과잉소비, 공해물질의 과다배출 등의 문제에 봉착하게 된다. 이러한 문제들이 포드주의적 축적체제를 위기로 몰고 가지만, 이를 극복하기 위한 새로운 축적체제의 시도와 발달역시 자본에 의해 이루어진다.

포스트포두주의적 축적체제는 단기간의 유행성을 가진 다양한 범위의 생산물을 생산하는 보다 큰 유연성이 특징이다. 이것은 기업 간의 더 많은 종속성, 더 큰 수직적 통합, 노동의 유연적 이용을 포함한다. 유연생산은 갈수록 이익이 줄어드는 시장, 소비자 선호의 급격한 변동에 대한 자본의 대응이다. 유연생산은 더욱 변덕스러워진 시장에서 기업체들이 적절하게 대응하도록 하며, 높은 생산성 향상과 고용비의 감소를 가능케 한다. 유연생산은 노동과 자본 간의 관계에 있어서 변화를 의미한다. 유연생산은 자본을 이용하여 노동의 배치, 작업의 조정, 노동비 등에 대해서 강도 높은 통제가 가능하다. 좋은 작업조건과 고임금의 잘 훈련된 노동자들이 있는 핵심부와 저임금이고 승진기회도 적은 보다 불규칙적인 기반 위에 있는 시간제 노동자들이 많이 있는 주변부 간의 이분법이 증가하고 있음을 주목하게 된다.

유연생산의 조건 하에서 더욱 강조하는 것은 '적기'(just in time) 운반체계이다. 부단히 변동하는 시장에서 쓸모없는 상품이 될 수도 있기 때문에 재고창고를 건설할 필요가 없다. 이것은 공간상에서의 보다 큰 유동을 의미하며 도로상에서의 다량의 상업적 교통흐름이 분명해지고 결과적으로 도시혼잡을 야기할 수 있다. 유연생산은 또한 생산자와 소매업자 간의 새로운 관계를 포함하는데, 대형소매업자에게 더 큰 통제력을 부여하고 있다. 즉 포드주의 체계에서 소매업자는 단순히 생산자가 생산한 것을 팔 뿐이었다. 그러나 보다 수요지향적인 체계에서는 운송의 속도와 정확성을 더 강조한다. 계약은 다품종제품의 단기 회전을 지향하는 경향이 있으며 소매업자들 특히 대형 소매업자들은 최종제품의 디자인과 비용에 대해서 보다 큰 잠재적 영향을 미친다.

유연생산은 또한 '지방화'(Vernacular)라는 새로운 공간적 집적의 발달과 연계되어 있다. '지방화'생산 공간은 수많은 중소기업들이 긴밀하게 연결되어 협동하며, 단일의 지배회사가 없는 것이 특징이다. 포디즘이 표준화된 생산 공간의 창출과 확산을 강조 한다면, 포스트포디즘의 생산 공간은 '지방화'를 강조한다. 캘리포니아주의 실리콘밸리와 같은 첨단중심지, 이탈리아 북동부의 숙련기술자들에 의한 명품생산중심지와 같은 곳이 그 예다. 수많은 중소기업이 복잡한 분업을 바탕으로 긴밀히 통합되는 네트워크를 형성하고 있는 것이 특징적이어서 이들 지구를 신산업지구라고 명명했다. 신산업지구는 1970년대 후반 세계적 불황으로 기존 산업발달지역이 쇠퇴하면서 실업이 증가하는 상황에서 출현하였다. 지역경제도 살리고 국가경제를 진흥시킬 수 있는 새로운 생산 및 서비스체제를 모색하기 시작했고, 불황속에서도 활성화되어 있는 지역경제에 주목한 것이다. 이탈리아의 패션산업의 경우 원단섬유(원사·직조·염색·도안 등)의 개발과 디자인, 제품생산으로 이어지는 과정이 역사가 오랜 여러 중소기업들의 협력에 의해 성공적으로 전개되고 있었다. 한 지역에서 기업 간 장기적 거래로 신뢰가 확보되어 있었고, 눌자나 정보, 인적자원, 기반시설도 공유함으로써 기술혁신의 잠재력이 풍부했으며, 중소기업 중심이라서

표 8.1. 포디즘과 포스트포디즘의 비교

| 포디즘 | 포스트포디즘 |
|---|---|
| 동일제품의 대량생산 | 소량묶음(소포장) 생산 |
| 획일성과 표준화 | 유연생산, 다품종 소량생산 |
| 대량의 완충재고와 재고목록 | 재고없음 |
| 자원동인 | 수요동인 |
| 노동자의 단일과업 수행 | 복합과업 수행 |
| 고도의 작업숙련 | 직업구분 배제 |
| 직업 안전성 없음 | 핵심부 노동자들의 높은 고용안전성, 시간제 노동자들의 고용안전성 없음 |
| 노동의 공간분업 (공장 내에서) | 공간적 통합, 지방화 |
| 지역 노동시장의 균질화 | 노동시장의 양극화 |
| 노동력의 통제 | 협력과 책임감의 강조 |

자료: Swyngedouw(1986)와 Harvey(1989a, b)

상황변화에 민첩하게 대응할 수 있는 유연성도 갖추고 있었다. 연구·개발·생산은 전통지역에서 그대로 이루어지지만 판매와 사업서비스 연계망은 전 세계적으로 구축하여 세계의 패션산업을 주도하고 있었다. 지역특성화를 바탕으로 한 세계화로서 포드주의 생산체계에 대한 대안으로서 급부상하게 된 것이다.

모든 부문에서 유연생산이 이루어지는 것은 아니다. 포드주의 생산방식은 산업현장에서 여전히 중요한 부분으로서 역할을 하고 있다. 여전히 표준화된 생산 공간이 세계 도처의 산업경관을 계속해서 지배하고 있다.

## 도시의 소비생활

현대의 도시에서 소비생활은 노동력의 재생산을 위한 과정일 뿐만 아니라 생산과정에서 창출된 가치를 실현시키는 과정이다. 더 많은 생산은 더 많은 소비를 필요로 함에 따라 상품유통과 소비자서비스부문의 급속한 성장이 이루어졌다. 시민들이 구매력을 가진 유효수요로 인식되는 상황에서 소비는 개인의 욕구나 필요에 의해 결정된다기 보다는 자본순환의 필요에 따라 자극된다. 대중매체를 통한 상품광고와 현란한 상품전시는 소비자들에게 구매충동을 조장하여 더 많은 소비를 유도한다.

19세기의 자본주의는 상품생산에 기초하였다. 개인적 소비는 부자에게 한정되었고, 대다수의 사람들은 가난하여 소비의 대열에 끼지 못했다. 20세기 들어 대량생산 대량소비의 자본주의가 중요해 짐에 따라 일부 국가에서 변화가 일어났다. 1908년 헨리 포드(1863~1947)는 자동차 T모델을 고안했다. 생산비를 낮추고 효율적인 일관작업을 창안함으로써 포드는 비교적 저가로 대량의 자동차를 생산 판매할 수 있었다. 1908년과 1928년 사이에 1500만대 이상의 자동차가 팔렸다. 고도의 대량소비시대가 열린 것이다. 대량소비체제의 핵심은 사람들이 소비재를 살 수 있는 비교적 고임금과 사람들이 고가의 물건을 구입할 수 있고 장기간에 걸쳐서 그 비용을 납부할 수 있는 신용체계, 그리고 계속적으로 소비를 부추기는 이데올로기로 구성된다.

고임금은 자본-노동관계에 기인하며, 그러한 상황에서 노동자는 고임금을 요구하고 유지할 능력이 있다. 일단 대량소비가 기준이 되면 전체 체계는 계속되는 고소득에 의존한다. 자본가들은 이윤수준을 유지하기 위해서 가능한 임금을 낮게 유지하고자 하지만, 구매력을 유지하기 위해서는 고임금체계에 의존해야 한다. 즉, 자동차회사는 노동비를 낮추고 싶지만 노동자가 자동차를 사기 위해서는 충분한 돈을 줄 필요가 있다. 만약 소비능력이 가처분소득에 한정된다면 소비에 제동이 걸린다. 사람들은 저가의 물품은 살 수 있지만 비싼 재화는 살 수 없다. 신용이 그 간극을 연결해 준다. 대량소비는 상세한 신용조사에 기초하고 있고, 그래서 이 체제는 개인적인 부채를 장려하는 셈이다. 사람들은 또한 구매를 자극받으면 구매를 계속한다. 그래서 대량소비체제는 계속적으로 소비를 찬양하는 사회적·정치적 믿음에 기초하고 있다.

고도의 대량소비도시를 상징하는 2가지로서 자동차와 교외화를 들 수 있다. 자동차는 개인적으로 소유하고 운전하는 가장 개인적인 교통수단이다. 비싼 품목이어서 신용으로 구입하는 것이 일반적이다. 자동차 소비는 계속 증가하여 선진세계에서 가장 중요한 운송수단이 되었다. 그 결과 증가하는 자동차수에 대응하기 위해서 도시의 변형이 필요했다. 콘크리트도로가 도시 전역으로 확대되면서 이웃들과 단절되고 소음과 매연을 발생시키고 있다. 더 많은 도로를 만드는 것은 결과적으로 교통량을 더 많이 늘리는 것이다. 자가 소유의 주택으로 구성된 교외는 정교한 신용체계에 의해서 가능할 수 있었다. 신용체계는 사람들에게 거액의 장기 대출을 받게 했고, 비교적 높은 구매력을 가능케 했으며 융자상환과 교통비를 지불할 수 있게 했다. 교외화는 이러한 경향을 응축하고 반영하고 있다. 교외화가 고소득, 개인적인 부채, 핵가족의 원인과 결과라고 하는 것은 아주 잘 들어맞는다. 만약 경제가 호황일 때에는 융자가 용이하지만 불황일 때에는 가구가 새로운 빚을 얻는 것을 억제하게 되어 경기침체의 경향을 더욱 강화한다. 이렇게 교외에 대한 투자는 경제적 성장에 중요한 엔진이지만 또한 경제적 위기의 원천이 되기도 한다.

## 도시와 조절양식

자유롭고 구속받지 않는 자본주의 시장, 그런 것은 없다. 자본주의는 항상 조절되어 왔다. 모든 시장은 조절되고 있기 때문에 중요한 문제는 시장이 조절되는가 안되는가가 아니라 조절하는 것이 도대체 누구에게 이익이 되는가이다. 사회복지의 최대화를 위해 조절되는 시장과 사적 이윤을 최대화하기 위해 더 많이 조절하는 시장을 대략 구분할 수 있다. 예를 들면 스칸디나비아 반도의 국가들은 무거운 세금과 높은 사회적 동의에 기초한 재분배적 사회프로그램을 가지고 있으며, 그 프로그램에 의거한 대중교통 시스템, 사회적 주거, 공공공간의 질과 범위에 대한 실천을 분명히 볼 수 있다.

미국은 대비된다. 개인권리를 매우 강조하고, 그것이 누감적인 세금체계에 전가되어 있다. 그래서 미국의 도시는 사적인 풍요함과 공적인 불결함으로 요약할 수 있다. 부자나라의 도시에서 부의 불균등, 제한된 사회복지 프로그램, 대체적으로 열악한 공공서비스, 공공공간의 부족 등이 드러난다.

조절양식은 고정되어 있지 않다. 1980년대 많은 선진국에서 규제완화에 대한 정치적 압력이 있었다. 규제완화라는 용어는 정부의 개입을 줄인다는 것으로 오해되고 있다. 보다 적절한 용어는 조절이며 이것은 정부 개입의 새로운 방향을 함축하고 있다. 소설의 강도가 아니라 조절의 변화로 누가 이익을 누리느냐 하는 것이다. 사회복지에 대한 관심은 시간에 따라서 변화하고 있다. 많은 국가에서 사회복지 기능은 높은 세금부과에 기초하고 있다. 만약 세금부과의 무거움이 불균등하고 불공정하며 혹은 그럴 가치가 없다고 느낀다면 많은 사람들이 조세저항을 일으킬 수 있다. 또 그 반대방향으로도 움직임이 있을 수 있다.

자본주의가 잘 발달된 국가에서 조절양식에 변화가 있었음을 여러 학자들이 지적했다(Aglietta, 1979). 포디즘은 생산체계일 뿐만 아니라 조절체계였다. 임금수준과 고용환경을 위한 체계를 정비하기 위해 대자본과 노조 간의 집합적인 거래를 포함하고 있다. 국가는 조절체계를 결정하고 모든 종류의 재화와 서비스를 제공하는 통합부분이었다. 일부 국가에서는 소득, 교육, 공공의료의 최소수준을 보장하는 복지체계를 제공하는 것이었다. 1945년 이후 북미와 서부유럽에서 전개 된 시스템은 국가와 그 시민 간의 사회계약에 기초하였으며 이는 계속된 경제성장으로 뒷받침되었다. 또 그 시스템은 소득의 증가, 국가의 세입증가를 보증하였으며 조직화되고 효율적인 노동계급을 위한 전제이기도 했다.

1970년대 중반 이후 경쟁의 증가, 경제성장률의 하락, 국가공동체의 결속력 부족 등은 낡은 조절체계의 안전성을 훼손하였다. 최고 부자국가에서 조차도 실업률이 5~10%범위까지 증가하였으며 탈산업화는 노조의 힘을 약화시켰다. 새로운 포스트포드주의 체계는 그 목적과 범위 면에서 다양했지만 보편적인 복지제공에서는 후퇴했다. 국가 전체에 걸쳐 임금수준이 하락하고, 날로 기업적이 되어가는 국가, 그리고 사업상의 필요에 더욱 개방적이 된 조절체계가 창출되었다. 많은 국영기업은 민영화되었고, 임금수준과 노동조건에서 규제완화가 나타났다. 이러한 변화는 자본주의의 재조직화로 표현할 수 있을 것 같다. 균형추가 노동자들의 필요를 지향하기 보다는 자본가의 요구 쪽으로 움직이는 자본주의이기 때문이다.

국가의 경영방식의 변화에 대해서는 표 8.2에서 볼 수 있다. 대략의 변화가 도시의 외관과 경험에 뚜렷한 영향을 미치고 있다. 예를 들면 영국에서 포스트포드주의 국가의 지방적인 변수는 1980년대의 대처리즘이었다. 대처리즘은 공공주택을 처분하는 등 사회복지정책 우선주의에서 경제성장에 도움을 주는 정책으로 변화했으며, 직접적으로 사적 이윤에 도움이 되지 않는 그러한 도시 공공서비스는 예산삭감에 의해 쇠퇴한 것으로 나타났다. 미국에서 레이거노믹스 역시 사적인 성장을 자극했지만 도심지역에 사는 열악한 계층이 느끼는 사회적 불안을 소홀히 하였다. 부자는 더욱 부자가 되었지만 가난한 사람들은 게토에서 괴로운 생활을 해야만 했다.

표 8.2. 포드주의국가와 포스트포드주의국가

| 포드주의국가 | 포스트포드주의국가 |
|---|---|
| 조절 | 재조절 |
| 경직성 | 유연성 |
| 집합적 거래 | 지방 혹은 사업체 기반의 협상 |
| 복지의 사회화 | 집합적 수요 및 안전의 사적화 |
| 중앙집중화, 큰 정부 | 분산, 그리고 지역간 도시간 경쟁의 증가 |
| 보조금국가 | '기업가적' 국가 |
| 소득과 가격정책을 통해 시장에 간접개입 | 정부지원을 통해 시장에서 국가의 직접개입 |
| 산업주도 혁신 | 국가주도 혁신 |
| 국가적 지역정책 | '영역적' 지역정책 |

자료: Swyngedouw(1986)와 Harvey(1989a, b)

정부의 정책은 모든 문제의 근원도 모든 해결의 원천도 아니다. 그러나 그것들은 경제사회적 변화의 배경에서 매우 중요하다. 복지주의에서 포스트포드주의로의 커다란 변화가 이루어졌으나 이것은 단순히 기업을 돕기 위해 시장의 재조절이라는 반작용의 표시라 할 수 있다. 1990년대 불균등 성장에 의한 사회적 비용의 증가, 그리고 장기 빈곤의 침식적 효과를 수용하게 된 국가는 경제성장과 삶의 질에 있어서 단지 수동적인 역할 이상의 것을 해야 한다는 인식이 넓게 받아들여졌다. 1980년대에는 시장의 힘에 대한 믿음이 절정에 달했다. 1990년대는 사회경제적 목적을 획득하기 위해 조절역할을 새롭게 조명하는 재평가의 시기라 할 수 있다. 이러한 광범위한 변화는 정치적인 신념에 있어서의 변화 그 이상의 것이었다. 변화의 결과는 도시 질서 위에 뚜렷한 흔적을 남기고 있음이 밝혀지고 있다.

제9장

# 주택의 생산과 소비, 수요와 공급

주택은 사회조직의 기초 단위인 가정을 담는 그릇이라 할 수 있다. 주택은 생활의 필수품이면서 재산으로서 기능하기 때문에 대부분의 사람들이 강력한 소유욕망을 가지고 있다. 주택을 가진자와 못가진자의 자산 격차가 커지는 상황에서는 사회불안과 갈등이 커지기도 한다. 부피가 큰 대형 상품이어서 건설하는데도 많은 비용이 들고 소비자도 구입하는데 많은 비용이 필요하여 금융산업의 도움 없이는 거래가 어렵다. 소비재이면서도 내구년수가 길고 거래비용이 커서 유통에 어려움을 겪는다. 더욱이 특정 위치에서 생산되어 위치의 대체가 불가능하기 때문에 가족들의 분리나 이동에 따라 새로운 주택을 준비해야 하는 불편함이 생긴다. 길게는 50년 이상, 잠자는 곳 이상의 과거와 연결되는 곳이며 도시의 성장과 쇠퇴라는 역사의 기록도 품고 있는 곳이다. 이러한 주택이 갖고 있는 특성 때문에 주택 시장은 한 국가의 정치·경제·사회·문화 등 거의 모든 분야와 관련되어 있다.

도시가 갖는 중요한 속성 중의 하나는 거주로서의 속성이다. 많은 사람들이 도시에서 산다. 그들이 어디서 살고 있으며, 어떻게 살아가는가는 사회질서에서 중요한 역할을 한다. 어떤 집단이 그 도시의 어떤 부분을 점유하고 있는가를 이해하기 위해서는 주택시장을 이해할 필요가 있다. 이것은 도시의 사회적 변천에서 가장 중요한 메카니즘이 된다.

## 주택재고

주택의 총 공급량을 주택재고라 한다. 주택의 오랜 내구성 때문에 낡은 주택도 도시의 총 주택재고에서 가치 있다는 것을 의미한다. 역사가 오랜 서울의 북촌이나 전주의 한옥마을은 근대화 과정에서 대부분 사라져 버린 다양한 형태의 한옥들을 통해서 좁은 골목길을 끼고 한국 특유의 건축양식을 볼 수 있을 뿐만 아니라 여전히 그곳에서 일상이 영위되고 있다는 점에서 더욱 가치 있는 주택재고이다.

토지는 주택생산의 중요한 전제조건이다. 주택생산은 토지이용법령의 특성과 부동산 소유권의 특성을 반영한다. 자본주의 사회에서 토지소유의 특성은 주택의 형태, 규모와 비용에 영향을 준다. 주택생산은 토지이용계획법과 관련이 있으며 이것을 구체화한 것이라 볼 수 있다.

어느 시대나 한 도시의 주택재고는 변화의 과정에 있다. 파괴를 통한 손실과 새로운 건축을 통한 증가도 있다. 성장하고 있는 도시는 그들이 파괴하는 양 이상을 건설하고, 쇠퇴하고 있는 도시에서는 건설하는 양 이상을 파괴한다. 주택재고는 도시의 활력을 물리적으로 표현한 것이다. 주택은 계속 사용하면서 노후된다. 시간과 날씨 등 여러 요소들이 작용하여 더욱 열악해지므로 정기적인 보수가 필요하다. 주택이 오래 될수록 보수의 필요성은 더욱 커진다. 불량주택은 빈곤의 가장 슬픈 현실 중의 하나일 뿐만 아니라 빈곤의 징후이다. 상대적으로 더 나은 근린지구에서 주택은 계속적으로 보수되고 개선되었다. 그래도 대부분의 지역에서는 잘 보이지는 않아도 질적으로 천천히 쇠락해 갈 것이다. 최악의 경우 쇠락의 악순환, 자본이탈, 쇠락의 심화는 근린을 급격한 불량주택 지역으로 만들고 지역사회를 절망적인 상태에 빠뜨릴 수도 있다.

총 주택재고의 변화는 파괴와 신축을 통해 발생한다. 개개의 주택소유자가 현재 살고 있는 집을 허물어 버리겠다고 결정을 내릴 때나, 그렇지 않으면 재건축을 위해 그냥 버려둘 때 점차 파괴된다. 보통 현재의 주택에서 얻는 수입이 보수나 재 지출 비용보다 적을 때, 혹은 주택의 자산가치가 떨어질 때 위와 같은 결정을 하게 된다. 이러한 현상은 미국의 도심부 지역에서도 많이 볼 수 있으며, 그곳에서는 주택소유자가 현재의 용도보다 화재보험으로부터 더 많은 이익을 볼 수 있을 정도가 되면 주택재고로서는 포기된다. 이는 방화에 의한 파괴를 의미한다. 지속적으로 주택이 열악해지면 다른 주택들이 화재로 소실되면서 남아있는 주택들의 소유자들은 그들의 재산권을 지키는 것이 경제적 의미가 별로 없음을 알게 된다. 도시의 황폐지역은 총 주택재고에 그늘을 드리우면서 근린 전역으로 확대될 수 있다.

1850년부터 1870년 동안에 파리시가 개조되었다. 1850년에 파리는 이미 중요한 메트로폴리탄이 되었고, 제조업과 금융, 행정의 중심이 되었다. 1848년부터 1870년까지 나폴레옹3세의 절대권력 하에서, 그리고 관권주의적 계획가인 오스만(Georges Haussmann)의 지휘 하에 파리의 도시경관은 도심지역에서 저소득층 주택이 대량으로 철거되면서 크게 변모했다. 프랑스 대혁명 당시 노동자계급의 저항중심지였던 저소득층과 중산층의 노후화된 고밀도 주택을 대폭 철거하고 그곳을 관통하는 넓고 통제하기 쉬운 방사상의 도로를 만들었다. 또 공원과 공공건물, 새로운 쇼핑지역을 건설하여 파리 부르주아계층의 이미지와 이익을 반영하는 계획을 실행하였다.

1950년대부터 1960년대의 미국의 도시재개발 구조를 살펴보면 얻은 자와 잃은 자 간에 파리와 유사한 양상을 찾아보게 된다. 재개발은 지방의 기업가를 돕는 상업적 개발이 주종을 이루었고, 저소득층 주택을 철거하여 중산층이나 고소득층 주택으로 대체하려는 철거 중심의 재개발이었다. 앤더슨(Martin Anderson)은 1964년 논문 “연방의 불도저(The Federal Bulldozer)”에서 1949년부터 1960년대 중반까지 미국 도시에서 대략 100만 명이 축출된 것으로 추정하고 있다. 새로운 주택 한 채가 건설될 때에 4채의 집이 철거되었다. 앤더슨은 그 효과를 다음과 같이 요약했다. 건축된 것보다 더 많은 집들이 파괴되었고 파괴된 것들은 주로 저가의 임대주택 이었으며 건축된 것들은 고가의 임대주택이었다. 주택상태가 열악했던 사람들은 더 열악한 주택에 스며들었고, 주택상태가 좋았던 사람들은 더 좋은 주택에 살게 되었다.

영국에서 1950년대와 1960년대에 이루어진 도시재개발은 도심지역의 저소득층 주택을 주된 대상으로 실시하고 있었다. 그러나 대부분의 새로운 건축물은 주로 저소득층을 위해 특별히 만들어진 공공주택이었다. 비록 철거제도가 기존의 지역사회를 파괴했다 해도 재건축 제도는 영국 도시에서 그렇게 후진적이지는 않았다. 즉 사업적 욕구를 충족시키면서도 재분배라는 결과에 관심을 가지고 있었고, 도시의 지방정부에 대한 노동당의 규제를 받고 있었기 때문이다.

한국도 1980년대 심각한 사회문제였던 도시 내 주택부족문제를 해결하기 위해 500만호 주택건설계획을 세웠는데, 마침 1986년 서울 아시안게임과 1988년 서울 올림픽을 유치하게 된 정부는 안양천변 목동일대의 많은 무허가 주택을 철거하였다. 무려 80여만 명이 살던 집에서 쫓겨났다. 한 카톨릭 NGO는 남한야말로 '강제퇴거가 가장 잔인하고 무자비하게 일어나는 나라'라고 했을 정도였다.[12]

## 주택의 생산

도시의 주택시장은 3가지의 상호 관련된 요소, 즉 생산과 공급, 그리고 수요로 나타낼 수 있다. 주택은 4가지 방법으로 생산된다.

첫째, '자가생산(self-produced housing) 주택이다. 소비자가 자신이 살 집을 스스로 만드는 주택이다. 유사 이래로 주택공급의 주된 형태였으며, 전 세계적으로 나타난다. 주택의 형태와 질, 비용 모두 다양하다. 오늘날까지 세계의 빈곤한 지역에서 가장 중요한 형태 중의 하나이다. 때때로 자조 주택(self-help housing) 이라고 부르기도 한다. 간단한 재료와 비교적 단순한 건축기술로 자신들의 쉼터를 만드는 것을 의미한다. 국가는 재원이 거의 없어서 재정을 필요로 하는 그들에게 주거를 충분히 제공해주지 못한다. 가난한 나라의 대도시에서 자가생산주택은 필연적인 결과이다. 사람들은 어디에서나 그들이 할 수 있는 모든 방법을 써서 자신이 쉴 곳을 만드는 것 외에 달리 방법이 없다. 때때로 건축 재료가 취약하여 거의 비조차 막을 수 없지만 경우에 따라서는 단단하고 잘 만들어진 집도 있다. 잘 지어진 판잣집은 최소한 주거부족에 대한 하나의 해결책이 된다. 그것들은 개인의 힘을 보여주며 어려운 상황에 직면한 집단적 해결력을 보여준다.

시장은 자본력에 반응하고 정부는 정치력에 반응한다. 힘없는 자들의 주택필요(needs)는 효과적인 수요가 되지 못한다. 대신에 그것은 공간과 재료, 기꺼이 일할 노동력을 찾아냄으로써 만족될 수 있는 요구수준이다. 평범한 사람들의 필수적인 수요를 충족시키기 위한 시장의 실패를 의미하기도 하지만, 다른 의미에서 그것은 희망의 상징이기도 하다. 도시의 빈곤과 국가의 소홀함에 직면해서도 집을 짓기 위해 재활용재료를 써서 스스로 니사인한, 함께 참여하는 형태의 주택이기 때문이다.

둘째, 개인 간의 계약에 의해 생산하는 주택이다. 이 방식은 건축업자에게 의뢰하여 자신의 집을 짓는 비교적 부유한 소비자에 의한 생산이다. 이것은 과거에도 그랬고, 지금도 부자들의 특전으로 남아 있다. 크고 위엄 있는 빌라와 저택은 건축형태를 통해 자신의 권력과 지위를 나타내려한 부자계층의 산물이다. 이들의 주택은 거처 그 이상의 것이며 지위와 자신감, 좋은 취향이라는 메시지를 담고 있다. 이러한 생산방식은 유행과 취향에서도 변화의 핵심 역할을 한다. 부유한 가족과 유명건축가와의 결합에 의한 집은 벽돌이나 돌로 표현한 심미학적인 진술일 뿐만 아니라 건축학적인 표현이며, 건축학 상의 발전에서도 핵심적인 지위를 차지한다.

셋째, 개인이나 기관이 많은 주택을 건설하기 위해 건축업자를 고용함으로써 이루어지는 대규모 계약생산이 있다. 대규모 생산은 복잡한 시장 시스템을 내포하고 있다. 이러한 생산은 19세기에 자본주의 세계의 대도시 일부에서 나타났는데, 이는 비교적 유복한 사람들을 위한 주택수요가 아파트단지와 대단위 주택건설로 나타났다. 20세기 자유민주주의 국가에서 정부의 역할이 증대하면서 일부국가에서는 정부가 주택생산에 직접 개입하기도 했다. 이런 경우, 대단위 계약은 대량 생산이라는 산업기술이 이용되었다. 대량생산된 많은 고층주택은 정부가 대규모 계약생산에 착수하여 개발된 것이다. 공공부문 주택은 산업화된 주택생산 형태에 꼭 맞는 것이었다. 예를들면 영국에서 산업화된 생산에 의한 고층의 마천루 지역은 거의 1960년대와 1970년대 초반의 공공부문 주택건설의 결과이다.

넷째, 일반적인 수요를 충족시키기 위해 민간 건설업자가 건설하는, 상당히 투기적 성격을 보이는 주택건설 사업이다. 집을 팔기도 전에 집을 짓기 위한 돈을 준비해야 하므로 효과적인 금융시스템이 필요하다. 주택은 소득보다 훨씬 비싸므로 소비자들도 주택을 구입하려면 융자를 얻어야 한다. 결국 주택의 생산 시점에서도 또 소비의 시점에서도 금융시스템의 뒷받침이 매우 중요하다. 그래서 투기적 주택은 좋은 주택금융 상품을 필요로 할 뿐만 아니라 주택금융을 만들어 내도록 한다.

정부는 주택 생산을 자극하는 것이 경기를 활성화시키는 중요한 방법이라는 것을 알고 있다. 대규모 주택건설은 다양한 연관산업이 함께 해야 하기 때문에 아주 큰 승수효과를 가지고 있어서 정부의 경제정책 상 중요한 요소가 된다. 만약 국가의 경기가 침체해 있으면 정부는 이자율을 낮추고 그것은 더 많은 주택수요를 창출하게 되며, 그에 따른 종속적인 생산은 수요를 유발하는 중요한 자극원이 된다. 만약 경기가 과열되면 반대로 이자율을 올려 주택수요를 억제하는 것이 통화팽창 압력을 줄일 수 있다. 그래서 이자율이 매우 중요하다. 이자율은 실제의 주택비용에도 영향을 준다. 생산자나 소비자는 대부분 돈을 빌리기 때문이다. 그래서 투기적 형태의 주택 생산은 풍요로운 자본주의 경제의 통합적 부분이라 할 수 있다.

■ **주택유형**

APT는 5층 이상의 영구 건축물이며, 한 가구씩 분리되고 독립적이다. 각 가구주가 등기하여 소유할 수 있다. 연립주택은 1개 동 당 건축 연면적 660m²을 초과하는 4층 이하의 영구 건축물로서 한 건물에 2가구 이상 거주 가능하다. 각 가구주는 등기하여 소유할 수 있다. 다세대 주택도 한 건물에 2가구 이상 거주 가능하지만, 건축 연면적이 660m²이하인 4층 이하의 영구 건축물이다. 역시 각 가구주는 등기하여 소유할 수 있다. 다가구 주택은 한 집에 2~19가구까지 거주할 수 있는 3층 이하의 주택으로서 소유주를 제외한 모든 가구는 임차가구이다. 일종의 단독주택으로서 소유주 외에 분할 소유는 불가능하다.

## 주택의 공급

주택공급에 영향을 미치는 요인은 시장요인과 제도적 요인으로 나누어 볼 수 있다. 시장요인은 토지비와 인건비, 건축자재비 등 생산요소의 비용과 주택가격을 의미한다. 제도적 요인으로는 주택담보대출비율(LTV, Loan to value), 총부채상환비율(DTI, Debt to income), 총체적상환능력비율(DSR, Debt service ratio)과 같은 주택금융제도, 보유세·양도세 등 주택관련세제, 신고제와 허가제 등 주택거래에 대한 규제와 통제들을 말한다.

주택은 매우 비싸기 때문에 부자를 제외한 대부분의 사람들에게 주택구입은 쉽지 않은 일이다. 그래서 상이한 주택소유권의 형태가 주택문제의 해결책으로 등장하게 된다. 사적임대와 공공임대, 그리고 소유자 점유로 나누어 볼 수 있다.

**사적 임대** 임차인이 일정금액을 내고 그 건물을 소유한 주인으로부터 빌리는 것이다. 아주 가난한 도시주민뿐만 아니라 부자들도 주택을 빌린다. 집주인이 세는 비싸게 받고 유지비용은 최소화 하려고 하므로, 또 임차인은 집세가 싸기를 원하기 때문에 기본적으로 분쟁을 내재하고 있다. 임차인이 최소한 집을 나갈 때까지 임대료를 억제하는 동안 집주인은 유지수준을 낮출 수 있다. 분쟁은 주택시장에서 팽팽히 격화된다.

임차인은 만약 그들이 수도 많고 힘도 있다면 정부로 하여금 임대료 수준을 통제할 수 있도록 법제정을 강요할 수 있다. 실제로 이러한 일이 영국과 미국의 산타모니카나 뉴욕에서는 지방정부차원에서 발생했었다. 임차인들이 지주와의 관계에서 자신들의 취약한 거래입장을 상쇄하기 위해 정치적 힘과 영향력을 행사했다. 반면 집주인들은 그들의 재산을 처분하거나 투자회피, 유지비용 삭감으로 대응했다. 도시내부지역에서의 과밀화와 관련한 자본 이탈의 과정은 근린을 현저히 악화시켰다. 결국 집주인들은 그들의 재산권을 포기하였다.

한국에서도 임차인을 보호하기 위한 임대차 3법을 2020년 7월부터 전면 시행하였다. 전월세 계약 시 실거래 신고가 의무화되는 전월세신고제, 재계약 시 임대료 인상률을 연 5% 이내로 제한하는 전월세상한제, 전세 계약 갱신(2년)을 임대인에게 요구할 수 있는 권리인 계약갱신 청구권제 3가지가 핵심인 부동산 임대차 관련 법안이다.

**소유자 점유** 금세기에 걸쳐 부유한 국가의 정부는 다양한 금융정책과 사회정책을 통해 소유자 점유를 장려해 왔다. 소비자와 생산자 모두에게 광범위한 신용제도를 제공함으로써 주택에 대한 대규모의 소유자 점유가 이루어졌다. 영국의 경우 1900년에는 단 10%의 세대만이 주택의 소유권을 가지고 있었으나 1990년에 들어와서 이 수치는 거의 60%로 증가했다. 정부의 민영화 정책에 의한 것이긴 하지만 부의 증가가 직접적인 결과였다. 주택소유비율이 60%에 달한다는 것은 경기변동에 따른 이자율 조절에 상당히 유리하다. 이자율 하락에도 부동산 버블로 이어질 가능성은 낮다는 것이므로 정부의 운신의 폭이 크다는 것이다.

주택은 대부분의 세대에게 있어서 가장 큰 단위의 자산 일뿐만 아니라 가장 큰 구매행위이다. 자기 집을 소유한 가정은 단순한 거주 이상의 것이다. 그것은 재산이며 장래의 소득원이며 자산증식의 수단이다. 그래서 소유자점유는 그들의 재산가치에 영향을 주는 지방의 상황변화에 매우 민감하다. 지방정치 활동의 대부분은 자산가치를 유지하거나 증가시키는 하나의 방법이며, 지방의 자산가치를 떨어뜨리는 일에 맞서 싸우는 것이다.

소유자점유가 주택시장의 중요한 부분일 때 주택구입자금을 빌려주는 금융기관은 가구의 선택을 구조화하고 시장에 대한 재정완화를 통제하는데 중요한 역할을 한다. 가구, 주택 그리고 거주지역에 대한 대출의 상이한 유형이 주택시장을 구조화 한다. 1970년대 미국의 금융기관에서 행해지고 있었던 레드라이닝(redlining)에 대해 알아보자. 이 용어는 저당권을 설정하지 않은 지역 주변에 붉은 선으로 지도에 표시한 보스턴의 어느 은행에서 유래한 이야기이다. 많은 금융기관들이 도시내부 근린에 대출을 해주지 않으려는 의도로 붉은 색 줄이 그어졌다. 이는 도심쇠퇴의 원인이자 결과였다. 즉, 은행이 도시내부근린에는 대출을 해주지 않음으로써 집을 사려고 했던 사람들은 높은 이자율 때문에 비용증가로 압박을 받아 구매가 어렵고, 설령 구매하더라도 집주인 역시 비용부담을 메우기 위해 더 많은 임차인을 불러들임으로써 주택의 노후화를 야기했고, 이는 도심쇠퇴를 가속화 시켜 자본이탈이 일어났다. 금융기관들은 도시내부의 쇠퇴에 책임이 있다. 그들의 투자부족이 주택의 질을 악화시키고, 이는 다시 투자부족을 야기하는 악순환을 초래했다. 레드라이닝은 금융기관이 주택시장에 행사하는 분명한 영향력으로서 저소득층이 도시내부에 주거를 마련하는 기회를 제한하고 있다고 할 수 있다. 대출액수, 대출방식, 누구에게 그리고 어디에 대출하는가에 의해 주택시장이 구조화되며, 주택소유의 기회와 주택배분의 제한에 중요한 요소가 된다.

**공공주택** 공공주택은 시장의 실패와 인구 압력의 결과 나온 것이다. 시장은 사회적 요구가 아니고 경제력에 반응한다. 민간 주택시장은 가난한 사람들의 요구에 효과적으로 반응하지 않는다. 그러나 가난한 사람들은 공공정책으로 변화시킬 수 있는 정치적 힘을 가지고 있다. 공공주택은 상향적인 정치적 압력의 결과이다.

영국에서 공공주택 건설은 2차 대전 후 대규모로 건설되었는데, 전쟁에서의 국민들 희생에 대한 정부와 국민 간의 사회적 계약의 일부였다. 많은 사람들의 주택수요를 충족시켜 줄만한 민간부문이 없었기 때문이다. 1970년 대 후반 영국의 공공주택은 몇몇 지역과 메트로폴리탄의 중심부에서 총 주택재고의 35%를 차지했다. 1979년 이후 보수주의 정부가 공공주택 부문을 민영화하여, 세 들어 사는 임차인이 원하는 경우 그들에게 집을 헐값에 팔아치우는 정책을 취했다. 이 정책은 임차인에게 안정적인 주거시설을 제공해 주었을 뿐만 아니라 부를 창출하는 기회까지 제공해 주어서 매우 인기가 있었다.

## 주택의 수요

모든 사람들은 일과 후 쉴 곳으로서의 주택을 필요로 한다. 그러나 이 욕구가 모두 유효수요가 되는 것은 아니다. 유효수요는 경제력의 함수이기 때문이다. 주택수요에 있어서 변화의 주요 근원은 3가지로 나누어 볼 수 있다.

**소득**　민간 주도의 주택시장에서 주택은 전적으로 지불능력에 기초하여 소유된다. 각 가정은 그들의 주택에 소비할 수 있는 돈의 양이 아주 다양하다. 그러므로 가장 좋은 수택이란 그것을 감당할 수 있는 사람들의 것이다. 모든 대도시는 부자들이 모여 사는 부유한 지역과 저소득층이 모여 사는 가난한 지역도 포함하고 있다. 이 두 극단 사이에서 다양한 중산층 지역을 찾아 볼 수 있다.

모든 주택이 단순히 지불능력과 소득에 기초하여 배치되는 것은 아니다. 특히, 서부유럽에서 여러 국가들은 소득보다는 필요(needs)에 기초하여 주택이 할당되는 사회주택 프로그램을 갖고 있다. 이런 상황에서는 주택의 질과 소득 간에 단순한 선형관계가 성립하지 않는다. 정부가 개입함으로써 저소득 가정도 매우 쾌적한 상태에서 살 수 있다. 사회주택의 양도 국가마다 다양하다. 한국의 공공주택 비율은 7.5%(2020)에 불과하지만 스웨덴은 40%, 네덜란드 30%, 독일 40%, 등 유럽 여러 국가에서는 상당히 높은 비중을 차지하고 있다. 물론 임대체제가 잘 갖추어져서 원하는 기간 동안 오래 살 수 있고 임대료 인상도 2% 내외로 제한되어 있기 때문에 입주대기시간이 무려 평균 10년 이상이라고 한다.

**생애주기의 단계** 대부분의 가계는 생애주기에 따라 다양한 크기의 공간을 필요로 한다. 한 여성이 취업하여 혼자 산다고 할 경우 도심에 빈방 하나면 족할 것이다. 그녀가 결혼하면 두 사람이 생활할 더 넓은 장소를 도시 내의 직장주변에서 찾게 될 것이다. 만약 아이가 생기면 더 넓은 공간이 필요하게 되고 더 넓은 공간을 찾아 교외로 이주할 수도 있다. 아이들이 장성하여 집을 떠나게 되면 가구의 규모는 줄어들게 된다. 은퇴한 부부는 더 작고 특수하게 디자인된 주택으로 이주해야 한다. 표 9.1은 일련의 생애주기의 변화와 그와 관련된 공간의요구를 보여주고 있다.

표 9.1. 생애주기의 단계별 선호

| 생애주기단계 | 주택 욕구 |
|---|---|
| 1. 출산 전 단계 | 비교적 저렴한 도심의 아파트 |
| 2. 자녀출산단계 | 아파트지구에 가까운 단독임대주택 |
| 3. 자녀양육단계 | 교외지역에 신규 주택소유 |
| 4. 자녀독립단계 | 양육단계와 동일지역, 또는 더 나은 주거 지역 |
| 5. 자녀결혼단계 | 거주지의 안정성에 의해 결정됨 |
| 6. 노후생활단계 | 노인시설 아파트/자녀와 동거 |

출처: Short(1978)

자녀가 없는 가구와 독신가구의 증가추세를 생각하면 이 모델이 보편적이지는 않다. 그러나 가구 변화의 주요 요인으로써 자녀의 양육과 자녀의 독립을 들고 있는데, 생애주기에서 각 단계의 역할을 이해하는 출발점으로서 유용하다. 즉 도시지역 내에서 세대의 이동과 주거 유형을 설명하는 주요한 메카니즘을 제공하기 때문이다. 이런 모든 이동의 2/3는 생애주기에서 변화하는 각 단계 마다 변화하는 공간요구량의 결과이다. 그래서 생애주기에서 각각의 단계는 주거분화의 중요한 차원이 된다. 주택수요에 민감하게 변화하는 주택시장에서 차별화된 주택형태와 거주지역은 서로 다른 생애주기의 세대들을 포함하게 될 것이다. 특히 도시 내부의 일부 지구는 독신 가구와 자녀가 없는 세대가 지배적이다. 교외에서는 전형적으로 아이 있는 세대가 많다. 인구가 점점 고령화됨에 따라 노인이 많은 지역도 있다.

**민족적 정체성** 소수문화의 민족적 응집은 영국 도시에서의 아시아인이나, 미국 도시에서의 베트남인, 프랑스 도시에서 북아프리카인, 독일 도시에서 터키인, 한국 도시에서의 중국인이나 동남아인들을 예로 들 수 있다. 이러한 민족적 응집은 선택적 요인과 제한적 요인에 의해 나타난다. 선택의 관점에서 소수집단은 함께 모이기를 좋아한다. 잠재적으로 위험이 내재된 사회에서 안전을 보장해 주고 고국과의 연결 그리고 이질 사회에서 공유할 수 있는 문화와 언어의 정거장 역할을 하기 때문이다. 민족적 근린은 방어와 지원의 기반이며, 이민자들이 새로운 사회로의 진출을 위한 기반이 되기도 한다. 또한 민족적 응집은 차별화에서 야기될 수 있다. 공식적인 차별의 경우 특정한 민족 집단은 어떤 지역에서 살지 못한다. 이러한 정책은 남아프리카연방의 흑인차별정책 아파르트헤이트에서 볼 수 있다. 백인 우월주의의 붕괴와 함께 사프(Saff, 1994)는 인종차별 폐지가 아닌 공간의 인종차별폐지를 언급한 적이 있다. 공식적인 흑인 인종차별정책이 바뀌고 흑인 중산층이 이전의 백인 전용근린으로 공공연하게 이주하는 가운데, 가난한 흑인들의 인종차별과 소득의 양극화는 계속 존재한다.

미국에서 공식적인 흑인 차별 정책은 없다고 해도, 흑백세대 간에 극심한 인종차별은 과거에도 있었고 지금도 여전하다. 이는 부분적으로 소득과 생활 기회 간의 함수관계일 뿐만 아니라 담보대출에서의 차별적인 정책의 결과이고 흑인가구를 흑인지역으로 보내는 부동산 중개인이나 부동산업자의 행동 때문에 나온 것이다. 비록 그런 차별이 위법이라 할지라도 비공식적인 차별은 계속되고 있다. 매시(Douglas Massey)는 자신의 연구에서, 초차별(超差別, hypersegregation)의 존재를 강조하고 있다. 즉 1990년에는 흑인거주자의 1/3이 적어도 90%의 흑인이 사는 지역에서 살았고, 30개의 최대 메트로폴리탄 지역에서 진정한 통합을 이루기 위해서는 흑인의 최소한 70%는 근린을 이동해야 할 것이다(Massey & Denton, 1993)고 지적하고 있다.

## 주택소비

집은 단순한 거처 이상의 중요함을 가지고 있다.  집은 우리의 사회적 삶을 반영할 뿐만 아니라 중요한 변수가 되기도 한다. 교육적 성취, 사회적·정신적 건강, 젠더의 역할과 책임의 개념 등은 가정의 일상생활 속에서 훈련된다. 가정은 아동의 초기 사회화에서 결정적 중요성을 갖는다. 즉 가정이란 젠더 간의 그리고 세대 간의 사회적 상호작용을 위한 환경이다. 우리는 집에서 가족으로부터 세계를 배운다. 가족의 개념과 구성은 가정에서 이루어진다. 가정은 깊은 사회적 문화적 중요성을 갖는다.

주택은 많은 속성을 가지고 있다. 주택의 구입이나 임대는 가구의 생활비 중 가장 큰 항목 중의 하나이다. 주택비용은 가계예산에 영향을 주고, 주택비의 변화는 특히 저소득 가계에 영향을 준다. 그러나 주택은 비용 이상의 것이다. 그것은 무대이며 장(場)이다. 주택은 여가시간의 대부분을 보내는 것이기 때문에 주택의 질과 크기는 우리의 건강, 신체적 사회적으로 건강에 중요한 영향을 준다(Smith, et al, 1991).

주택시장과 관련이 있는 주체들은 토지소유자, 개발업자, 건설업자, 주택금융관련기관, 정부, 부동산 중개업자, 소비자 등이다. 토지소유자는 토지매각 결정권을 행사하고 개발의 계기를 제공한다. 토지소유자의 유형과 이들의 토지소유패턴, 그리고 구체적인 개발동기 및 행태 등은 주택개발과정과 공급된 주택에 직업적인 영향을 미친다.

개발업자는 토지를 구매하고 개발결정을 통해 특정 지역의 개발 형태를 결정하기 때문에 주택경관에 직접적인 영향을 미친다. 건설업자는 건설을 전담하지만 규모와 내부조직에 따라 수행하는 기능에 차이가 있다. 중·소규모의 건설업자는 개발계획에서부터 건설에 이르기까지 전 과정을 포괄하고 있어 실제로는 개발업자의 역할까지 수행하기도 한다. 대규모 개발업자는 개발뿐만 아니라 직접 건설까지 담당하는 경우가 많아 개발업자와 건설업자의 영역을 명확하게 구분하기 어렵다. 주택금융관련기관은 은행을 비롯한 금융기관을 말한다. 주택생산업체와 소비자 모두를 지원하는 자본공급담당이라 할 수 있다. 정부는 주택보급률을 높이고 저소득층에게 임대주택 같은 공공주택을 공급하기 위해 사회복지 차원의 투자정책을 펴는 역할을 한다. 부동산중개업자는 주택시장에서 정보를 제공하고 거래를 중개하는 역할을 한다. 소비자는 주택수요와 관련된 주체로서 주택공급에 따라 선택이 제한되어 있지만 이들의 개별적 선호는 공급되는 주택의 형태에 영향을 미치기도 한다. 이렇게 주택시장에는 온 국민과 여러 주체들이 관련되어 있기 때문에 주택가격의 등락과 그에 따른 정책 결정이나 변경에 아주 민감하게 반응하고 큰 사회적 이슈가 되기도 한다.

## 거주모자이크

주택의 공급과 수요의 움직임은 상이한 집단들을 도시 내 상이한 곳에 배치시킨다. 그 결과 다양한 거주모자이크를 만들어 낸다. 거주모자이크는 도시를 특징 있는 지역들로 구분하고 있다.

그림 9.1은 거주모자이크의 일반모델을 나타낸 것이다. 그것은 소득·민족성·생애주기 단계라는 세 차원의 사회적 공간으로 되어 있다. 이 차원들은 주택수요의 주된 요인을 반영하면서, 뚜렷한 공간적 패턴을 보인다. 즉 소득은 선형(扇形)패턴을 보이는 경향이 있고 민족성은 군집 모양을 하고 있으며, 생애주기의 단계는 환상(環狀)구조를 보인다. 이러한 사회적 공간의 차원은 도시의 물리적 기반위에서 서로 작용하고 있다. 이 모델은 북미와 서부의 유럽 도시에는 잘 맞지만 주변부적 자본주의 사회의 도시에서 3개의 차원은 그렇게 분명치 않다. 그림은 유용한 모델이기는 하나 모든 도시에 적용가능한 일반성은 가지고 있지 않음을 기억해야 한다.

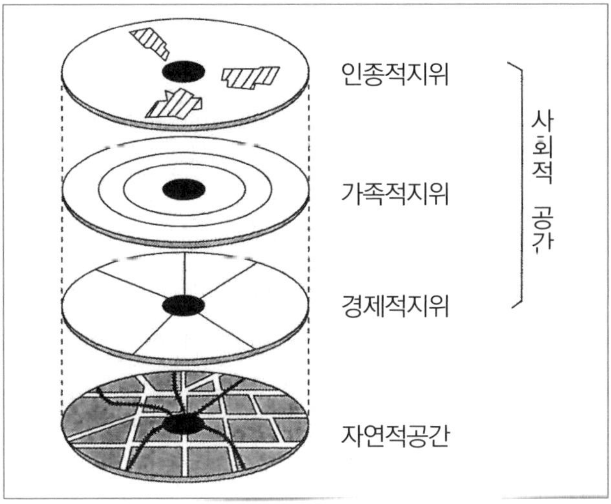


자료 : Murdie(1969)

그림 9.1. 도시구조의 공간적 차원

거수 모자이크는 정적인 현상이 아니다. 항상 변화가 일어나고 있다. 하나의 도시에는 뚜렷이 구분되는 근린들이 있다. 도시가 커지면 커질수록 근린의 다양성 또한 커진다. 일부 근린은 다른 지역들이 재개발되는 동안 악화된다. 이는 특히 서부유럽과 북미에서 대도시의 중심지에 가까운 주택지구에서 현저하다. 민족적 구역의 경계는 다양한 지역사회가 성장하고 쇠퇴함에 따라 확장되기도 하고 축소되기도 한다. 그렇게 공간패턴은 변화할 수 있다.

거주지역은 단순히 주택수요와 공급의 결과 그 이상의 것이다. 거주지역은 다양한 태도를 형성하는데 중요하다. 롭슨(Brian Robson, 1969)은 거주지역과 사회적 지위 및 교육적 성취에 대한 태도와의 관계를 조사했다. 그는 비슷한 지위에 있으나 서로 다른 지역에 사는 사람들은 서로 다른 태도를 가지고 있음을 밝혀냈다.

반면 지위가 다르더라도 같은 지역에 살면 비슷한 태도를 갖는다는 것이다. 즉 이 연구는 국지지역이 태도에 중요한 영향을 준다는 것을 의미한다. 비슷한 결과가 선거지리학에서도 보고된 바 있고 이것을 근린효과라고 한다. 이 효과는 정치적 성향이 국지지역에 의해 영향을 받는다는 점을 보여주는 것으로 많은 연구에서 확인되었다. 즉, 비슷한 사회적 지위에 있는 사람들이라도 그들이 살던 지역에 의존하여 다르게 투표하는 경향이 있다. 거주자들이 그들의 지역에 영향을 미치는 문제와 논쟁에 개입하게 되는 장소의 정치학이 존재한다는 것이다.

거주지역의 중요성은 사람에 따라 다르다. 지위와 자부심이 멀리 떨어진 직장과 관련이 있는 사람들에게 있어서, 집이라는 것은 생활을 위한 장치일 수 있다, 그러나 집과 더 밀접한 사람들, 주부·퇴직한 사람·젊은 사람들에게 거주지역은 더 큰 중요성을 갖는다. 예를 들어 젊은이들은 그 지위와 정체성이 그들의 가족이나 더 넓은 사회에서라기보다는 동료와의 관계 속에서 정의되기 때문에 젊은이들의 정체성은 거주지 영역에 기반을 두고 있는 경우가 많다.

제10장

# 도시내 공간분화와 지가의 역할

## 도시내 기능지역의 분화

도시가 점점 커지면서 유사한 기능들끼리는 모이고 상이한 기능들끼리는 밀어내면서 전문화된 집적지구를 형성하게 되며 이것이 일종의 등질지역을 형성한다. 이렇게 도시 내 상이한 장소에 특정 경제활동이 집적함으로써 도시내부에는 각기 성격을 달리하는 여러 종류의 기능지역들이 존재하게 되는데, 상업지역, 주거지역, 공업지역, 업무지역 등이 그것이다. 도시를 구성하고 있는 기능지역들의 공간적 위치와 배열상태 그리고 도시전체와의 공간관계, 상호보완의 관계를 도시내부구조라 한다.

기능지역의 요건으로서는 그 내부가 동질적이어야 하며, 또는 어떤 결절점을 중심으로 통합성을 가질 것, 지역으로서의 명확한 특성을 갖고 있을 것, 그 도시 주민들이 하나의 지구로서 인식하고 있을 것, 행정적인 지역범위와도 가능한 일치할 것 등을 들 수 있다. 그러나 실제로 이러한 요건을 갖춘 기능지역은 그렇게 흔치 않다. 굳이 도시를 기능지역으로 나누는 이유는 각각에 내재하는 독특한 지역성을 찾아 개개의 기능지역들이 도시 전체에서 차지하는 의미를 부여하고자 하는데 목적이 있다.

그런데 왜 특정 도시기능은 도시 내 특정 장소에서 나타나게 되는 것일까?

기능지역 분화의 주요 원인은 토지의 경제 가치에 의한 차이에서 찾을 수 있다. 일반적으로 지가(地價)는 도심부에서 높고 도심에서 멀어짐에 따라 하락한다. 높은 지가를 선택할 수 있는 기능은 금융이나 행정, 정보나 관리업무 등 좁은 부지라도 결절성이 높은 중심위치를 필요로 하는 기능들이다. 상품판매에서는 가볍고 작으면서도 상품가치가 높은 업종을 취급하는 전문점·고급품점이 지가가 높은 중심부를 차지한다. 그것들은 도심에 집중하는 정보나 교통·통신에 의해서 최고의 이익을 얻을 수 있을 뿐만 아니라 한 평의 상점이라도 책상과 전화만으로도 존립이 가능하여 광고나 선전의 효과를 누릴 수 있기 때문이다. 반면, 일용품점, 개인서비스업종들은 높은 지가를 지불할 수 없기 때문에 주거지역 부근에 넓게 분포하는 경향이 있다. 값싼 토지를 선택하는 기능은 넓은 면적을 필요로 하는 공장과 직접적으로 이윤을 누리지 못하는 주택 등이다.

도심에 은행과 회사가 집중하는 것은 지가관계도 있지만 업무상 교통의 편익이 크기 때문이기도 하다. 또 이용자의 선택도 중요한 역할을 한다. 사업자는 그 장소가 경영에 편리하고 이익이 생길 수 있는 범위에서 고지가(高地價)장소에 근접하고자 한다. 거기에는 동일업종 또는 다른 업종의 사업자들이 모여 경쟁하면서 상호 교류·협동할 수 있고, 도시 시설들을 공유하는 등 다른 편익을 누리게 되기 때문에 비용을 더 지불하더라도 입지하고자 하며, 결국 전문화된 지구를 형성케 된다. 넓은 면적을 필요로 하는 제조업은 지가가 높은 중심부에서 부지확보가 어려울 뿐만 아니라 비경제적이며, 무거운 자재의 반입이나 제품의 출하에는 혼잡한 시내보다는 주변부가 유리하다. 주택은 거주자의 직업과 수입, 가족구성에 따라서 지가에의 적응력이 다르다. 지가는 높지만 시설이 잘 정비되어 있고 직장에 가까운 곳이 좋을 것인가, 아니면 시설도 불충분하고 직장에서도 멀지만 지가가 싸고 녹지가 풍부한 교외를 선택할 것인가의 패턴으로 된다. 주거활동의 경우 지대지불능력과 함께 교통비도 중요한 원인이 된다. 개개의 가구들은 자신들의 소득과 지불해야 할 지대와 교통비를 고려하여 적절한 위치를 찾게 되는데 저소득층일수록 도심부 근접의 퇴락한 지구에서 좁은 면적의 거주지를 택함으로써 지대와 교통비를 동시에 줄이려는 경향이 있는 반면, 고소득층은 소득에서 교통비가 차지하는 비중이 그렇게 크지 않으므로 도시 외곽의 넓은 주택에 거주하는 경향이 있다.

요컨대 각각의 토지이용은 도시 내 위치에 따라서 효용이 달라지고 최고의 효용을 충족시키기 위해 최적의 장소를 찾고자 하며, 그 최적 장소에 대한 경쟁과 지대지불능력의 차이 때문에 도시 내 토지이용분화가 발생하게 되는 것이다.

도시인구가 크게 증가하고 통근이동의 증가, 교외화의 진전 등에 의해 도시의 공간분화 및 내부구조가 점차 명확해지기 시작했다. 이러한 내부구조는 북미 도시를 대상으로 하여 여러 학자들에 의해 모델화가 시도되었다.

## 도시내부구조모델

**동심원 모델** 시카고대학의 사회학자 버제스(E. W. Burgess)가 1925년에 제안한 이론이다. 당시 시카고대학의 사회학자들은 도시 역시 생물학적 유사성으로 연구될 수 있는 일종의 사회적 유기체라고 규정하고 도시사회의 분화는 일종의 생태학적 과정의 산물이라고 하였다. 즉 인간도 인간사회도 유기체처럼 발생·성장·사멸하며 특정 영역에로의 침입과 경쟁 그리고 천이라는 과정을 밟는다는 것이다. 도시가 발생해서 성장하며, 성장과정에서 경쟁과 협동을 거쳐 여러 영역으로 분화 내지 전문화하여 도시구조가 복잡해진다. 생물과 환경의 상호관계를 연구하는 생태학과 같이 사람과 도시공간과의 상호관계를 연구하는 도시생태학의 길을 열었다.

이러한 사고는 시카고의 당시 사회상과 밀접한 관련이 있다. 1925년 미국의 이민법 쿼터제가 적용되기 전에 미국에 들어오려는 유럽 이민들의 물결이 있었다. 또 목화 해충에 의해 남부 농업이 황폐화되고 북부도시에서는 공업노동력의 부족이 심각해지면서 남부의 아프리카계 미국인들이 북부도시로 많이 이주하였다. 이주자들은 대부분 가난했기 때문에 저렴한 숙소와 일자리를 찾아 도시내부 슬럼화된 지역에 정착했다. 그들이 거기서 확고한 경제적 기반을 잡게 되면 더 나은 주택을 찾아 인접한 외부로 이동하게 된다. 이 과정을 버제스는 생태학의 용어를 빌려 침입과 경쟁, 천이로 개념화하였다. 그 결과 나타난 것이 폭이 일정하지 않은 5개의 동심원 지대(zone)이다(그림 10.1).

제1지대인 중심업무지구(CBD, central business district)는 경제·

행정·교통기능이 집중된 곳이다. CBD의 안쪽은 도심소매업지구이고 바깥쪽은 도매업지구로 구성되어 있다. 제1지대를 둘러싸고 있는 제2지대는 점이지대이다. 도심에 인접한 곳으로 본래는 유복한 사람들의 거주지였으나 인구가 대거 유입하고 CBD가 확대되면서 상류층들은 전출해 버리고 상업이나 경공업체가 주거지를 잠식하여 주택이 퇴락해 가는 지대이다. 이민1세대들이 모여 사는 곳이지만 태반이 하숙집(rooming house)형태이다. 제3지대

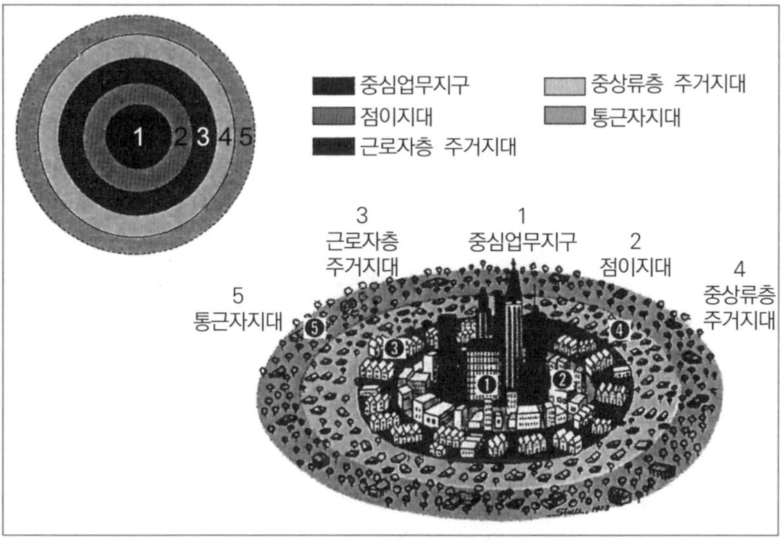


출처: De Souza (1990)

그림 10.1. 동심원모델

로의 이주 희망이 강력한 곳이다. 제3지대는 노동자 주거 지대이다. 점이지대에서 벗어났으나 일터에 접근하기 쉬운 곳을 찾는 노동자들의 주택지이다. 주로 이민2세대들이 거주한다. 제4지대는 중급주거지대로서 미국태생의 중산층이 단독주택이나 고급아파

트에 산다. 주로 전문직이나 화이트칼라층이 거주한다. 교통의 요지는 업무부도심으로 발달하기도 한다. 제5지대는 통근자 주거지대이다. 도시의 행정구역을 넘어서 확대되며 교외의 작은 도시나 읍을 포함하기도 하는 환상(環狀)지대이다. 도심부로부터 30~60분의 통근시간을 보인다. 고속도로를 따라 고급주택이 산재하며, 이곳 주민의 대다수는 CBD에서 일하고 있다. 도시 인구의 증대에 따라 내측 지대에서 팽창 확대하고 내부에서 외부로 향해서 각 지대로의 침입과 천이가 연속적으로 일어나서 도시 전체가 확대되어 간다고 한다.

세계 도처의 도시에서 버제스가 말한 지대를 확인하기 위해 후속 연구들이 많이 있었다. 그러나 이 이론은 특정 도시에서 특수한 시기의 연구결과인 만큼 현대의 도시에서 1920년대의 시카고를 재발견할 수는 없다. 더 오래 전에 형성된 거주자 집단은 도심에서 더 떨어진 곳에 살고 있는 반면, 최근에 형성된 거주자 집단은 도시내부에서 가장 열악한 주택을 형성하고 있다. 이는 세계 도처의 도시에서 사회적 집단에 의한 거주기간과 주택 간의 관계를 이해하는데 아직까지도 유용한 일반적인 견해이긴 하지만 보편적인 모델이라 하기는 어렵다. 특정 시기의 단일도시를 통해 일반화를 시도했다는 점에서 여러 비판을 받기도 했지만, 상식적인 관찰을 가장 단순한 형태로 정리했다는 점은 높이 평가할 수 있다. 도시가 놓인 지형적 기반의 차이나 교통로의 역할, 역사적 관성이 무시된 측면 때문에 국지적인 불규칙성이 드러나는 것을 보충적으로 설명할 수 있다면 동심원모델을 굳이 외면할 필요는 없을 것 같다.

**선형(扇形)모델** 도시토지경제학자인 호이트(Homer Hoyt)는 미국의 25개 도시 분석을 기초로 1939년 선형모델을 발표한다.

호이트는 지가형성과 거주지분화의 방향성을 유도하는 통제요인으로서 교통로를 중시했다. 미국에서 1930년이 되면 자동차 보급이 활성화된 시점으로서 그것이 도시내부구조에 반영되었으리라는 것을 충분히 짐작할 수 있다. 호이트는 버제스가 제시한 일련의 지대구조(地帶構造)로서 보다는 선형으로 이해해야 한다고 주장했다. 도시의 주택자료를 수집하여 이를 토대로 주거지구를 고임대지구·중임대지구·저임대지구로 분류하고 그 지구들의 분포패턴이 동심원이 아닌 선형이라고 주장했다. 도심에서 방사상으로 교통로가 뻗어 있으며, 인구가 증가함에 따라 교통로에 면해서 주택지가 확대해 간다. 이때 중임대지구는 고임대지구의 양측에 위치하는 경향이 있고 저임대지구는 중심부에 많이 나타남을 지적하였다. 호이트는 특히 고임대지구의 이동방향과 패턴에 많은 관심을 보였다. 고임대지구의 거주자가 이동한 후에는 중간계층이 그 주택으로 이동하는 하향여과과정을 보인다. 저임대지구, 중임대지구, 고임대지구와 같은 각 지대가 CBD에서 교통로를 따라 밖으로 방사상과 선형(扇形)으로 확대해 나간다(그림 10.2).

선형모델에서 결정적인 요소는 고임대와 저임대의 주거지구에 있다. 특히 고임대주거지구가 그 도시의 토지이용을 주도하며, 이 지구의 위치변화에는 자연적인 천이가 있다고 했다. 고임대지구의 입지에 있어서는 9가지 일반적인 경향이 있음을 정리하고 있다. 고임대지구는 상업중심지와 같은 기존 핵을 향해서 진행하는 경향이 있으며, 홍수의 위험이 없는 고지대에 위치하는 경향이 있고, 공업지로 이용되지 않고 있는 호안(湖岸), 해안(海岸), 하안(河岸)을 따라 확대하는 경향이 있다. 또 지역사회의 지도자주택의 의 주위에 발달하는 경향이 있고, 사무소·은행·상점의 이동이 그 방향으로 고임대주택을 유인한다. 가장 빠른 현존 교통로를 따라 도시의 바깥쪽을 향해 성장하며 이러한 현상은 장기적으로 지속되는데, 부동산투기업자는 이러한 고급주택의 성장방향을 왜곡시킬 수 있다. 호화로운 고임대아파트지역은 낡은 주거지역을 끼고 있는 업무중심에 가까운 곳에 형성되기도 한다.

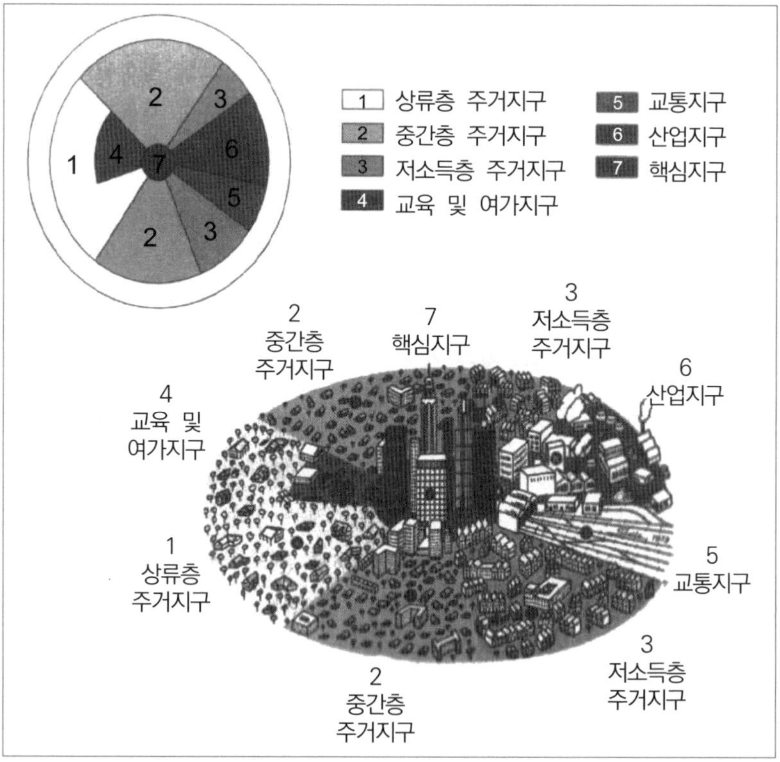


출처: De Souza (1990)

그림 10.2. 선형모델

호이트는 고임대(高賃貸)지역이 부채꼴모양이며, 중심지역에서 그 지역 유지(有志)의 주택 쪽으로 뻗어나가는 도로를 따라 전개

된다고 하였다. 이 이론의 기초가 여과과정이다. 이 과정은 고소득 집단을 위한 새로운 주택건설에 의해 시작된다. 중상류층의 새 주택으로의 이주는 빈집을 만들게 되고 그 빈집들은 그 다음 소득계층에 의해 채워진다. 시간이 경과함에 따라 주택재고는 더 낮은 계층에 의해 채워간다. 이것을 하향여과라고 한다.

미국 내 여러 도시를 대상으로 연구하여 모델화 했다는 점에서 버제스 보다는 비판을 덜 받았지만 두 모델은 모두 찬반양론 깊은 관심을 받았다. 다른 도시들에 대한 사례연구결과 버제스와 호이트가 제시한 모델과 일치하지 않는 점들이 다수 발견되어 비판받았지만, 사실 모델이란 복잡한 현상을 난순화시켜 이해하기 쉽도록 일반화를 시도한 것이기 때문에 특정 도시가 그 모델에 들어맞지 않는다고 하여 그 모델을 부정할 수는 없다 오히려 모델과 다르게 나타나는 특정 도시의 자연적·문화적·역사적 특수성을 이해하려는 노력이 필요할 것이다.

**다핵심모델** Harris, C.D.와 Ullman, E.L. 은 1945년에 다핵심(多核心)모델을 제안했다. 이 이론은 토지이용배치를 설명하는데 있어서 단일 중심이 아닌 여러 개의 핵심으로 구성되어 있다고 주장한다. 핵심은 그 주위에서 성장이 일어나는 특정기능(주거, 업무, 공업, 기타)을 의미한다. 도시가 커지면서 도심부 외에도 사람들이 집중하는 지역이 다수 발생하게 되며 그러한 곳은 바로 집적의 경제를 누릴 수 있는 지역이다. 교외에 있는 업무중심지라든가, 교외의 공업지역, 대학을 중심으로 형성된 지구 등을 들 수 있다. 이러한 핵심은 도시 발생 당시부터 있었던 것도 있고, 도시의 성장이 이동과 특수화를 촉진한 결과 발전한 것도 있다(그림 10.3).

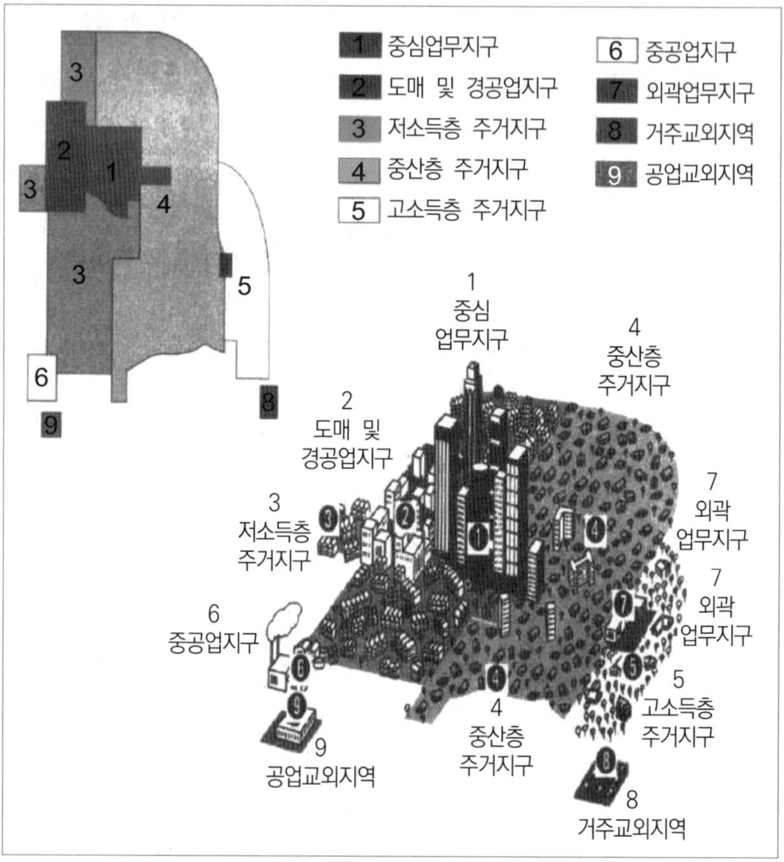


출처: De Souza (1990)

그림 10.3. 다핵심모델

핵심의 분리와 지구분화의 발생은 다음 4요인의 조합을 반영한다. 첫째, 특정한 활동은 전문화된 편익이 중요하다. 즉 소매업 지구는 어디서나 쉽게 접근할 수 있는 곳, 항만지구는 적당한 수변, 공업지구는 큰 필지와 수륙교통이 편리한 곳을 필요로 한다.

둘째, 유사 업종들은 집중하는 것이 좋다. 금융업체와 도매업체, 소매업체 등은 자체의 특수한 서비스를 위해 집합하는 것이

유리하다. 셋째, 이질적인 기능들은 서로에게 손해를 가져오므로 멀리 떨어져 입지하는 것이 좋다. 고급주택지구와 공업지구라든가, 소매업지구와 교통량 집중지구 등은 양립할 수 없다. 넷째, 각 입지활동들이 가장 원하는 입지라 할지라도 지대지불능력이 미치지 못하면 입지할 수 없다.

CBD는 시내교통의 중심에 있고, 도시의 핵심 역할을 한다. 도시의 모든 곳에서 편리하게 도달할 수 있는 곳에 있으며 최고의 지가를 보인다. 도매경공업지구는 시내에 있으나 시외와의 교통이 편리한 곳에 가까이 위치한다. 도매업지구는 도시자체 뿐만 아니라 도시의 배후지에도 서비스하기 때문이며, 경공업 역시 교통로의 편리성을 누리면서 저렴한 건물비와 노동비로의 접근이 용이하기 때문이다. 중공업지구는 넓은 장소와 발달한 교통기관을 필요로 하므로 시가지의 연변부 혹은 과거의 시가지 주변부에 위치한다. 중급주택지구와 고급주택지구는 배수가 좋은 고지(高地)나 소음·악취·매연·철도에서 떨어져 위치하고 저급주택지구는 공장이나 철도에 가까이 위치한다.

다핵심모델은 자동차 이용이 일상적으로 된 시대에 도시의 지역구조를 융통성있게 표현하고 있다. 버제스나 호이트의 모델과는 달리 각 지구의 공간배치가 일정하지 않고 도시마다 핵이 되는 중심지의 성격이 다를 수 있다. 따라서 그림과 같은 패턴은 하나의 예로서 제시된 것이며, 핵심의 수나 위치는 역사적 발전의 결과이기 때문에 도시마다 다를 수 있다는 점에서 모델로서의 성격은 좀 부족하다. 다핵심이론은 이전 두 이론보다 가장 비조직적이라고 할 수 있으나 각 지구와 전 도시지역의 지역적 성장을 참작한 것으로, 교통로의 역할이 중시되고 자동차가 주요 교통수단으로 등장하여 유동성이 커진 현대의 도시 상황에 더 적합하다고 할 것이다.

이 세 모델은 공통점이 있다. 즉 내부구조를 이루는 기능지역 구분의 지표로서 지대(임대료)를 이용했다는 것이다. 도시의 내부를 동심원구조로 파악한 버제스는 임대료가 지가(地價)와 밀접한 관계에 있으며, 도시의 유동성이 수반하는 모든 변화를 명확하게 보여주므로 이 지가를 지표로 해서 도시의 성장 신진대사를 양적으로 정확하게 파악할 수 있음을 지적했다. 이러한 버제스의 견해를 기초로 Hoyt는 미국 142개 도시에서 도시구조를 파악하기 위한 지표로서 주택 지대(地代)를 선택하고 고임대, 중임대, 저임대로 계급 분류하여 지대분포패턴을 살펴 본 결과, 주요 교통로를 따른 선형(扇形)배열이 현저함을 지적하고 있다. 다핵심모델로 도시내부구조를 설명한 Harris와 Ulman도 핵심의 분리를 조장하는 요인으로서 지대를 들고 있다. 즉 어떤 활동에 있어 가장 바람직한 토지는 한정되어 있기 때문에 고지대지역이 될 수밖에 없고, 따라서 지대지불능력이 약한 기능은 다른 장소에 핵심을 형성하지 않으면 안된다는 의미이다.

이렇게 도시내부의 공간분화를 지가 혹은 지대로 표현할 수 있는 이유는 상업·공업·주택 등의 기능이 추구하는 최적입지 선택의 조건이 수익성·생산성·쾌적성 등으로 다르고, 또 그 목적을 위해 필요한 부지특성이 다르기 때문이다. 일단 도시지역에 형성된 지가의 공간패턴은 기존의 토지이용을 강하게 견지하는 관성을 보인다. 즉 전형적인 고지가 지역인 도심상업중심지는 단독주택이나 공장 등의 이용을 배제하며, 신흥고급주택지는 고지가 때문에 저소득가족은 구입할 수가 없는 것이다.

이러한 내부지역의 관성에도 불구하고 교통수단의 변화, 교통조건의 개선, 인구이동과 새로운 업태의 등장으로 지가분포와 도시지역구조는 시간에 따라 변화한다. 특히 대도시권에서는 인구와 사업소의 교외화와 더불어 교외상업시설의 재편과 확충경향이 심화되고 있다. 이와 같은 상업의 대규모적인 입지변동으로 중소영세소매업의 집적지인 상점가가 쇠퇴하는 등 도시 내외에 입지하는 상업시설의 변동이 도시구조에 큰 변화를 보이고 있다. Hoyt는 미국에서 교통수단의 진보(증기선, 기차, 자동차)에 의해 최고지가지점이 어떻게 변화했는가를 보여주었다. 또 1930년대에 제창했던 자신의 선형모델이 자동차의 보급, 용도시역세, 도심이 갖고 있는 매력의 도시별 차이, 통화안정성 및 재개발 계획 등에 의거 수정되어야 함을 지적하고 있다.

## 도시 지가의 역할

지가는 도시의 여러 환경과 여러 기능의 종합적 가치로서, 도시의 '언어'라고까지 말해진다. 실제로 지가는 단일지표로서 비교적 많은 설명이 가능하다. 최고지가에 대한 비율을 이용하여 CBD의 범위를 획정하거나, 부도심의 범위, 주상혼합지역, 주거지역 등의 토지이용을 역시 최고지가의 비율로 예측해 보려는 연구가 있다. 또, 지가분포의 시·공간적 변동을 고찰함으로써 도시적 토지이용의 전반적 확대과정을 볼 수 있기 때문에 도시화과정 연구에도 적합하다. 지대지불능력이란 곧 지가이기 때문에 지가를 통해 도시 내부의 지가 차이에 따른 토지이용의 상이 및 기능의 차이를 발견할 수 있다. 또한 지가는 지역성도 잘 반영하고 있어서 도시내부의 분화현상 연구라든가, 지역성의 파악 및 지역구조의 연구를 본질로 하는 지리학에서 중요한 지표(指標)가 된다. 또 도시의 지가는 도심으로부터의 접근성조건이 최대의 형성요인이기 때문에 도심에서 거리가 멀어짐에 따라 지가가 지수적으로 감소하는 상황을 수치모델화 한 연구도 있다.

1950년대의 연구에서는 지가라는 한 변수만으로 복잡한 토지이용을 설명해 내는 것은 무리하다는 지적도 있었으나, 날로 심화되어 가는 자본 중심의 사회에서 1990년대 이후 단일 지표로서의 지가의 유용성은 매우 높다. 특히 대도시의 경우 지가의 설명력이 아주 높게 나와서 지가는 대도시의 지역성을 가장 잘 표현해 주는 지표가 되고 있다. 한국 84개 도시의 최고지가와 도시인구규모와의 관계는 상관계수가 0.95(2015년)에 까지 이르기도 한다. 그 외 고밀도의 토지이용과 지가 앙등과의 관계, 고층건축물의 용도와 지가와의 관계 등에서도 밀접한 관계를 확인하였다.

한 도시의 지가분포는 그 도시의 일종의 경제적 지형이라 할 수 있다. 도시 내부의 일반적인 인구의 성장을 반영할 뿐만 아니라 도시의 외연적 확대과정도 보여준다. 또 도시는 규모가 커짐에 따라 인구 및 시설들이 재배치되면서 내부구조의 형태가 변화하는데, 이러한 변화들은 곧 지가에 기록된다. 이러한 지가의 끊임없는 시·공간적 변동은 다시 도시의 내부구조를 변화시키는 중요한 요인이 된다. 그래서 상이한 시기의 지가분포도를 비교하면 그 도시의 구조상의 변화경향을 확인할 수 있다.

물론 도시 내에서 지가가 변동하는 이유는 국가적 차원의 토지 및 주택정책, 재정과 금융의 상태, 고용의 상황 등과도 관련되지만, 이러한 국가적 차원의 지가변동은 거의 동시에 전국적으로,

또는 도시 전반의 지가에 영향을 미친다. 한 도시를 놓고 본다면 도시 내에서 각 지역이 갖는 자연적·입지적 특성과 주변입지의 변동, 용도지역제, 주민의 사회·경제적 요인 등 국지적 차원의 지가변동이 더 크게 작동하여 지가가 달라진다고 할 수 있다.

도시의 규모와 경제상황에 따라 지가의 절대치가 크게 달라지기 때문에 도시 간 비교에 있어서는 지가의 절대치를 그대로 비교하면 이해하기 어렵다. 그래서 각 도시의 최고지가에 대한 비율로 변환하여 비교하는 것이 좋다. 남영우(1977)는 1976년 최고지가에 대한 비율로 서울의 CBD의 범위를 획정하면서 최고지가의 8% 범위까지를 CBD로 제안한 바 있다. 미국의 경우 그 비율이 5%로 나왔지만 한국의 도시화 상황과는 다르고, 이용할 수 있는 지가자료 측면에서도 차이가 많기 때문에 다르게 나오는 것이 당연하다. 대도시에서 아주 특징적인 지역인 CBD의 범위가 최고지가의 몇%로 범위를 정하는 것이 가능하다면 다른 기능지역이나 토지이용 역시 최고지가에 대한 비율로 결정될 수 있을 것이다.

이현욱(2001)은 인구규모 100만 이상의 5개 대도시(부산·대구·인천·광주·대전)를 연구하고, 그 CBD의 범위는 최고지가의 10% 범위에 해당한다고 하였다. CBD란 행정 및 대기업의 관리와 업무기능, 금융과 전문개인서비스기능, 전문소매업 및 각종 위락기능 등이 집적된 지구를 의미하는데, 최고지가지점을 중심으로 연속적으로 전개되어 최고지가의 약 10%에 달하는 지점까지를 CBD라 할 수 있다는 것이다. 5개 대도시에서 부도심으로 기능하기 위해서는 최고지가에 대한 비율이 최소한 20% 이상을 확보했을 때 가능한 것으로 보인다. 도시의 영역이 넓어지면 하나의 도심만으로는 도시 전체 인구에게 서비스하는 것이 어렵게 됨에 따라 인구집적지를 중심으로 고지가지역의 동심원이 곳곳에 출현하게 되며, 그 결절의 독립성과 우위성의 정도에 따라 지가는 계속 상승하거나 정체하는 등 변화하는데 이곳이 최고지가의 20%에 달하면 독자적인 상권을 견지하면서 교통 결절지역을 중심으로 부도심의 기능을 수행함을 확인했다. 대도시를 둘러싸고 있는 주변지역과의 관계와 지형적 요건, 교통로의 발달 등에 의해 도시별 부도심의 발달은 다르게 나타났다. 최고지가의 5% 비율을 보이는 필지들은 대부분 주상혼합의 이용을 보였고, 최고지가의 3% 이하의 비율을 보인 필지는 대부분 주거용도로 이용되고 있었다. 도시의 규모가 아주 크고, 도시 내에서도 도시화의 역사가 오래되어 토지이용이 안정된 지역일수록 이 비율의 적합도는 높았다. 100만 이상의 대도시들의 경우 도시규모 차이에 따른 비율차이는 나타나지 않았다. 결국 어떤 지점의 지가를 최고지가에 대한 비율로 환산해 봄으로써 대략적인 토지이용상황을 예측할 수 있었다.

도시화와 산업화가 고도화되면서 인구와 경제활동을 특정지역에 집중시키고, 그 결과는 토지가격에 반영되기 때문에 도시 공간 곳곳은 각기 차별화된 지가를 갖게 된다. 한 도시의 최고지가지점은 그 도시가 갖고 있는 여러 기능들의 종합치가 가장 큰 지점으로서 그 지점의 지가는 그 도시의 경제력을 나타내는 하나의 지표가 될 수 있다. 인구와 최고지가간의 상관관계와 회귀식을 구하여 두 지표간의 관계를 파악해 보면, 두 지표는 상관계수가 0.95에 이르렀고, 이것은 인구변수가 최고지가 변화의 90%까지 설명해 줄 수 있다는 것이다. 거의 함께 움직인다고 해석할 수 있다.

단순히 행정구역 안의 크기만을 나타내는 인구와 달리 지가는 기능적 특성이나 접근성의 차이까지 함축하고 있는 변수이다. 더욱이 한 도시의 최고지가는 그 도시 역량의 최대치 일뿐만 아니라 교통여건에 따라 인접지역과의 관련성도 포함하기 때문에, 도시의 행정구역 안이라는 폐쇄시스템적 성격을 갖는 인구크기와는 다른 특성이 있다. 그런 만큼 한 도시의 최고지가를 도시의 규모를 반영하는 하나의 지표로서 활용할 수 있다고 생각한다. 우리가 언제나 쉽게 이용하는 인구변수보다 각 도시의 최고지가변수가 경제력까지 반영하는 좋은 변수임을 인식할 필요가 있다.

## 주거여과과정

주거여과과정은 주택의 질적 변화와 가구이동과의 관계를 설명해 주는 중요한 주택시장경제이론이다. Hoyt의 선형모델은 주거여과현상을 설명하는 대표적인 이론으로 평가된다. 이동하는 가구의 소득집단으로 구분하는 하향여과과정과 상향여과과정이 있다(그림 10.4). 하향여과과정은 소득이 높은 계층을 겨냥해서 새로운 주택을 건설하면 소득이 높은 계층이 그곳으로 이동하고, 그로 인해 생긴 빈 집은 소득이 낮은 계층이 적은 비용으로 구매 가능할 때 발생한다. 하향여과과정은 한국에서도 쉽게 확인할 수 있다. 하향여과과정에 따르면 신규아파트의 지속적인 공급이 주거의 질을 전반적으로 향상시킬 수 있다는 논리가 된다. 그럴 경우 저소득층은 계속 헌집에서만 살아야 할 것인가 하는 문제제기를 할 수 있다. 또한 설령 그렇다 하더라도 집값이 너무 비싸서 저소득층은 실제로 주택시장에 진입할 수도 없다는 것이다. 현실적인 문제에 직면하여 아파트단지를 조성할 때 소형주택의무비율[13] 이라는 규제를 만들기도 했었다. 1인가구가 늘어나면서 소형주택에 대한 수요가 늘어나 이러한 조항은 2014년 사라졌다.

상향여과과정은 고소득집단이 도시내부로 이주하면서 원래 그곳에 살고 있던 저소득집단을 밀어내는 과정을 말한다. 고소득직업이 도심에서 늘어나고, 새롭게 출현한 여피족[14]의 새로운 소비행태로 거기에 걸 맞는 새로운 주택수요가 팽창하면서 도심재활성화가 진행되는 과정이 대표적인 상향여과과정이라 할 수 있다.

레빈(Levin)은 가구의 이동으로 행해지는 능동적 여과과정과 가구의 소득이나 기호의 변화 없이 근린지구의 변화에 따라 이루어지는 수동적 여과로 구분하기도 했다.

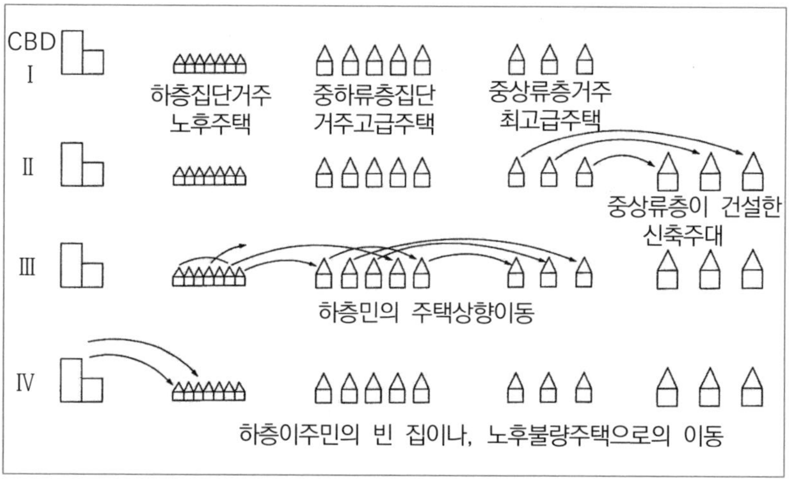


출처: Short (1996)

그림 10.4. 주거여과과정

제11장

# 도시재개발과 공간의 재구조화

도시 내부의 기성시가지가 시간이 지남에 따라 노후되어 가는 것은 필연적이다. 더우기 도시를 둘러싼 사회·경제적 변화 즉 도시 내 제조업의 쇠퇴, 교외화와 분산화 경향의 확대, 새로운 경제활동의 출현, 생활양식의 변화, 기술의 발전 등으로 도시의 기능도 다양하게 변하고 있기 때문에 그런 변화에 적합한 토지이용과 도시구조의 개편을 모색해야 한다. 개별적인 단위 건축물의 개량사업만으로는 대규모지역에 걸친 노후를 막을 수 없을 뿐만 아니라 새롭게 대두되는 상황에 적절히 대응할 수 없다. 이런 상황에 적절히 대응할 수 있도록 하는 것이 도시의 재개발이다.

## 도시재개발

도시재개발이란 노후화되고 환경이 열악한 도시 내 일정지역을 계획적으로 재정비하여 도시의 문제들을 해결하고 나아가 도시를 재생시키기 위한 도시공간의 외과수술이라 할 수 있다. 우리나라는 1960년대 이후 경제개발과정에서 소외된 채 도심 곳곳에 잔재한 전근대적 촌락형태를 현대적 도시구조에 대거 편입할 필요가 생겼다. 그래서 1971년 도시계획법을 개정할 때 재개발사업 조항을 도입하게 된다. 경제발전이 가속화하고 도시화가 빨라지면서 도시기능변화에 대응한 도시구조의 개편이 필요했고, 토지의 효율적 이용과 현대적 도시미관의 조성, 도심 및 주거환경 개선 등이 절실해지면서 1976년에는 도시재개발법을 제정하게 된다.

도시재개발 사업은 크게 도심지 재개발사업과 주택재개발 사업, 공장재개발 사업으로 나뉜다. 도심지 재개발사업은 도심지 토지이용의 효율성을 제고하기 위해 주요 도로변의 노후건물은 철거하고 새로운 기능을 갖춘 건물로 대체함으로써 현대적 도시미관을 조성하는 사업이다. 주택재개발사업은 노후·불량주택이 밀집해 있고 공공편의 시설이 미비하여 주거환경이 열악한 주택지를 철거하거나 정비하여 주거환경을 개선하거나 새로운 주거단지를 조성하는 사업이다. 공장재개발사업은 노후·불량한 공장이 많은 공업지역의 기능을 회복하기 위해 시행하는 사업이다.

주택재개발의 일반적인 목적은 주거환경을 개선함으로써 주민의 주거안정을 도모하고 노후 불량한 건축물을 대체하거나 재보수함으로써 경제적 효율성을 증대시킨다는 다목적을 가지고 있다. 개별 주택의 노후화나 불량상태를 방치해 두면 주변의 다른 주택에 영향을 미치고 결국 지역사회 주거환경 전체를 악화시킨다. 특히 불량 노후화된 주택이 집단화한 경우는 주민의 보건위생에도 문제를 일으킬 수 있고, 나아가 도시 전체의 환경을 악화시킬 수 있으므로 재개발은 필수적이다. 또한 단순히 노후 불량 주택들을 철거 보수하는 것에 끝나는 것이 아니라 소방도로와 같은 교통시설의 정비, 공원과 학교 등 다양한 공공시설과 서비스를 공간적으로 적정 배치하여 시민의 삶의 질을 향상시킬 수 있다. 다민족 사회인 미국에서의 재개발은 흑인주거지의 자녀 및 성인교육, 취업알선과 직업훈련, 문화적 참여기회 마련 등 사회재개발적인 목표까지 담고 있다.

## 재개발방식

재개발방식은 크게 철거재개발과 수복재개발, 도심재활성화로 나눌 수 있다. 철거재개발은 부적합한 기존환경을 완전히 제거하고 새로운 환경과 시설물로 대체하는 것을 말한다. 초기인 1970년대에는 자력재개발이라 하여 구정이나 시가 사업시행자가 되어 도로 등 기반시설을 하고 감보율을 적용하여 토지소유주에게 환지 해주고 환지받은 주민이 자력으로 주택을 건립하는 방식이다. 환지하기 전에 확보해 둔 체비지를 매각하여 사업시행비를 회수하기 때문에 시행하는 지자체의 예산에 영향을 미치지는 않는다. 환지과정에서 발생하는 여러 문제와 투기적 성격이 부각되면서 1980년대 들어서는 합동재개발 방식으로 바뀌게 되었다. 합동재개발은 구역 내 토지소유자가 재개발 조합을 결성하고 주택건설사업자의 자본으로 건설한 다음 원 소유자에게 시행 전의 시설을 분양하고 남은 시설은 매각하여 건설사업자의 사업비로 충당하는 방식이다. 1980년대 이후 대부분의 재개발은 이 방식을 채택하고 있다.

수복재개발은 대부분의 기존시설을 보존하고 노후불량요인만 제거하는 소극적 재개발을 말한다. 개량재개발과 보전재개발로 나뉜다. 개량재개발은 소방도로나 도로포장, 상하수도 등 도시환경시설 및 구조가 기준에 크게 미달된 경우 기존 시설의 확장 및 개선을 통해 환경의 질을 향상시키고 도시기능을 제고하려는 목적을 가지고 있다. 대표적으로 각 지자체에서 저소득밀집구역을 중심으로 시행하는 주거환경개선사업이 있다. 지자체가 여러 기반시설을 확충하고 주민이 자력으로 주택을 개량하는 방식이다[15].

반면 보전재개발은 역사기념물이나 문화재를 중심으로 아직 노후 불량은 아니나 노후가 예상되므로 사전예방을 위해 대책을 마련하는 방식이다.

도심재활성화는 도심주변 퇴락지역의 물리적 환경을 개선하고 경제적 기반을 새로이 구축함으로써 도심부로 인구와 여러 산업을 끌어들여 도시활성화의 촉매제역할을 하는데 목적이 있다. 그 지역의 전반적인 생활환경이 개선됨에 따라 중상류층이 대거 유입되고 기존에 거주 하던 하류층은 도시 외곽으로 밀려나는 결과가 초래되었다.

## 재개발의 문제점

우리나라의 도심재개발과 주택재개발에서 볼 수 있는 긍정적 효과에도 불구하고 여러 가지 문제점과 부작용이 지적되고 있다. 특히 원래 살고 있었던 저소득 주민의 공동체가 파괴되고 세입자 대책이 미흡하다는 것이 큰 문제이다. 또한 인근 주민이나 소규모 토지소유자, 세입자들은 시가에도 미치지 못하는 보상을 받았을 뿐 사업계획 개발이익 분배에서는 철저히 제외된 채 사업시행자인 재벌 기업은 개발에 따른 지가상승과 임대료 상승으로 엄청난 소득을 챙기는 사업으로 전락했다는 비판을 받고 있다.

도심부의 전근대적인 취락지구가 용적률을 최대로 한 고층건물로 채워지면서 재벌의 투기장화, 도시생태계의 파괴로 요약될 수 있다. 업무용 시설이 집중되고 서비스기능의 부족으로 불편함이 가중되었다. 지하층에 서비스기능을 두기는 했지만 지상 수십 층에서 일하는 사람들의 폭발적 수요를 감당하기 어려웠고, 고밀도 개발에 의한 고층화로 인구가 집중하면서 교통량이 증가하여 심각한 교통체증과 대기오염을 발생시켰다. 도시정비 및 도심공간의 효율적 활용이라는 재개발의 목표를 무색하게 하였다. 쾌적한 도시환경 조성보다는 경제적 측면만 중시한 당연한 결과라고 할 것이다.

재개발과 재건축은 구분해야 한다. 재건축은 기반시설이나 입지는 양호하지만 건축한지 오래 되어 불량한 주택을 허물고 다시 건축한다는 것이다. 건축한 지 30년 이상 지난 노후화한 아파트 단지들이 재건축의 대상이 된다. 재개발은 기반시설이 불충분한 낙후지역을 대상으로 시설정비와 경관개선을 목적으로 한다(표 11.1).

**표 11.1. 재건축과 재개발**

| 구분 | 재건축 | 재개발 |
| --- | --- | --- |
| 목적 | 오래된 불량주택정비 | 불량주택 및 공공시설 정비 |
| 성격 | 소유자 자발적 추진이 원칙<br>(민간주택사업) | 도시계획사업의 일종<br>(공공성, 토지수용) |
| 사업주체 | 조합 및 주택건설등록업자 | 토지 및 건물소유자조합<br>지방단체 등 |
| 안전진단 | 필요 | 불필요 |
| 세입자 | 당사자간 임대차계약에 의거 처리 | 임대주택이나 주거대책비 중 택일 |

## 재개발과 공간의 재구조화

1980년대는 세계적인 재개발 붐의 시기였다. 일단 지구적 자본주의 시대가 도래하여, 개방화의 파고가 전 세계에 몰아쳤다. 대량의 자본이 국경을 넘어서 이동하는 것을 통해 세계경제의 동시성이 강해졌고, 원유가격의 하락, 기술혁신의 진전과 규제완화 등이 기폭제가 되어서 미증유의 세계 동시호황을 야기했다. 영국과 미국이 정체된 자국 경제를 적극적으로 구조 변혁하기 위해 취한 자유화와 개방화의 여러 정책들이, 장기간 이어진 1980년대 호황의 원동력 중의 하나였음은 부정할 수 없는 사실이다. 1980년대의 경기호황과 신자유주의 등장과의 시기적 중합성은 결코 우연이 아니다.[16]

선진국들이 작은 정부를 지향하면서 금융정책 중심의 경제운영을 하여 저금리시대가 도래했다. 도시재개발사업은 거액의 자본투자를 필요로 한다. 재개발 빌딩의 초고층화, 고도정보화, 어메니티화에 의한 건축비의 앙등, 용지비의 상승뿐만이 아니라 도로건설, 철도건설, 하수도 정비 등의 인프라 확충의 필요 때문이다. 장기로 저리의 자금을 조달할 수 있는가가 재개발사업의 성패를 결정하는데 1980년대는 세계적인 금융완화의 시기여서 자금조달이 용이하였다.

또한 1980년대에 들어 세계화와 정보화, 서비스화에 수반한 새로운 산업들의 발달을 들 수 있다. 금융업 정보서비스업, 패션산업, 관광·문화산업 등의 도시형 산업이 활황을 보이면서 다양한 비즈니스 기회와 고용기회가 대도시에서 창출되었다. 새로운 시대에 대응한 주택과 오피스의 공급을 위해 재개발사업이 활발하게 진행되었다. 시장 메카니즘을 적극적으로 수용한 신자유주의 정부의 여러 규제완화책 등도 한몫을 했다.

요컨대, 세계도시에서 공간적 재구조화의 주요 요인은 금융서비스산업의 성장과 여기에 결합된 사무소공간의 수요증가였다. 그래서 1980년대 중후반 세계도시에서 상업적 사무소의 건설 붐이 일었다. 사무소공간의 수요증가가 기존 공간의 조밀화로 충족될 수 없는 곳에서는 상업공간의 확대를 위한 압력이 발생했다. 금융산업은 신용과 활발한 접촉을 기반으로 하기 때문에 사업체의 임대 공간과 금융기관이 너무 멀어져서는 안되었다. 런던에서 그 압력은 시티시구의 변두리를 중심으로 형성되었다.

또 하나의 다른 압력은 금융산업과 여타 신산업에 종사하는 젊은 고소득 엘리트인 여피족의 출현과 그들의 새로운 주택수요에 의해 야기되었다. 여피는 직장이 도심부에 있는 상황에서 통근시간도 줄일 수 있고, 친구와의 교제도 용이하며, 즐길 수 있는 유흥오락거리가 많은 도심거주를 희망하는 젊은이들이다. 여피의 출현은 새로운 형태의 주거소비로 특징지어진다. 여피라는 중산층이 도심부 저소득 근린 가까이로 이동함에 따라 도심재활성화가 발생하고 있다.

상업공간의 확대와 새로운 주거공간의 형성을 포함하는 이러한 공간적 재구조화는 단순히 수요지향적 현상이 아니다. 이것은 장기 투자처를 찾고 있는 금융기관의 증가하는 권력과 영향력 증대의 결과이다. 그동안 수많은 도시연구는 생산양식과 도시구조 간의 관계에 주목해 왔다. 이제 투자양식의 중요성에 대해서도 생각해야 한다. 자본은 도시의 생활과 경관에 막대한 영향을 미친다. 소득이 증가함에 따라 사람들은 개인연금체계에 적극적으로 투자

하였으며 수많은 사람들이 직업적 연금체계에 들어 있다. 보험회사와 연금기금을 관리하는 금융기관은 개인 저축증가의 수혜자였다. 투자기관에서 이용할 수 있는 저축자금의 막대한 증가는 부동산투자로 이어졌다. 부동산 투자는 대규모 자금이 소요되며. 돈과 시간이 부족하여 가능한 한 결정할 일을 줄이고자 하는 투자관리자들에게 용이하다. 금이라든가 주식이라든가 증권과 같은 단기투자와 균형을 이루는데 이용될 수 있는 장기투자라는 것이다. 절대 공간의 특성상 토지의 부족은 확실하다. 도시환경에서 토지부족현상은 계획규제에 의해서 강화된다. 이런 이유로 금융기관들의 부동산투자는 당연하다.

투자펀드매니저에게는 유리한 입지에 있는 큰 사무소가 가장 좋은 투자처이다. 자산가치가 증가할 것이 확실하기 때문이다. 세계도시에서 상업적 핵심과 그 주변지역, 특히 CBD의 변두리 단층선을 따라서 이루어지는 부동산 투자는 매력적인 것이었다. 여기서 주거용도를 상업적 용도로 전환하거나 저소득 주거를 고소득 주거로 전환하는 것은 보다 큰 이윤을 얻을 수 있기 때문이다. 연금기금 운용자는 고수익보다 위험을 피해가는 사람이기 때문에 도심부의 고수익지역에 투자하기 보다는 상업공간의 확장이나 주거지역의 재생과 같은 안정된 기반의 수익 창출을 선호한다. 대표적인 예를 들면 런던 도크랜드와 같은 재개발지역이다.

## 런던 도크랜드

1980년대 중반 영국의 금융자유화 영향으로 런던에서 은행·보험·증권 관련 회사들이 증가하였고, 외국 금융기관들도 대거 런던에 입주하면서 오피스에 대한 수요가 증가했다. 런던의 금융중심지인 시티지구(The City)의 업무공간 부족과 새로운 업무공간 창출의 필요성이 대두했고 시티의 인근 지역에서 금융시장에 새로 진입하는 회사들을 위한 오피스개발경쟁이 일어났다. 런던이 세계의 금융·보험의 중심지로서 역할을 계속 수행함에 따라 시티에 인접한 낙후지역인 도크랜드를 시티에 버금가는 업무지역으로 만들고자 하는 요구가 증가하였다.

시티지구의 바로 동쪽에 위치한 41km²의 도크랜드는 런던의 상업적 수변구역이다(그림 11.1). 그곳은 주로 도크 작업에 종사했던 거의 4만명에 달하는 노동자계급 지역사회의 본거지였다. 1960년대 들어 그곳에 보다 큰 컨테이너배가 접안할 수 없게 됨에 따라 부두는 폐쇄되었다. 항구기능은 동쪽 틸버리(Tilbury)로 이동했으

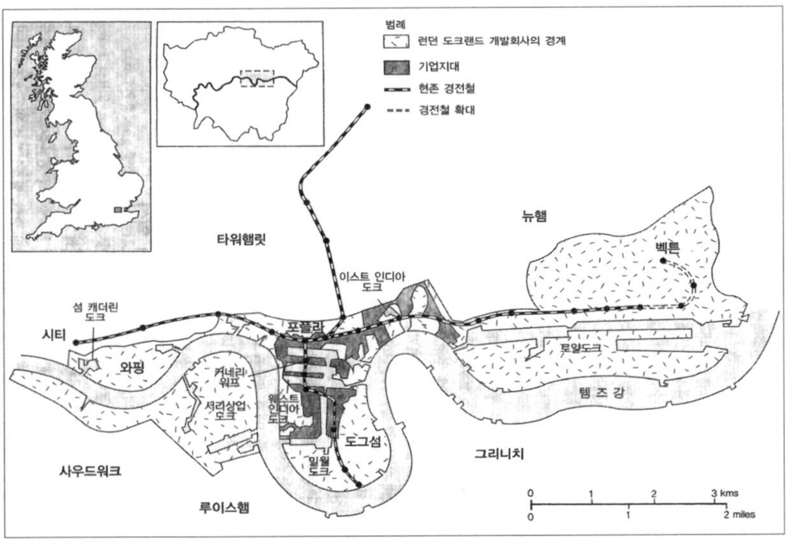


출처: Short(1996)

그림 11.1. 런던 도크랜드

며 선창가 지역의 노동자수는 1960년에서 1981년 사이에 2만 5,000명에서 4,100명으로 줄었다(Church, 1988).

런던 도크랜드는 공간재구조화를 위한 좋은 장소였다. 시티지구로의 용이한 접근성이, 버려진 땅을 사무소와 주거지로 변형하는 좋은 기회를 개발업자들에게 부여했다. 투자를 많이 하는 기관과의 제휴, 사무실 수요의 증가, 증가하는 신중산층의 주거요구, 이 모든 것들이 그 지역을 재상품화와 여피화로 유도했다.

대처의 보수당 정부는 런던도크랜드개발공사(LDDC)를 만들고 개발업자와 투자가, 기업가 등을 중심으로 시장주도의 개발을 빨리 추진하려고 했다. 대처정부가 도시계획에서 시장의 역할을 강조했던 것은 1970년대부터 시작된 재정위기와 관련이 있다. 대처정부의 시장주도적 도시개발방식은 지방정부와 지역주민들의 많은 반발을 초래했다. 지역주민들에게 별 도움도 안 되는 오피스와 고급주택을 많이 짓는 것에 반대하고, 오히려 제조업 부문을 확대해서 지역주민의 고용을 늘리고, 지역주민을 위한 공공임대주택을 많이 공급하도록 요구했으나 지역주민들의 요구는 거의 반영되지 않았다.

도크랜드 개발사업이 완료되어가는 1980년대 후반 경기침체와 부동산경기의 쇠퇴, 오피스의 과다 공급 등으로 상업적 임대료가 대폭 하락하면서 개발업자들이 연이어 파산했다. 당시 도크랜드의 오피스 공실률은 50%에 육박했다. 고급주택 역시 이자율의 증가로 수요가 감소하면서 주택시장도 불황을 견뎌야 했다.

도크랜드의 경관은 60만평에 달하는 사무소 집적지와 쇼핑공간, 고급주택이 즐비한 단지로 변모하였다. 과거의 공장들은 포스트모던한 사무소 경관으로 대체되었다. 도크랜드는 탈산업적 고용의 표시이며, 신중산층을 위한 주거형태의 표현이라 할 수 있다. 도크랜드에 대한 이미지 역시 사업의 기회, 첨단기술산업, 미래지향적인 업무공간, 고소득 젊은 층의 생활양식 등이 존재하는 곳으로 바뀌었다. 하지만 이런 이미지들은 기존 지역주민들과는 별 상관이 없다. 도시개발이 진행될수록 도크랜드는 공공주택에 사는 기존 주민과 고급주택에 사는 이주민으로 주민구성의 양극화 현상을 보여준다. 이제 도크랜드는 삶의 기회와 생활양식의 측면에서 서로 뚜렷이 다른 두 지역공동체가 혼재하는 지역이 되었다.

도크랜드의 개발은 원래 살고 있던 주민의 삶의 질을 개선시키기 위해서가 아니라, 세계경제에서 차지하는 런던의 역할을 유지 확대시키기 위해서 개발한 것이다. 도크랜드 개발사례를 통해서 도시개발에 대한 근본적인 질문을 생각하게 된다. 누구를 위한, 무엇을 위한 도시개발인가? 보다 바람직한 도시개발이 되기 위해서는 어떻게 해야 할 것인가? 이러한 도크랜드의 변형은 용도에 있어서의 변화일 뿐만 아니라 의미에서의 변화이기도 하다.

중심부 입지에 대한 상업적 압력, 투자방식의 권한 증대, 새로운 사회집단의 출현은 경제변화로 주변인화된 하류계급의 출현, 탈산업화로 빈자에게 가해지는 압박 등과 동시에 발생하고 있다. 이러한 사회적 양극화는 도시공간을 이전과 다르게 변모시켰다. 먼저 범죄피해에 대한 두려움으로 '공간의 식민지화'가 진행되었다. 과거 제국주의시대의 해외 식민지가 영국의 육군과 해군에 의해 보호받은 것처럼 도시 식민자인 여피를 비롯한 새로운 중산층은 더 효율적이고 강력한 경찰력을 필요로 하게 되었다. 둘째, 새로운 건축형태의 출현이다. 신 엔클로우저 운동이 진행되면서 공공 공간이 최소화 되고 있다. 거주지구의 안전한 배치가 주요한 판매 전략이 되고 상업적 용도의 부동산의 경우 건물의 정면은 사람을 불러들이기 보다는 위험을 피할 수 있도록 고안되었다. 수변지역의 매력은 부분적으로 좋은 전망이지만, 다른 한편으로는 최소한 한 면은 외부인의 시선을 쉽게 피할 수 있게 되었다는 것이다. 이러한 벙커식 건축은 외관보다는 사적인 안전에, 토착 지역사회와의 통합보다는 배제에 더 많은 관심을 가진 것이다. 도심재활성화를 통한 공간적 재구조화, 경제적 재구조화는 용도의 변화와 의미의 변화, 도시공간에 대한 사회적 통제를 위한 경쟁을 야기하고 있다.

제12장

# 사회적 공간으로서의 도시

도시는 여러 유형의 사람들로 세분되어 있고, 어떤 유형의 사람들을 결속시키거나 배제하는 작용도 한다. 사람들 간의 차이는 그들이 점유한 공간과 그들이 살고 있는 장소 속에 내재해 있으며, 사람들 간의 유사성 또한 그들이 공유하고 있는 공간과 장소 속에 있다. 무엇이 그러한 차이와 유사성을 만들어 내는 것인가? 차이를 반영하는 사회적 분화의 근원은 계급, 민족성, 젠더이다.

## 도시와 계급

계층(rank)은 혈통에 의해 지배계층과 피지배계층으로 나뉘어 있었던 신분사회를 구분 짓는 용어이다. 계급(class)은 경제적 기반이 비슷한 사람들로 형성된 집단을 말하며 산업혁명을 거치면서 완전하게 등장했다고 할 수 있다. 산업혁명은 사회의 경제적 재조직뿐만 아니라 공간적 재조직도 포함했다. 산업화와 함께 도시화가 진행되었으며, 새로운 산업질서는 사회계급이 신분을 대신하고 근대성이 전통을 대신하는 새로운 도시질서였다. 산업도시는 계층과 계급 정체성이 형성되는 도가니였다. 마르크스는 생산수단을 소유한 자본가계급과 생산수단을 소유하지 못한 노동자 계급으로 이분하였다. 마르크스와 엥겔스에게 있어서 도시의 노동자계급의 출현은 사회적 변화의 동인(動因)이었다. 각각의 계급은 계급의식을 보유하고 독자적인 문화와 생활양식을 체화해 나갔다. 도시의 경험이 계급으로 하여금 스스로를 하나의 계급으로서 인식케 하는 능력을 부여하면서 도시의 노동자계급은 부르조아 사회질서를 위협하는 존재가 되었다.

계급은 산업혁명이 만들어 낸 것이다. 전형적인 노동자계급은 도시의 제조업, 남자고용, 그리고 그들의 집단적인 문화와 관련이 있다. 지난 150년 동안 노동자계급은 성쇠를 겪었다. 부유한 국가에서 제조업 고용은 감소했고, 노조의 힘은 자본의 이동성, 기술적 변화, 자본·노동·국가 간의 상호타협이 줄어들면서 위축되었다. 핵심부국가에서 제조업의 손실이 노동계급의 감소에 이르게 하는 반면 주변부국가에서의 제조업 고용의 증가는 노동자계급의 성장을 유발하지 못했다. 19세기 후반과 20세기 초의 유럽 및 북미에서의 제조업과 비유할 때, 현재의 제3세계에서 제조업 고용은 서로 다르다. 여성고용의 증가, 유연생산은 동일한 공장문화를 초래하지 않는다. 부유한 국가의 대규모 제조업 도시에서는 노동계급과 결별을 선언하고 있다.

**상류계급**은 도시연구에서 다루기가 쉽지 않다. 다른 계급에 비해 소수 일뿐만 아니라 계급 내의 차이도 너무 커서 그들 모두가 서로 다른 세계에 살고 있는 것처럼 보이기도 하기 때문이다. 그 차이는 국가와 도시에 따라 다르다. 국가가 가난할수록 부자들의 차이는 더 커진다. 가난한 나라의 부자들은 대다수 국민의 권리 밖에 있는 재화와 용역에 접근이 가능하고 심지어 다른 세계로 이동하며 풍요를 즐기기도 한다. 그러나 안전과 프라이버시에 대한 관심이 커지면서 어디에 살고 어떻게 사는지에 대해 잘 드러내지 않는 경향이 있다. 특히 주택의 지배적 형태는 대중의 시야에서 완전히 감추어져 있다. 그래서 연구하기가 어렵다.

대부분의 국가에서 부자들은 삶의 장소, 휴일을 지내는 장소, 아이들을 보낼 학교나 대학, 선호하는 직업이 있다. 부와 장소는 서로 얽혀 있다. 부자와 그들이 거주하는 장소 간의 변화하는 관계를 설명하려면 더 많은 연구가 필요하다.

**중간계급**은 자본가와 노동자 양극단의 중간에 있는 계급인데, 다양한 의미와 모호성으로 가득 차있다. 중간계급은 지난 150년 동안 꾸준히 증가하였다. 기업과 정부 관료주의의 성장, 경영과 고도의 기술노동력에 대한 수요 증가는 자본가와 노동자 간의 간극을 점점 벌여 놓았다. 중간계급은 자본가와 노동자들이 제기한 문제와 이해관계에 따라서 자본가나 노조의 편에 설 수 있기 때문에 사실 이해관계가 모호한 집단이다. 영국에서는 교육, 법, 의학과 같은 다양한 전문직 종사자들과 지식노동자를 중간계급이라 했다. 미국의 경우 대부분의 공장 노동자들이 스스로를 중간계급으로 인식하고 있었다.

이러한 중간계급의 출현은 새로운 형태의 도시화와도 관련이 있다. 특히 20세기에 들어 고도의 대량소비경제가 구체화되면서 자동차의 소유와 주택의 교외화가 중간계급의 경제적 소비유형과 문화적 재생산을 강화해 나갔다. 대다수의 인구가 스스로를 중간계급이라고 생각하는 미국에서 절실한 정치적 질문은 누가 중간계급의 마음을 사로잡을 수 있을까 하는 것이다. 최근 미국의 정치사는 본질적으로 중간계급의 투쟁의 역사이다. 1980년대에 레이건의 등장은 대통령 선출에 관해 공화당에 기반을 두고 있는 중산층을 사로잡은 것이었다. 정치적 논쟁은 중간계급의 야망을 충족시키는데 집중되었다. 미국에서 1980년대의 문제가 중간계급을 사로잡는 것이었다면 1990년대의 문제는 중간계급을 안전하게 지키는 것이었다. 중간계급은 미국의 상징이며, 중간계급의 성장과 쇠퇴는 전 국가의 활력과 강도를 반영하는 중요한 지표이다.

새롭게 등장한 신중간계급에 관심을 가져야 한다. 이들은 3차산업과 4차산업에 종사하는 지식노동자들로서, 공적부문과 사적부문에 고용된 베이비붐세대이며, 장년의 여피들이다. 이들은 메트로폴리탄의 도심부에서 도심재활성화와 연관되는 뚜렷한 지리적 정체성을 갖고 있다. 이들 중간계급의 규모, 확장과 축소, 변화하고 있는 구성은 사회에 관해 많은 것을 설명해 준다. 중간계급의 소비형태는 20세기 도시화의 많은 것들을 구조화 한다. 그래서 중간계급을 이해하는 것은 20세기의 도시변화와 사회적 진화에 대한 가장 중요하고도 강력한 요인 중의 하나를 이해하는 것이다.

**하류계급**은 많은 요인에 의해 형성되고 유지된다. 탈산업화와 같은 경제의 구조적 변화는 미숙련노동자들을 양산했고 실업에 이르게 했다. 사회와 경제에서 소외됨에 따라 그들은 사회불안의 근원으로 인식되었다. 마르크스는 하류계급을 '노동예비군' 이라고 하며 자본주의 경제의 변동과 관련지었다. 호경기일 때는 많은 노동력이 필요하여 취업이 용이하지만 경기가 침체하면 해고되어 빈곤상태에 빠지게 되는 것을 의미한다. 세계 도처의 가난한 국가들에서 하류계급은 이런 예비군 기능을 하고 있다.

부유한 국가에서 사적인 시장의 변동은 복지수준에 의해 어느 정도까지 상쇄할 수 있다. 복지는 수혜자에게 살아가기 위한 수단을 제공해 준다. 19세기 이래로 복지비용은 관심의 대상이었다. 공공보조를 받아야할 빈자와 그렇지 못한 부적격 빈자를 구별하려 했다. 복지지출 수준은 두 개의 상반되는 힘에 의해 결정된다. 복지지출은 적당히 높게 하여 사람들이 비참한 빈곤에 빠지지 않도록 해야 한다는 것이다. 만약 너무 낮게 설정되어 있으면 복지의 의미가 없고 사회평화도 위협받게 된다. 만약 복지지출이 너무 높으면 노동의 동기를 잃어버리고 담세율이 높은 납세자들도 부담스러워진다.

라이치(Robert Reich, 1991)는 국제적 규모의 경제적 상호작용망의 형성과 관련된 지역사회의 상실에 주목했다. 그는 같은 지역사회의 서로 다른 구성원들 간에 단절이 있음을 확인했다. 우리가 같은 도시에 살고 있지만 만약 내 직업이 인기 있는 부문에 있고 당신의 직업은 쇠퇴하는 부문에 있다면 그때의 우리 생활경험은 서로 다르다. 이 차이는 어느 정도 공공부문에 의해 상쇄된다. 당신이 나보다 돈이 더 적을 수도 있지만 우리의 아이들은 여전히 같은 학교에 다니고, 같은 도서관에서 책을 빌려보며 같은 공원에서 논다. 그러나 만약 공공부문에서 삭감이 이루어진다면, 혹은 만약 공공부문의 기여도가 제한적이라면 집단 간의 불공평은 더 심화될 것이다. 우리는 같은 도시에서 살지만 우리들 사이의 격차는 더 커져 갈 것이다. 그리고 그 차이는 부자들의 선택에 의해 더 심화될 것이다. 즉 그들의 아이들을 사립학교에 보내고, 그들의 지역사회를 지키기 위해 개인경호원을 고용하며, 민간 컨트리클럽에서 여가를 보내는 것 등을 들 수 있다. 급속한 경제변화와 공적부문의 역할 감소로 불공평은 점점 심화된다. 장소의 공유보다 오히려 계급의 위치가 생활의 질을 결정하는 주요 요인이 될 것이다. 지역사회의 공유된 공간이 계급과 부의 구분으로 대체됨에 따라 점점 더 격리되어 서로 공감할 수 없는 경계들의 모자이크가 될 것이다.

## 도시와 민족성

민족성은 복잡한 단어이다. 종파, 인종적 범주 및 국적을 언급하는데 쓰인다. 민족성은 생물학적 사실이 아니라 사회적으로 형성된 것이다. 사람들은 민족적 정체성을 가지고 태어나는 것이 아니고, 학습에 의해 사회화된 것이다. 입양되어 유럽이나 미국에서 양육된 한국계 사람들은 결코 한국인이 아니다. 또 한국인 이민1세대와 2세대, 3세대는 한국적 정서를 이해하는데 커다란 차이를 보인다.

민족성은 두 가지 속성을 갖는다. 먼저, 민족성은 주류 집단이 어떤 집단에 부과한 정체성이며 권력과 결부되어 있다. 미국에서 만들어진 흑백 간의 구별은 미국에서 흑인이 별도의 집단으로 형성되어 있다는 것이며, 거기에 권력이 덧입혀지면 '유아 같은' 보호가 필요하다는 것에서부터 더욱 두려운 '폭력'에 이르기 까지 온갖 종류의 부정적인 함축과 연루되어 있다. 다른 하나는 민족적 정체성이 개개인을 인종의 집합적 정체성, 집합적 경험 및 집합적 역사로 구체화시킨다. 그래서 미국에서 흑인들은 저항문화, 즉 시민권운동과 흑인우월주의로부터 이슬람 민족주의에 이르기 까지 고통과 해방으로 점철된 정체성을 만들어 냈다.

민족적 정체성 형성에 공간과 장소의 역할이 결정적이다. 민족성과 영역, 민족성과 분쟁에 관해 알아보자. 다민족 사회의 도시지역이 어떤 민족 집단과 얼마나 관련되어 있는가는 여러 요인에 달려 있다. 표 12.1은 더 넓은 사회와 관계를 맺고 있는 민족적 집단의 내적 응집력에 영향을 주는 14개의 변수를 적어 놓은 것이다. 민족집단의 특징이 오른쪽 줄의 변수보다 왼쪽 줄의 변수와 유사성이 많으면 많을수록, 그들은 주류사회로부터 분리된다. 민족집단이 다른 언어를 쓸 때 내부집단의 응집력은 더 강해진다. 그래서 미국에 온 영어를 쓰는 이주자는 영어를 쓰지 않는 집단보다 미국사회에서 더 분산되어 있다. 그 변수들은 서로 독립적이 아니다. 영어를 쓰지 않는 집단은 더 많은 차별을 당하는 경향이 있는데 교육수준이 더 낮으며, 가끔 서로 다른 인종 기반을 가지고 있다.

민족집단의 이질성 정도가 크면 클수록 그들은 공간적으로 더 분리된다. 공간적 분리는 이질성을 반영하기도 하고 구체화하기도 한다. 게토가 표본사례이다. 이것은 분리가 관습과 법에 의해 강요된 중세 도시에서 유태인 구역을 말할 때 사용되어 온 이탈리아어이다. 게토는 유태인의 이질성을 총칭하기도 하고 강조하기도 한다. 분리된 지역사회에서 살아가므로 그들의 정체성은 유지되지만 반(反)유태인 정서가 생기기도 했다. 유태인의 게토는 비기독교도, 이교도, 다른 언어를 말하고 다른 신을 섬기는 사람들의 장소였다. 대부분의 직업에 접근이 허용되지 않았고 그들에게 법률적으로 허용된 소수의 기회 중의 하나는 중세 기독교인들에게는 금지되었던 고리대금업이었다. 이것은 유태인에게 강력한 재정적 기반을 확보할 수 있게 해주었고 수차례의 추방에서도 살아남을 수 있게 한 원동력이었지만, 유태인에 대한 기독교인들의 반유태주의와 경멸을 증가시켰다.

표 12.1. 집단 멤버십의 특징에 영향을 주는 변수

| 특징을 증가시키는 경향 | 특징을 감소시키는 경향 |
|---|---|
| 1. 대집단 | 소집단 |
| 2. 커뮤니티에 의해 집중된 주거지역 | 분산된 주거지역 |
| 3. 단기거주(새 입주자 비율 높음) | 장기거주(새 입주자 비율 낮음) |
| 4. 쉽게 그리고 자주 고향에 귀향 | 어렵게 그리고 가끔 고향에 귀향 |
| 5. 다른 언어를 씀 | 주위에서 많이 쓰는 언어를 씀 |
| 6. 대다수 사람들과 다른 종교 | 대다수의 사람들과 같은 종교 |
| 7. 다른 인종 | 같은 인종 |
| 8. 강제이주나 정복에 의해 그 사회에 들어 감 | 자발적으로 들어감 |
| 9. 문화적으로 다른 사회에서 유입 | 문화적으로 유사한 사회에서 유입 |
| 10. 정치적 경제적 발달에 끌려서 유입 | 정치적 경제적 발달에 끌린 것이 아님 |
| 11. 계급과 직업에서 동질성을 보임 | 계급과 직업에 있어 다양함 |
| 12. 평균 교육수준 낮음 | 평균 교육수준 높음 |
| 13. 많은 차별을 경험 | 차별을 거의 경험하지 못함 |
| 14. 사회적 이동이 거의 없는 사회에서 거주 | 개방적 계급사회에서 거주 |

자료 : Yinger (1986)

강요된 분리는 남아프리카에서 1948~1993년 백인체제를 헌법상 보완한 부분이었다. 1950년과 1966년의 집단지역법(The Group Areas Acts)하에서 백인, 유색인 및 인디언들은 특정 근린에서 살도록 제한되었다. 흑인들은 '고향(homelands)'에서 거주했는데, 남아프리카의 시민으로서가 아니고 변두리의 판자촌에 머물도록 제한된 일시적 방문객으로 간주되었다. 흑인들의 이동은 통제되고 제한되었다. 이후 도시 간에도 차이가 있었다. 요하네스버그와 같은 대도시에서는 과거 완전 백인구역이었던 곳에 흑인 중산층이 유입되면서 남아프리카공화국에서 가장 인종적으로 통합된 도시가 된 반면, 경제적으로 활력도 없고 작은 도시는 분리라는 인종차별 선을 더 공공연하게 유지하였다. 인종과 피부색으로 인한 도시구분은 인종차별 정책의 폐지와 백인체제 붕괴 후에도 오랫동안 남아프리카공화국의 도시 전역에서 지속될 것으로 보인다.

공간적 분리는 미국의 흑인분포에서도 확인할 수 있다. 인종차별에 대한 공식적인 제도는 없다. 그 제도가 유지되는 것은 과거의 유산이고 현재도 불평등성이 작용하고 있다는 점이다. 흑인은 백인 보다 경제적 지위가 더 약하고 그들의 평균 가족수입은 국가 전체 평균의 2/3이며, 실업률은 거의 두 배 정도 높다. 더 미묘한 힘이 있다. 화이트 플라이트(White Flight)가 언급한 적이 있는데, 백인근린에 흑인이 이주하기 시작해서 흑인거주비율이 8%가량을 넘으면 백인가계의 전출이 시작된다는 것이다. 흑인들이 대출제도와 부동산 중개인에 의해 어떤 근린으로부터 분리되고 있는 증거도 역시 있다. 결과적으로 흑인근린에 압도적으로 집중하게 되는 흑인들이 흑백을 분리하는 것이다. 이러한 거주분리는 인종적 태도, 관례를 반영하고 심화시킨다. 흑인의 이질성은 뚜렷한 공간분리로 구체화 된다.

이민을 통해 형성된 소수의 민족 집단은 국적과 종교 문화 등이 모집단과 달라서 적응이 순탄치 않다. 모집단에로의 동화과정과 정도에 따라 세 가지로 분류할 수 있다. 동화란 한 집단이 자신들의 목표를 버리고 다른 집단의 목표를 받아들임으로써 갈등이 해소되는 집단 간의 상호작용과정이다. 유럽인들처럼 미국 모집단에 친화력이 크고 격리정도가 일시적이며 곧 소멸되는 경우 식민지(Colony)라고 한다. 반면 배타성이 강한 문화적·종교적 배경을 지닌 인종집단에 의해 자발적으로 형성된 집단거주지역으로 몇 세대에 걸쳐 존속될 때 인클레이브(Enclave)라고 하며 유태인거주지역이 대표적이다. 모집단으로부터 비자발적으로 격리되고 인종편견까지 감내해야하는 유색인들의 거주지 게토(Ghetto)가 있다.

민족성은 사회적 구축물이다. 쥬키(Zucchi, 1988)는 개개인들이 어떻게 이탈리아를 떠났는지, 그리고 '이탈리아인'으로서의 집합적 정체성은 오직 그들이 캐나다의 토론토에 정착했을 때만 발현되었음을 보여주고 있다. 요컨대 민족성은 선천적으로 내재된 것이 아니고 만들어진다. 그러한 사람들이 외국의 어느 도시에서 비슷한 배경을 갖게 될 때, 그들 간의 유대는 강화된다. 즉 이런 고리들의 연결이 '민족적' 정체성의 요소이다.

민족성은 결코 고정되어 있지 않다. 생물학적이라기보다 사회적 구축물로서 그것은 변화되고 수정되며 재구조화 된다. 변화의 과정은 영역과 결부된다. 사람들이 도시로 특히 외국의 도시로 올 때, 그들의 사회적 요구와 공간적 분리는 공유 가능한 분명한 민족성의 구축에 도움을 준다. 점차 동화되어 가면서 본래의 민족적 정체성은 약해진다. 미국 도시에서 소위 용광로(melting-pot)의 개념은 다양한 '민족 집단'이 하나로 녹아드는 것일 것이다. 그러나 그런 일은 결코 일어나지 않는다. 하나의 동질적인 전체가 아니라 민족적 정체성의 단편들로 구성되는 것이다.

## 민족성과 분쟁

민족성은 한 집단의 구성원들을 결속시킨다. 그러나 포함은 곧 배제를 함축하고 잇기 때문에 그 과정에서 비구성원을 만들어 낸다. 경쟁 집단이 동일 장소를 공유할 때 이것을 가장 확실히 알 수 있다.

벨파스트라는 도시에서, 사회적 차이와 동질성은 기본적으로 피부색도 아니고 인종도 아닌 종교이다. 종교는 차별의 수사학이다. 벨파스트에서 개신교와 카톨릭은 국가적 정체성(영국인, 아일랜드인), 역사, 지리, 신앙을 결집시키는 두 개의 극이다. 두 개의 지역사회가 어떻게 같은 장소를 공유할 수 있겠는가? 사회지리학자 보울(Frederick Boal, 1968)은 도심으로 가는 버스정류장을 이용하는데 있어 개신교와 카톨릭 지역사회 간에 서로 다른 도로를 이용하고 있음을 확인했다. 단순히 거리최소화 때문이 아니었다. 두 지역사회의 비정상적인 양극화는 점점 더 견고해 져서, 개신교 지역에서 카톨릭교도를, 카톨릭 지역에서 개신교도를 나가게 하는 벽과 바리케이드, 비상구들이 등장했다.

안전성은 벨파스트에서 물리적인 계획의 가장 중요한 요구사항 중의 하나가 되었다. 안전벽이 두 지역 사이에 세워졌다. 그 도시의 공유 공간은 구역분쟁이 많아짐에 따라 양분된 지역사회가 되어 버렸다. 지역사회의 분리는 분쟁을 최소화하기 위한 시도였으나 오히려 분쟁을 심화시키는데 일조했다. 벽과 장애물은 두 지역사회를 더욱 양극화시키고, 공간활용패턴이 완전히 분리됨에 따라 분리는 심해졌다. 두 지역사회는 이질화 되어 버렸고 하나의 공유된 도시에서 서로 이방인이 되어 버렸다.

예루살렘은 경쟁적인 두 민족 집단에 의해 형성된 도시의 또 다른 예이다. 유태인과 아랍인이 이 고대 도시에서 산다. 1967년경까지 그 도시는 분명히 유태인의 웨스트예루살렘과 아랍인의 이스트 예루살렘으로 나뉘어 있었다.(그림 12.1) 실제로 두 개의 도시가 있었다. 그러나 3차 중동전쟁 이후 요르단으로부터 이스라엘이 웨스트뱅크를 합병함에 따라 이스트예루살렘은 이스라엘의 지배를 받게 되었고, 그 결과 이스트예루살렘으로의 유태인 이주가 시작되었다. 이 '정착자'들은 이스트예루살렘 지역에 조각보 모양으로 분포하고 있다. 유태인 정착자들은 이스라엘 국가의 세력을 업고 계속 정착하여 인구가 아랍인구보다 더 많아졌다. 국지적 차원에서 두 민족 간 분리가 심화되었다. 두 민족이 혼합된 근린은 없었고 같은 도시 공간의 분리된 세계였다. 경제활동의 불균등분포 때문에 아랍인은 유태인 지역을 통하여 이동해야 했고, 반면에 유태인은 더 많은 선택의 여지가 있었다. 전체적인 상황은 이스라엘의 지배라는 사실 때문에 불균형적인 것이었다. 지역사회 상호작용의 특성은 유태인의 지배와 권력에 의해 이루어진 것이다.

로만과 바인그로드(Roman & Weingrod, 1991)의 연구는 그런 깊은 균열로 특징지어진 분쟁과 타협의 패턴을 보여준다. 그들의 저서인 『서로 다른 삶』은 하나의 경쟁도시에서 살고 있는 사람들의 일상적 타협에 포함된 협력과 대결이라는 모호성을 잘 보여준다.

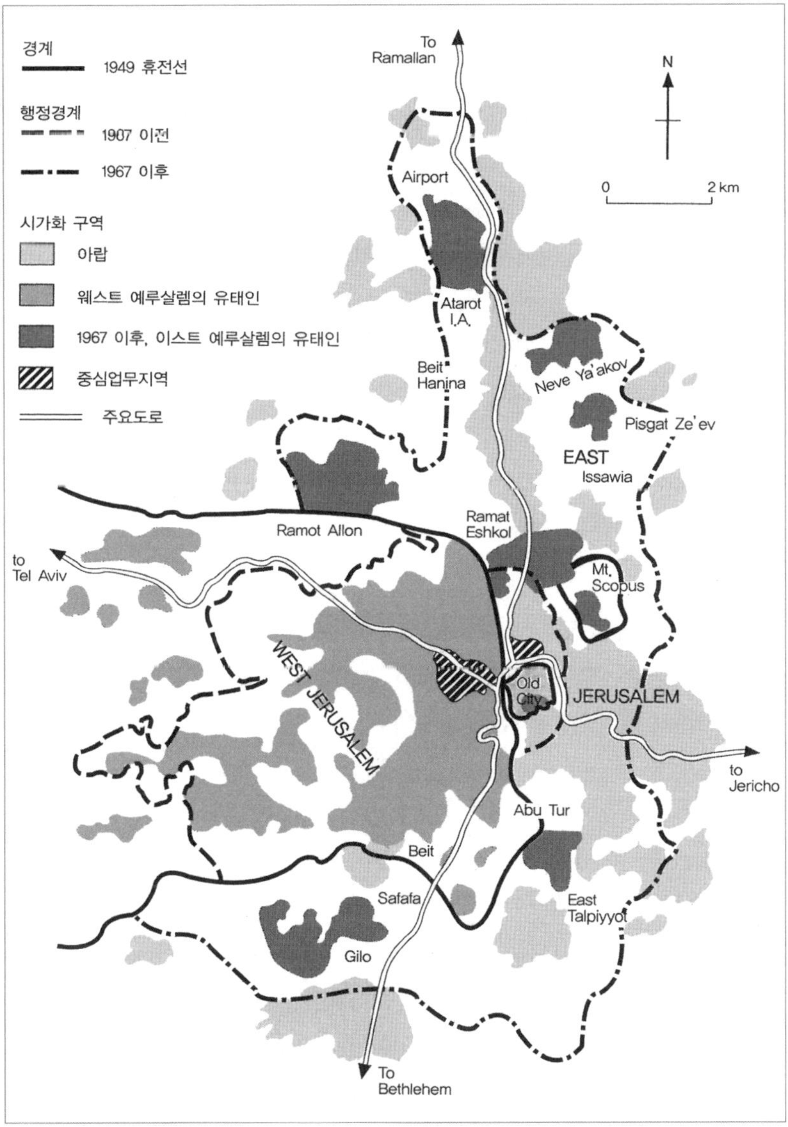


출처: Romann and Weingrod(1991)

그림 12.1. 1990년 예루살렘의 민족지역 경계

민족적 공간구분은 다른 방법으로도 나타난다. 헤브라이인 대 아랍인의 상점의 표시, 상이한 품목과 상품의 진열방식, 양성이 공존하는 유태인섹터의 카페, 남성만 점유하고 있는 아랍인섹터의 카페, 다른 색깔의 노선버스 등이 그것이다. ...... 금요일 정오는 예루살렘의 두 개의 뚜렷한 세계가 공존함을 극적으로 보여준다. 유태인의 웨스트예루살렘의 상업중심지에서 상점과 카페들은 안식일이 가까워지면 주일활동을 마감하는 사람들로 가득 메워지는 반면, 1600km 남짓 떨어진 올드시티의 비좁은 길이 금요일 정오의 기도자를 따라 대사원의 모스크에서 쏟아져 나오는 전통적인 회교도들의 물결로 넘친다. 유태인의 휴일인 토요일에는 웨스트예루살렘의 상점들은 문을 닫고 상업중심지는 실제로 업무가 중단될 때 아랍계의 이스트예루살렘의 상점가와 업무지역은 절정을 맞이하게 되고 아랍인, 유태인 및 관광객으로 붐비게 된다. ......

아랍계와 유태계 사람에게 있어서 민족적 경계를 가로지르는 것은 명확한 목적과 특수한 상황 하에서 정상적으로 행해지는 대단히 의식적인 활동이다. 거주지역과 업무지역의 심한 공간적 분리 때문에 두 지역사회 구성원 간의 상호작용은 필연적으로 다른 쪽으로 건너가야 한다. 그러나 두 지역 간의 '개방된 다리'는 '폐쇄된 문'의 통제에 의해 보완된다. 아랍인과 유태인의 주간 인구혼합은 야간의 퇴근에 의해 격리로 이어진다.

...... 양쪽 지역사회의 구성원은 '다른 쪽'에서 매일 일어나는 일이나 사건에 대해 어떤 정보나 지식도 거의 가지고 있지 않다. 민족적 경계와 이질감이라는 장에는 이러한 의식, 태도, 행동의 분리에 반영되어 있다. 즉 유태인과 아랍인은 서로 다른 세계에 살고 있고 각각 공유하는 생활경험은 상대편에게 거의 알려져 있지 않거나 무시되고 있다(Roman & Weingrod, 1991, 47, 49, 221-2).

민족분쟁은 보다 일반적인 권력관계를 나타낸다. 1969-1970년에 벨파스트의 사회는 불안했다. 이것은 두 반대 집단 간의 민족분쟁을 초월하는 것이었는데, 그것은 외국의 개신교 권력에 의해 주변화 되어 있음을 깨달은 소수의 카톨릭 집단이 권력에의 동일 접근을 위한 투쟁이었다. 1987년 팔레스타인의 반 이스라엘 운동은 다른 점유된 지역뿐만 아니라 이스트예루살렘에서 이스라엘의 지배력을 뒤흔드는 것이었다. 이것은 그들이 외국 권력으로 간주했던 것에 의해 권력을 상실해 버린 인구집단의 불만이 표출된 것이었다. 민족성은 권력과 결부되어 있다. 실로 민족의 사회적 형성은 권력행사와 권력결여의 표출이다.

## 도시와 젠더

젠더는 생물학적 사실일 뿐만 아니라 사회적으로 형성된 것이다. 인간은 남성 아니면 여성으로 태어나며, 이것은 생물학적 사실이다. 그러나 남자와 여자가 수행하는 역할과 남자다운이나 여자답다는 것이 의미하는 것은 사회적으로 형성된 것이다. 즉 남성다움, 여성다움은 그 사회가 그 방향으로 사회화시킨 것이다. 남성성이나 여성성은 생물학적 차이로 결정되는 것이 아니라 남성중심사회에서 권력을 가진 남성에 의해 부과된 것이다.

지난 50년 동안 페미니스트 담론에 대한 많은 저작과 논쟁이 있었다. 중요하게 지적된 것은 도시지리학 문헌에서 여성의 삶의 특성, 여성의 경험이 너무 적게 제시되고 있다는 것이다. 도시의 공간구조에서 여성의 역할에 주목하고, 그동안 지리학자들에 의해 무시되었던 가사노동의 문제점, 직장과 가정의 분리, 여성의 생활과 직장의 경험과 같은 주제들을 강조하고 있다.

여성공간의 창출은 산업화와 도시화와 함께 시작되었다고 할 수 있다. 산업화와 도시화가 진행되면서 사람들은 이전과 다른 생활리듬을 갖게 되었다. 직장에 따른 이동으로 핵가족화가 빠르게 진행되었고, 과거 대가족제도의 전통사회에서 자연스럽게 누렸던 자녀교육이나 노부모 봉양 등 비공식적 서비스는 이용할 수 없게 되었다. 거주지 이동이 증가하고 직장과 주거지 사이의 분리현상이 심화되었다. 그러나 이러한 분리는 남성과 여성에게 다른 영향을 미쳤다. 남성은 통근거리가 길어지면서 가사분담이 어려워지고 가사노동은 고스란히 여성의 몫이 되었다. 가사노동에 대한 여성의 책임은 그들의 기동성을 제한하고 고용기회, 서비스 및 기능에 대한 접근에 영향을 준다.

자동차의 보급과 함께 빠르게 진행된 교외화는 여성에게 더욱 불리하게 작용하였다. 쾌적한 주거단지에서의 전업주부로서의 이상적인 삶은, 여성으로 하여금 어머니와 부인으로서의 생활에만 얽매이게 하여 경제활동이나 예술·문화세계와는 격리된 일상을 보내야 했다. 중심부의 여러 시설들로부터 멀리 떨어져 있어 자녀양육이나 문화생활에 어려움을 겪었다. 직주분리의 심화는 여성에게 직장선택에 있어서 시간적·공간적 제약을 가했다. 가사와 육아를 병행해야 하므로 직장선택이 제한될 수밖에 없었다. 일자리는 가능한  집근처에서 구한다거나, 시간제 근무를 택하는 경우가 많고 이것은 곧 저임금으로 연결된다. 이렇게 직장여성은 자녀양육과 가사노동으로 이중부담을 감당해야했을 뿐만 아니라, 시간활용에 대한 압박감으로 고통 받고 공간적으로도 제약된 삶을 살아야 했다. 이런 상황을 이용하는 회사들도 있어서 많은 여성노동력이 가내부업형태로 활용되기도 한다. 결국 정규 직업이 있는 여성도 자녀양육과 가사노동 때문에 남자보다 집과 지역적으로 묶이게 되는 반면, 아버지나 남편은 직업적 향상 기회를 누리는 것은 물론이고, 더 많은 활동기회를 갖는다. 여성은 시간적 압박 때문에 수평적 움직임의 제한을 받고, 직장에서는 유리천장으로 수직적 움직임의 제한까지 받게 된다.

도시 안에서 남성위주의 우월성과 가부장 권력이 구체화되는 것을 다양하게 확인할 수 있다. 남성 도시계획가들에 의해 고안된 교외화는 직주분리를 심화시키고 가사노동에 대한 여성의 책임을 강화하고, 고용기회를 제한한다. 핸슨과 프라트(Hanson & Pratt, 1988, 1991)는 여성의 가사 전담, 입지적 제한, 고용기회의 제한 간에 연관이 있음을 보여주었다.

도시공간의 디자인 역시 노동의 성별 분업을 심화시킨다. 도시 공간의 디자인과 계획분야는 남성이 주도하고 있어서 성적 편향을 강화하는 경향이 있다. 윌슨(Elizabeth Wilson, 1991)은 도시의 디자인에서 잘못된 점은 무질서를 규제하려는 남성의 욕망과 특히, 여성의 '장소'를 규제하려는 남성들의 욕구라고 주장하고 있다.

여성과 남성이 도시를 경험하는 방법에도 중요한 차이가 있다. 도시공간을 이용하는데 있어서 여자들은 남성폭력을 두려워하기 때문에 남자들보다 더 많은 제약을 받는다. 여자들은 성폭력의 두려움에 더 민감하고 이것이 많은 도시에서 그들의 행동을 구조화한다. 개인의 안전에 대한 전략은 특정 시간과 특정 장소를 피하는 것을 포함한다. 즉 누군가와 동반할 때만 특정 장소를 간다거나 활동 전체에 대해서는 참여하지 않는다거나 하는 것이 그것이다. 도시 공간 이용에 있어 여성들은 남성보다 시간적으로나 공간적으로 제한적인 이용을 하고 있다. 여성들은 특정 공간에 대한 접근을 피하며, 어두운 밤 시간대는 대체로 집에 머문다.

사회적 분화의 근원인 계급, 민족성, 젠더는 차이에 대한 가장 중요한 차원의 일부이지만 이런 용어들을 사용하기는 쉽지 않다. 용어들의 의미도 모호한 것이 특징이기도 하다. 계급·민족성·젠더는 사람들을 서로 특징지어 주지만 구분은 단순하지 않다. 자본주의 도시에서 노동자계급으로 산다는 것, 백인 도시에서 유색인으로 산다는 것, 남성이 만든 도시에서 여성으로 산다는 것은 일반적인 규범에 도전하는 저항의 근원이 된다. 이것들은 다양한 지역사회를 만들어 내도록 양분되고 연결되기도 한다.

제13장

# 도시의 일상

대부분의 사람들 혹은 가계의 일상은 생계를 위한 활동으로 이루어진다. 어딘가에 고용되어서 소득을 획보해야 안정적인 삶을 영위할 수 있다. 고용은 크게 공식적인 부문과 비공식적인 부문으로 구분할 수 있다.

## 공식경제

공식적 부문에서의 고용이란 공적 통계에 공식적으로 기록된 시장에서의 노동판매를 말한다. 이러한 고용은 소득과 지위, 정체성을 제공한다. 고용소득에서의 차이는 노동유형에 따라 다르며, 수요와 공급에 따라서도 다르다, 특정 노동에 대한 수요가 많은데 공급이 제한되어 있는 시기와 장소에서는 임금이 높아진다. 반대로 특정 노동에 대한 수요는 한정되어 있는데 공급이 많다면 노동의 가격은 하락하며 그 결과 소득도 감소한다. 이런 간단한 모델에 수많은 간섭요인들이 붙는다. 즉, 일반적인 경제상황, 기술변화율, 이것들은 새로운 형태의 수요와 공급, 노동의 공급과 작업과정을 통제하기 위한 노동능력을 창출한다. 고용주에게 가치 있는 기술을 갖춘 노동자는 높은 임금을 받을 수 있다.

시장에서 요구되는 기술은 계속 변화하고 있다. 최근에 가장 중요한 변화는 많은 육체노동의 단순 작업화이다. 과거 육체노동력에 의존했던 용접이나 선반공들의 일은 최근 선진 경제에서 자동화와 로봇, 표준화된 산업 생산 기술로 대체되었다. 사무직 노동자들의 일도 컴퓨터의 이용과 사무자동화, 경영의 합리화 등으로 노동력에 대한 요구를 감소시키고 있다. 그 결과 노동시장에서도 핵심부-주변부구조를 형성하고 있다(그림 13.1). 핵심부는 고용의 안전성이 높고, 풍부한 급여 혜택을 누리는 숙련된 기술자들로 구성되어 있다. 그 다음은 두 종류의 반(半)주변부가 있다. 1차적 주변집단은 지위나 권위, 영속성이 조금 낮은 상근노동자로 구성되어있다. 2차적 주변집단은 단기나 비상근 계약, 고용-공유, 파트타임으로 고용된 사람들이다. 주변부는 자영업자, 하청업자, 집에서 일하거나 고용알선소를 통해서 일시적으로 고용되는 사람들로 구성되어 있다. 반주변부나 주변부의 일자리가 늘어난다는 것은 노동의 계약력이 약화되는 것을 의미한다. 유연시스템이 확산되면서 가정에서 가족과 함께 보내는 시간이 많아졌다. 다만 핵심집단들은 가정생활이 일에 종속적으로 되는 경우가 많아 간간히 다운쉬프트족[17]이 출현하기도 한다. 노동시장은 갈수록 기술을 요하고 있으며, 전문적인 기술에 의존하다보니 과거에 장인으로서 인정받았던 수공예적 생산부문의 기술이 쓸모없어지는 일도 생겨나게 되었다.

직업은 소득원 그 이상의 것이다. 그것은 성공과 실패, 권위, 지위, 영향력 등 의미와 정체성도 제공해 준다. 사람들은 그들의 직업으로 판단된다. 전문의와 같은 직업은 높은 지위와 봉급을 가져

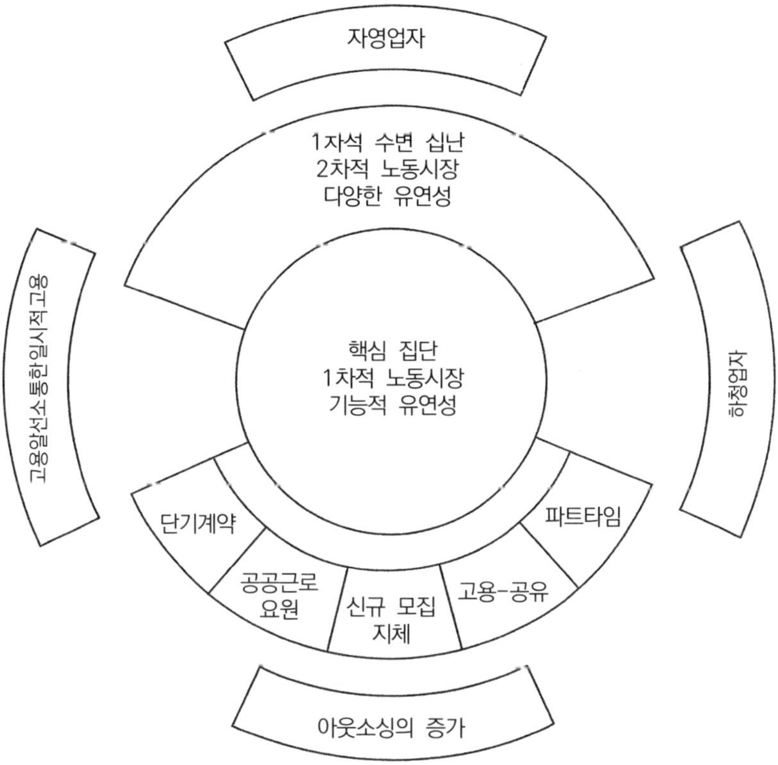


출처: Institute of Personnel Management(1986)

**그림 13.1. 유연축적 상황 하에서 노동시장구조**

다준다. 반면에 장시간 힘든 업무를 하는 육체노동자는 봉급은 많으나 지위는 낮을 수 있다. 교사는 지위는 높으나 보수가 낮을 수 있다.

차별의 사회적 유형이 고용을 통해 창출되고 유지된다. 성차별이 대표적이다. 여성은 대체로 비상근이나 임금이 낮은 부문에 많이 나타나며, 같은 일을 하면서도 여성의 임금은 남성 봉급의 2/3밖에 되지 않는 경우가 다반사이다. 민족차별도 직업구조에서 볼 수 있다. 3D(dirty, dangerous, difficult)라고 기피하는 업종의 경우 해외 저임금노동력을 많이 활용하고 있다. 독일에서 터키이주민, 영국과 캐나다에서 인도인과 파키스탄인, 미국에서 한국인, 한국에서 중국인과 동남아인 같은 노동 집단들이 여기에 해당한다. 이 집단들은 소규모의 가족기업으로 많이 나타난다. 사회적 차이 역시 고용유형에 나타난다. 가난한 사람들은 저임금직업에 종사하기 때문에 가난하고 부자는 고임금직업에 종사하므로 부자이다.

어떤 집단이 어떻게 특정 직업을 유지하는가를 들여다보자. 공식적인 고용의 허가는 교육을 통한 자격부여와 같은 체계적 요구를 필요로 하는데 이는 현존하는 불공평기반을 반영한다. 예를 들어 의사가 되기 위해서는 장기간의 교육을 받아야 하며, 수련해야 하는 상당한 기간 동안 소득을 포기해야 한다. 사회의 부유층은 자녀들을 위해 그러한 상황을 수용하는데 훨씬 더 능력이 있다. 결국 사회적 차이, 성차별, 인종적 차별은 어떤 집단에게는 장애물로 다른 집단에게는 유리하게 작용한다.

## 비공식경제

정부에 세금을 내지 않고 기록이 없이 영위되는 경제를 말한다. 공식적인 고용기회가 부족한 상황에서 생계를 위해 민첩하게 대응한 것으로 볼 수 있다. 불법인 경우가 많아서 기록에 남지 않는 거래가 태반이다. 단기 임금노동자이거나 위장된 임금노동자(임금은 받으나 기록이 없음), 고용주에 종속된 노동자, 노점상과 같은 불안정한 자영업자 등이 해당한다. 또, 매춘이나 마약판매, 공갈 협박 등 어두운 세계도 있어서 그 규모를 측정하기가 어렵다.

때로는 국가에 따라서 공식경제에 필적할 만한 규모라고 말해지기도 한다.

비공식 불법부문의 대부분은 수요는 있으나 불법으로 이루어지는 재화와 서비스의 생산과 유통으로 구성되어 있다. 합법-불법의 구분도 변한다. 미국에서 알콜은 불법이 아니지만 코카인은 불법이다. 독일과 네덜란드에서는 매춘이 합법이지만 미국에서는 불법이다. 캐나다에서는 마리화나가 합법이지만 뉴욕에서는 범죄이다. 어떤 것은 합법으로, 어떤 것은 불법으로 만드는 것은 정치적·문화적 가치의 기반위에서 나온다.

공식경제와 비공식경제 간에는 확실한 구분이 없다. 합법과 불법 간의 구분선이 끊임없이 교차하고 있다. 즉, 뇌물을 받은 경찰, 불법으로 폐기물을 버린 화학회사, 정부에 높은 가격을 책정하기 위해 가격담합을 시도한 회사 등이 그것이다. 공식·비공식·불법, 이 세 부문 간의 구별은 분명치 않다. 차이를 찾기 보다는 오히려 거래가 임의적 선을 어떻게 넘나드는지를 관찰하는 것이 더 나을 것이다. 서부 독일에서 이주 노동에 관한 연구에 의하면, 어떤 화학회사가 불법 폐기물 처리를 위해서 기록 없는 거래 형태로 터키 노동자를 어떻게 이용했는지를 보여주고 있다. 이것을 보면 하나의 거래에 공식적·비공식적·불법적인 것이 교호하고 있다.

## 공공경제

재화와 서비스에 대한 현금 없는 교환을 말한다. 확대가족제도에서 흔하게 볼 수 있었다. 즉 아이를 돌보는 일은 함께 사는 할머니를 비롯한 혈연공동체가 담당하는 공동육아였으며, 노인을 돌보는 일 역시 혈연공동체가 함께 해결하였다. 요즘은 핵가족화 되면서 오히려 이웃과 협력하는 공공경제가 많아졌다. 불안정한 고용상태인 노동자계급에서는 확대가족인 경우도 많아서 아직도 공공경제를 형성하고 있는 반면, 신도시로 이주한 사람들은 대체로 고용기회도 많고 풍요롭기 때문에 공공경제의 이용이 적은 편이다. 만약 밤에 아이를 돌봐줄 사람을 찾는다고 할 때 아이 돌보미를 고용하고 거래기록을 남기고 돌보미는 세금을 내면 된다(공식경제). 혹은 청소년을 고용하고 관계당국에 알리지 않고 합의한 액수를 청소년에게 지불한다(비공식경제). 혹은 품앗이의 개념으로 이웃에게 부탁할 수 있는데 이것이 바로 공공경제의 예이다. 아이 맡아주기나 카풀 등이 공공경제의 대표적인 예라 할 수 있다.

전통적 확대가족제도 하에서는 공공경제가 다반사였다. 아이 돌보미에서 부터 노인 봉양도 한 가족 내에서 모두 해결가능 했지만 도시화와 산업화 속 핵가족제도는 필요한 서비스를 거래를 통해 해결해야 하는 상황이 된 것이다. 도시 속에서 더 나은 고용기회를 얻고 풍요의 수준이 향상됨에 따라 공공경제는 많이 감소했다.

공공경제는 공동체 유대의 강도를 강화하고 반영한다. 서로 다른 가족에 속해 있다고 해도 공유된 욕구와 제약 때문에 여러 세대가 쉽게 연결된다. 공공경제는 공유된 정체성이 뚜렷할 때(가족의 유대, 민족성, 젠더, 지위, 소득에 기초한 것일 수 있다) 더욱 강해지는 경향이 있다. 공공경제는 비공식적인 의무와 권리를 상호결속과 이익의 네트워크로 확대시킨다.

지역화폐[18] 또한 공공경제의 중요한 부분이라 할 수 있다. 대안화폐, 녹색화폐라고도 불린다. 경기침체기에는 많은 사람들이 취업에 어려움을 겪는다. 돈을 벌기 위해 노동력을 파는 것이 아니라 자신의 노동력으로 필요한 생필품을 사고 행복도 살 수 있는 돈 아닌 돈이라고 할 수 있다. 1990년대 후반 이후 국내에서도 서울, 대전, 과천, 부산, 인천 등 여러 곳에서 등장하여 호평을 받았다.

## 가정경제

부유한 세계이든 나머지 세계이든 가계경제의 상품화가 빠르게 진행되고 있다. 이전에 가계가 스스로 행하였던 많은 재화의 생산과 용역은 공식경제의 부분이 아니었다. 가계가 필요한 생산물을 알아서 만들고 보존하며 사용하였는데 지금은 상점에서 그것들을 구입하고 있다. 집도 직접 꾸몄으나 지금은 전문 장식업자들에게 의뢰하고 있다. 장난감도 주변에 널린 재료를 이용하여 스스로 만들어 놀았지만 요즘은 상점에 널린 완성품을 사다가 논다. 텔레비전이나 컴퓨터, 스마트폰 등이 주요 오락거리가 된 세상이다.

이러한 상품화는 비용을 지불해야 한다. 손으로 빨래를 하는 것보다 세탁기를 쓰는 것이 훨씬 쉽다. 다종다양한 가정용 전자제품은 우리의 일상을 아주 편하게, 또 많은 시간을 절약할 수 있게 해준다. 가사 일은 기능이 탁월한 가전제품에 맡기고 더 가치 있는 다른 일을 하라고 부추기는 세상이다. 그러나 가전제품을 구비하기 위해서는 그 비용을 지불해야 하며, 그 비용을 마련하기 위해서 직장에서 시간을 보내야 한다. 즉  시간을 절약하기 위해서 시간을 써야 하는 것이다.

가정경제 내에서 노동의 분업도 시간이 지남에 따라 변화했다. 전통 사회에서 가사 노동은 돈으로 환산되지 않았다. 가족을 사랑하기 때문에 당연히 해야 하는 일이었으므로 그것을 전혀 비용으로 인식하지 않았다. 여성들의 취업이 증가하면서 가사 노동은 비용이 되었고 그 비용은 점차 증가하였다. 가사 노동비의 증가는 '가정부'와 같은 가사 노동직의 쇠퇴를 가져왔다. 부유한 국가에서는 그러한 일의 상당 부분이 외국에서 온 불법 노동자에 의해 행해지고 있다.

가정경제 내에서 노동의 분업은 변화와 충돌과 타협의 근원이다. 많은 여성들이 공식적 노동력에 참가함에 따라 그들은 일과 가정이라는 이중 부담을 느끼게 된다. 즉 직장여성의 대부분이 퇴근하면 육아를 비롯한 가사 대부분을 수행하기 때문이다. 요즘은 많은 젊은 남성들이 육아와 가사를 분담하려는 의지를 갖고 있고 실천하는 비율이 증가하고 있다.

## 시간지리학

도시에서 우리의 활동은 규칙적으로 반복되는 활동들로 고정되어 있다. 휴일을 제외하고 매일 대부분의 사람들은 학교에 가거나 일하러 간다. 이러한 일상적인 이동에 대해 기존의 지리학은 공간에 포커스를 맞추어 연구했다. 그런데 공간에 시간을 입힌 시간지리학(time geography)적 연구를 시도한 학자들이 있다.

스웨덴 지리학자 헤거스트란드(Torsten Hägerstrand, 1970)가 룬트대학의 동료와 함께 고안한 표시법을 살펴보자. 인간이 시간과 공간을 통해 이동하는 기본 위치에서 출발한다. 공간이 시간화되고 시간이 공간화된다. 그림 13.2a는 공간과 시간이라는 두 개의 좌표가 공간-시간의 경로를 나타내기 위해 어떻게 이용될 수 있는가를 보여주고 있다. 그림 13.2b는 학교 다니는 4명의 아이들이 학교에 오는 것을 시공간 상에서  보여준다. c의 예는 시간상에서의 상호입지를 보여주는데, 노동의 장소는 다르지만  노동시간은 같은 두 사람의 경우이다. d는 서로 다른 시간에 상점에서 쇼핑을 하는 두 사람의 경우를 보여주고 있다.

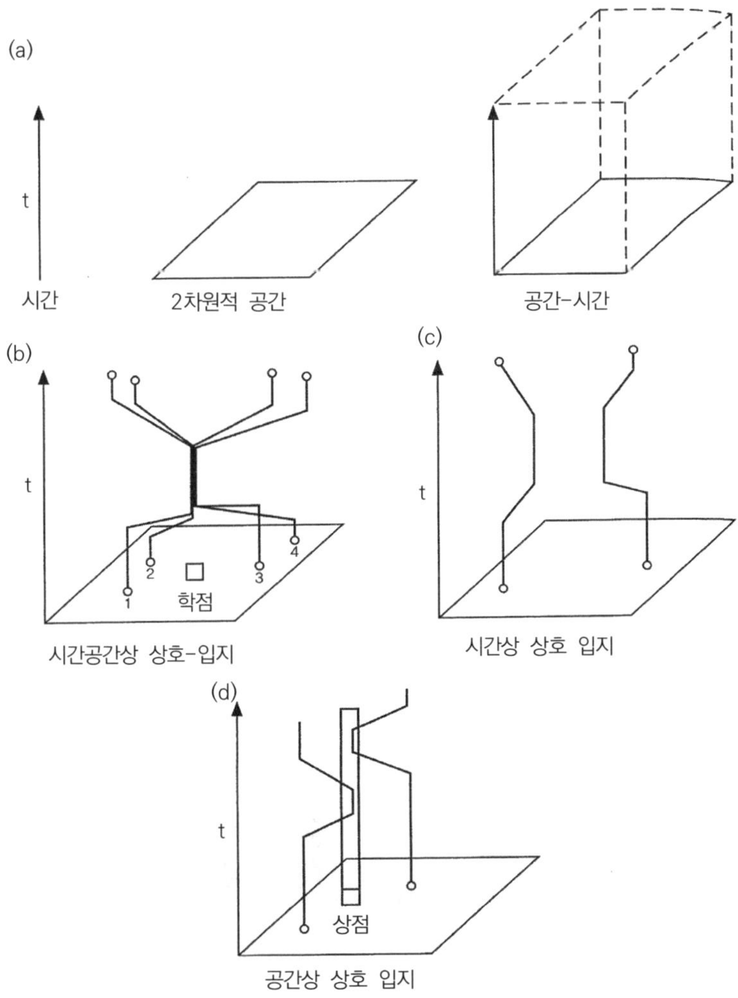


출처: Short(1996)

그림 13.2. 공간-시간의 길(Short, 1996)

그림 13.3과 13.4는 2차원으로 축소하여 보여준 것이다. 시간과 공간상에 우리의 활동이 묶여져 있는 곳을 쐐기(pegs)라고 하며, 어느 특정 시간에 활동할 수 있는 이용가능한 공간의 범위를 프리즘(prisms)이라고 한다. 이것을 가지고 두 사무노동자의 점심시간을 그림으로 나타낸 것이 그림 13.3이다. A는 자동차가 없고 B는 자동차가 있다. B는 이용할 수 있는 시간 내에서 더 멀리 여행할 수 있어서 더 큰 프리즘을 갖고 있다. 쐐기와 프리즘은 그 범위 내에서 움직여야 하는 제약이 있다. 그림 13.4는 한 사람이 3개의 이용 가능한 직업의 프리즘을 보여주고 있다. 3개의 검은 블록인 A·B·C는 이용가능한 직업의 시간대이다. 이 경우, 직업 A와C는 프리즘의 바깥쪽에 있어서 이용할 수 없다.

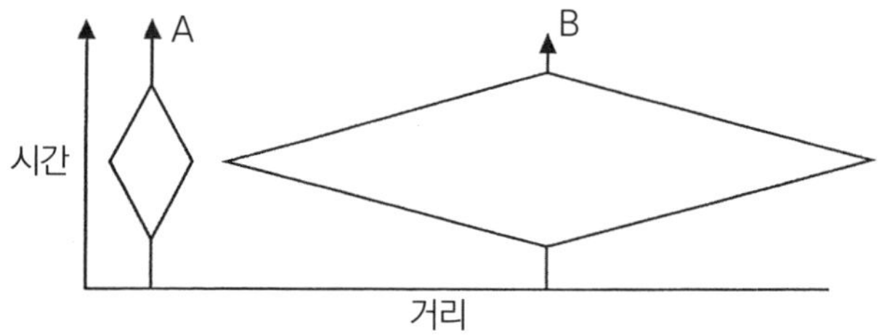


그림 13.3. 프리즘

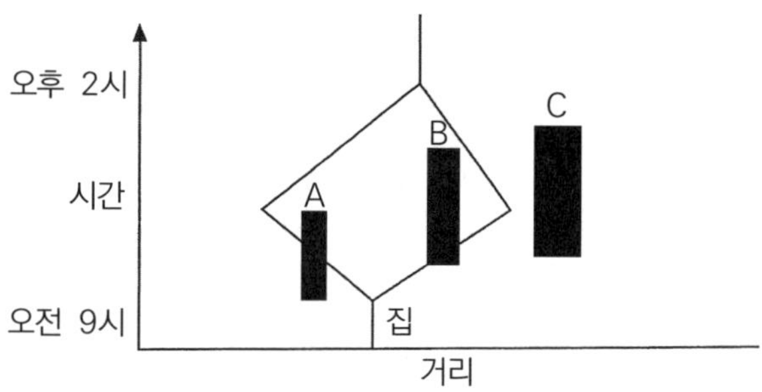


출처: Short (1996)

그림 13.4. 프리즘과 직업선택

그림 13.5는 도시에서 한 가정의 하루 생활을 시공간적으로 표현한 것이다. 굵은 실선은 대학생의 하루이고 굵은 점선은 직장여성과 아이의 하루이다. 남성은 아침 8시부터 9시 사이에 은행에 들러 일을 보고, 다시 우체국에 들러 일을 본 후 귀가하여 12시경까지 집에서 머물다가 대학에 들러 일을 보고 오후 3시경 집에 귀가하여 집에 머무는 일상을 보내고 있다. 반면 여성은 아침 일찍 자전거에 아이를 태우고 학교에 데려다 준 후 직장에 도착하여 오전 일을 하고, 점심에는 잠깐 쇼핑도 하고, 다시 직장에 돌아가 오후 일을 한 후 퇴근하여 학교에 들러 자녀를 데리고 귀가하는 일

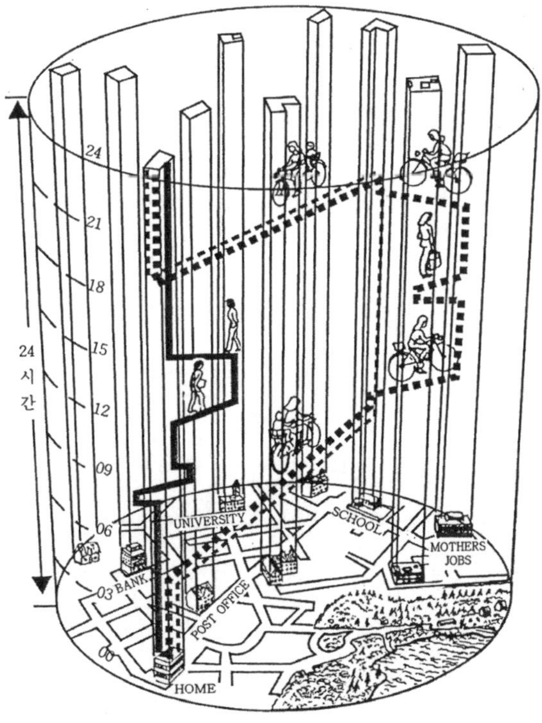


출처: Parkes and Thrift (1996)

그림 13.5. 시·공간체계에서 개인의 행적

상의 행적을 시·공간적으로 볼 수 있다. 공간과 시간이 서로 연결되어 있음을 알 수 있다.

인간이 시·공간적으로 활동하는 데는 3가지의 제약조건이 있다. 첫째 능력제약이다. 수면과 같은 인간의 최소한 생리적 욕구와 이용할 수 있는 교통수단처럼 개인이 지니고 있는 능력에 의해 시·공간 활동에 제약을 받는다. 일상생활에서 포함할 수 있는 영역의 범위를 결정한다. 둘째 연결제약이다. 개인은 일정시간에 한 장소 외에는 다른 장소를 점유할 수 없다. 쇼핑은 상점이 개점하고 있는 시간 내에서만 가능하며, 다른 사람과의 상호작용은 상대방을 방문가능한 시간 내에서만 가능하다. 이것은 업무개설시간(예, 은행), 대중교통 운행시간 등에 의해 결정된다. 셋째 권위제약이다. 법률, 규칙, 관습 등에 의해 특정 장소에 접근하는 것을 금지하는 것을 말한다. 우리나라에서 1970년대까지 있었던 통행금지가 사람들의 활동을 제약했던 대표적인 예이다.

도시분석의 대부분은 공간과 깊이 관련되어 있고 공간과 시간 사이의 상호관련을 인정하는 연구는 별로 없다. 그러나 만약 우리가 도시의 사람들을 공간-시간 여행자로 본다면 우리는 시간적 차원을 우리의 이해 속에 통합시켜 갈 수 있다. 우리 존재의 기본 사실은 우리가 시간과 공간을 통하여 점거하고 있고 이주하고 있다는 것이다. 도시에서의 생활을 이해하기 위해서는 공간과 시간을 모두 이해해야 한다. 공간-시간 경로의 표시법은 매우 유연해서 서로 다른 풍부한 주제들을 추구할 수 있게 한다. 도시라는 장(場)에서 자신들의 길을 만드는 상이한 집단과 개인의 공간-시간의 경로를 도시가 어떻게 구체화시키고 반영하는가를 이해하고 기록하는데 유용한 틀을 마련해 주기 때문이다.

제14장

# 정치적 장(場)

정치적 상호작용은 집, 일터, 생산권역, 소비권역 등 거의 모든 장소에서 발생한다. 도시라는 장(場)에서의 정치적 실행이 어떤 모습으로 나타나는지 알아보고자 한다. 도시는 권력투쟁의 장이며, 권력투쟁의 결과이기도 하다. 도시라는 장(場)에서 가장 중요한 '배우'인 가계와 기업, 그리고 국가에 대해 생각해 보자.

## 가계

가계는 도시에서 납세자로서, 공공서비스의 이용자로서, 거주자로서 역할하고 있다.

**납세자로서의 가계** 대부분의 가계는 국세와 지방세를 납부한다. 세계 여느 곳의 납세자처럼 적게 내고 많은 혜택을 받고 싶어 한다. 납세수준과 납세에 대한 태도는 국가마다 크게 다르다. 유럽의 경우, 특히 스칸디나비아 국가들의 경우 과세 수준이 아주 높다. 소득의 70%에 달하던 시기도 있었고 일할 의욕을 꺾는다며 수정해가다 21세기 요즘 40% 수준이다. 한국의 조세부담율은 20%(2021) 정도이다. 네덜란드 사람들은 공공서비스의 질을 유지하는데 비교적 높은 세금을 기꺼이 부담하고 있다. 그 결과 도시의 공공공간의 수준이 현저히 다르다. 일부 나라에서 가계는 훨씬 더 높은 수준의 과세를 담당하고 있다. 그러나 모든 나라에서는 조세부담에 대한 한계가 있다. 가계는 특히 조세의 증가율과 공평의 항목에 민감하다. 점진적인 조세증가는 갑작스러운 인상에 비해 덜 민감하다. 부당하게 생각되는 조세는 인기가 없다. 노무현 정부 하에서 처음 실시된 종합부동산세는 엄청난 조세저항으로 이어져 결국은 정권이 바뀌기까지 하였다. 영국에서도 1987년 보수당정부가 지방세를 소득에 관계없이 모든 성인이 같은 액수를 지불하는 인두세(人頭稅)로 대체하려 했다. 세금이 매우 갑작스레 올라 조세저항에 부딪혔고 보수당정부와 대처수상에 대한 나쁜 평판으로 이어져 1990년 마가렛 대처 수상이 물러나게 된 배경이 되었다. 1977년 캘리포니아에서 통과된 'Proposition 13'(1977년 6월에 주민투표에 부쳐진 재산세 세율 제한 조례개정 제안)은 계속된 증세에 대한 납세자의 저항의 결과였다. 그 결과는 일반적으로 세율감소로 이어지고, 결국 공공지출의 삭감으로 나타났다.

지방세는 재산에 기초하는 경우가 많으며 직접세이다. 특히 부유한 사람들에게 직접적으로 영향을 준다. 지방세는 지역에 따라 조금씩 다르고 임의적이라 판단되어 변화에 민감하다. 한국도 지방세법에 따라 도시지역의 경우 도시지역분이 추가로 과세될 수 있다. 조례에 따라서 1,000분의 1.4에서 2.3까지 추가적으로 과세할 수 있다. 그 결과 도시의 재산세는 더 많은 저항을 유발하기도 한다. 소득세는 국세이고 그래서 벗어날 수 없지만, 지방세는 바로 지방적이라는 것 때문에, 사람들은 접근이 용이하고 세 부담이 낮은 근처의 지역으로 이동할 수도 있다. 그래서 많은 국가에서 지방세에 관해서는 한계가 있다고 인식한다.

**서비스이용자로서의 가계** 가계는 다양한 공공재화와 서비스를 이용한다. 정부와 도시가 도시민을 위해 제공하는 수많은 재화와 서비스가 있다. 예를 들면 공공주택의 경우 정부는 개개의 가계에 의해 소비되는 공공재를 제공하는데, 이때 집합적으로 소비되는 고속도로와 도로 같은 공공재가 있다. 보편적으로 활용될 수 있는 재화와 서비스, 이익이나 요구에 기초하여 할당한 재화와 서비스 간에는 분명한 차이가 있다. 그래서 '공공재와 서비스'라는 용어를 쓸 때는 주의해야 한다. 집합적으로 소비되는 교통·교육·치안 등은 더 높은 공공의식을 발생시키는 경향이 있다. 왜냐하면 그것들은 대다수의 가계, 특히 부유층을 포함하기 때문이다. 미국의 공공주택처럼 흔히 가난한 사람의 필요(needs)에 기초하여 분배되는 재화와 서비스는 지방과 국가의 정치적 의제에서 더 소홀히 취급되는 경향이 있다. 복지적 재화와 서비스, 그리고 비복지적 재화와 서비스 간에는 종종 차이가 내포되어 있다. 전자는 더 가난한 사람들에게 돌아가는 경향이 있다. 부자들에 의해 소비되는 공공재화와 서비스는 '복지'수혜로 거의 언급되지 않는다. 가난한 사람에게 주는 보조금과 부자에게 주는 감세 특권 모두 받는 사람에게는 이득이다. 그것들이 어떻게 표현되고 묘사되는가는 재정적 실체에 대해서보다 권력에 관해 더 많은 것을 말해준다.

장기간에 걸쳐 공공재화와 공공서비스의 영역은 사회복지의 역사를 지닌 도시에서도 민간에 위임한 경우에서도 증가해 왔다. 만약 우리가 오늘날과 100년 전의 세계 도처의 도시를 조사한다면, 가장 분명한 변화 중의 하나는 공공재와 공공서비스의 제공과 그 규모이다. 그것이 공공주택, 공공교육, 공공운송, 도시하부구조 조성, 생활비보조, 사회복지이든 어떻든 정부개입의 규모는 크게 증가해 왔다. 개인생활의 질은 어떤 면에서는 공적인 도시의 질과 함수관계에 있다. 비록 납세자로서의 가계가 세금은 가능한 낮추려고 해도 이용자로서의 가계는 높은 수준의 공공보조를 제공받기를 원한다. 그런 역설은 비판의 방향이 관료주의와 정부의 비효율성에 돌려지면서 부분적으로 피해가고 있다. 비평가들은 비용삭감을 조언한다. 모든 관료주의는 확장하는 경향이 있고, 그러한 확장이 자금의 한도를 넘어서 나타나기 때문에 정부에서 적자재정의 가능성이 생기는 것이다. 결국 공무원 수의 증가로 나타나지만 공무원의 수를 증가시키지 않고서는 높은 질의 공공재와 서비스를 누릴 수 없다는 불편한 사실 또한 존재한다.

**거주자로서의 가계** 모든 가계는 특정 장소의 거주자이기도 하다. 이것이 그들을 입지의 정치에 민감하게 한다. 입지의 질은 주변에서 무슨 일이 일어났는가에 달려 있다. 즉, 집의 가치는 집이 입지한 지역에 부분적으로 의존한다. 만약 근린에 새로운 공원이나 도서관이 생긴다면 긍정적 외부효과를 누리게 될 것이다. 반면 근린에 유흥업소가 들어선다면 부정적 외부효과가 발생한다. 도시는 끊임없이 변화하는 외부효과의 관점에서도 관찰할 수 있다.

가계는 정(正)의 외부효과를 발생시키는 공공재화와 서비스를 최대화하려고 하며, 부(負)의 외부효과를 발생시키는 공공재화와 서비스는 가능한 털어버리려 한다. 특히 그들이 자가 소유자라면 더욱 그렇다. 북미와 서부유럽의 많은 나라에서 소유자-점유의 지속적인 증가는 주택가격의 변동에 매우 민감한 소유권자집단을 만들어 냈다. 주택구입은 대부분의 가계에서 가장 덩치 큰 단일한 지출항목이다. 가장 큰 자산이고, 부(富)의 주요 원천이며, 돈을 빌리는데 쓸 수 있는 중요한 담보물 중의 하나이다. 그래서 자신들의 주택가격에 영향을 줄 수 있는 요인들에 아주 민감하다. 주택가격에서의 변화는 대부분 장기간에 걸쳐 서서히 발생하나 지역성의 결과이기도 하다. 어떤 이유에서든 근린이 악화되고 있는 곳은 주택가격이 떨어진다. 주택을 소유한 사람들은 주택가격에 치명적인 부정적 외부효과에 저항하는 것이다. 그래서 입지의 정치학은 본질적으로 긍정적 외부효과는 끌어들이고 부정적 외부효과는 털어버리려는 투쟁이라 할 수 있다.

가계의 모든 사람이 입지의 정치학에 똑같이 관심을 갖지는 않는다. 육아와 가정에 많은 책임을 안고 있는 여성들이 지역의 환경변화에 가장 민감한 사람들이다. 그들은 학교교육, 교통흐름의 상황, 지방 공공서비스의 질, 부정적 외부효과의 침입과 같은 지역사회문제에 대해 훨씬 더 많은 직접 경험을 갖고 있다. 지역사회 활동의 활력과 강도(强度)의 대부분은 여성에게서 나오고 여성운동의 자신감도 성공적인 지역사회 활동을 통해서였다.

만약에 증세(增稅)나 도시 공공부문의 질 저하, 부정적 외부효과가 근린에 영향을 준다거나 하는 식으로 사정이 악화되면, 가계는 그곳을 떠나거나 목소리를 내기 시작한다. 가계는 다양한 이동성향을 보이는데 젊은 가계, 임대가계, 최근에 이사 온 거주자가 더 쉽게 이동한다. 가계가 집이나 특정 근린에서 오래 살면 살수록 그들은 더 쉽게 이사하려 하지 않는다. 이러한 누적적인 관성의 원리는 특히 안정적인 근린에서 가계가 의사결정을 섣불리 하지 않는다는 것을 의미한다. 이사를 가는 것으로 문제를 해결하는 방식의 가장 극적인 사례는 미국에서 볼 수 있다. 미국의 대도시에서 1960년대 이후로 백인 중산층의 교외화가 대거 이루어지는데, 이로 말미암아 초콜릿 도시·바닐라 교외라는 현상을 만들어 냈다. 아프리카계 미국인 가계가 그 지역 인구의 대략 10%에 근접하면 백인 중산층 거주자들이 그 지역을 떠나기 시작했다. 범죄의 두려움, 교육수준 저하의 두려움, 주택가격 저하, 이 모든 것이 흑인가계와 함께 거주하는 많은 백인가계에서 볼 수 있었다.

만약 가계가 이동하지는 않았지만 여전히 불만을 가지고 있다면, 자신들의 관심을 분명히 나타낼 수 있다. 이것이 목소리 전략이다. 만약 매우 부자이고 정치적으로 연결도 잘 되며 강력한 힘을 가지고 있는 가계라면 그런 사안에 영향력을 행사할 수 있다. 도시사회의 특성을 형성하는데 있어 개인의 힘이 간과되어서는 안된다. 유리한 결과를 최대화하려는 부유한 가족의 능력이 도시 삶의 한 단면이다. 일반적으로 민주화가 덜 되고 더 작은 도시일수록 개인에 의해 큰 힘이 휘둘러진다. 대부분의 개별 가계는 제한된 영향력만을 가질 뿐이다. 그들은 집단으로 결속함으로써 결과에 영향을 줄 수 있는 더 큰 힘을 갖는다. 이것은 도시의 저항운동 또는 도시사회운동으로 불린다. 이러한 집단활동에는 3가지의 일반적 측면, 즉 맥락, 관심의 표현, 결과를 확인할 수 있다.

**맥락** 세금이 높은 것 같다거나, 공공재화나 서비스가 불충분하다고 느끼거나, 부정적인 외부효과가 느껴지면 가계의 불만과 집단행동에 대한 맥락이 성립한다.

**관심의 표현** 중요한 문제는 집단적 행동으로 나타낼 수 있음을 아는 사람들에 의해 저항집단이 형성된다. 이것은 지역사회를 조직하고 변화시키겠다는 신념과 공약, 시간을 가진 사람들이 있다는 것을 의미한다. 그러한 사람들은 극히 드물다. 대부분의 사람들은 시간도 정력도 없다. 이는 도시의 저항집단이 관례라기보다는 예외인 이유를 말해준다. 대부분의 그룹은 몇몇 개인의 행동으로 성립된다. 그리고 초기 단계에서 대부분의 집단은 많은 일을 하는 활동적인 소수의 핵심, 별로 활동적이지 않은 다수의 주변적 구성원을 갖는 매우 뚜렷한 핵심-주변 구조를 갖는다. 보다 적극적인 사람이 활동하고 안하고에 따라 집단의 성쇠가 나타난다. 한번 형성된 집단은 다양한 전략을 갖는다. 서비스 전략과 영향력 전략 두 가지 전략이 있다.

서비스전략은 지역사회 자체의 자원을 여러 방법으로 이용하고 이동시킨다. 첫째, 현존하는 서비스를 증대하기 위한 보완전략이 있다. 즉, 주택공급이 한정된 상태인 가난한 나라의 많은 도시에서 발견되는 자가 건축업자들이 그 예이다. 그 집단은 시장수요는 결여되어 있으나 땅을 점거하여 자신의 집을 짓는다. 둘째, 요구를 충족시키고 대안을 제시하는 새로운 방법을 보여주는 대안적 전략이다. 자신들의 근린에서 교통불편에 저항하여 싸우는 거주자는 교통정체에 대해 대안적 도로를 제안할 수 있다. 셋째, 기존의 서비스공급형태를 대체하기 위한 대체전략이다. 몇몇 종교집단은 공공교육을 배제하고 자신들의 종교에 부합하는 교육형태를 제공한다.

영향력 전략은 외부효과의 편재와 자원공급의 할당과 재 할당을 포함한다. 3가지 영향력 전략의 범주가 표 14. 1에 나와 있다. 설득전략은 지자체 당국이 문제에 관심을 갖도록 하는 것이다. 협력전략은 지자체 당국과 더 개방적인 만남을 위한 설득전략 위의 단계이다. 대결전략은 시민의 불복종 행동을 말한다. 대표파견, 집회, 시위 등의 형태를 취한다.

표 14.1. 집단행동의 항목

| 범주 | 행동 |
|---|---|
| 설득적 | 증거의 조사와 수집 및 발표, 청원 |
| 협력적 | 지자체사무소, 카운슬러, 정부 각 부처, 기타 의사결정자에 대한 로비 |
| 대결적 | 분쟁 대표단의 군중 대회, 시가행진, 지불거부, 시민의 불복종 |

출처: Short(1996)

이런 모든 전략이 집단적인 행동의 항목이다. 행동의 유형은 시간에 따라 변화한다. 만약 상황이 현저하게 악화되고 정부의 반응이 없다면 집단은 설득전략에서 협력 전략을 거쳐 대결 전략으로 이행할 수 있다. 행동의 유형 역시 일반적이고 지방적인 정치적 문화에 의존할 것이다. 억압적인 체제에서는, 저항이 금지되기 때문에 불평이 언급되지 않거나 혹은 바로 대결국면으로 치닫게 된다. 대중여론을 더 잘 수용하는 정치체제는 설득적이고 협력적인 수준에서 저항을 잘 수용하는 것 같다.

집단에 의해 이용된 행동 유형은 또한 집단과 정치 엘리트 간의 관계에 의존한다. 이러한 관계에는 세 가지 형태가 존재한다. **정치적 동반자**(political partnership)는 집단이 엘리트와 똑같은 이익을 공유하고 그래서 더 타협적인 접근방법을 채택 할 때 발생한다. **정치적 교우**(political communion)는 집단의 이익이 정치 엘리트와 공유되므로 집단이 명백한 행동으로 관여할 필요가 없는 경우를 말한다. 미국의 많은 도시에서, 기업가는 시민들이 하는 일에 직접 관여하지 않았다. 대부분의 경우에 기업이익은 도시정부의 이익과도 연관되어 자연스럽게 정규적 실행에 끼워 넣어지기 때문에 그럴 필요가 없다. **정치적 배제**(political exclusion)는 어떤 집단이 매우 주변화 되어 그들의 이익이 배제될 때 발생한다. 많은 집단들이 정치적 의제에서 제외되어 버린다. 가난하고 힘없는 사람들의 이익은 거의 관심을 받지 못하기 때문에 가난하고 힘없는 채로 남는다. 어떤 결정이 몇몇 집단에게는 끊임없이 대항하여 온 정치적 문제였다고 해도 그들의 불평은 분명해지지도 공식화되지도 못할 것이다. 마르틴 루터 킹은 폭동을 들어주지 않는 언어로 묘사했다. 기업가들은 언제나 그들의 이익이 확보되기 때문에 폭동을 일으킬 필요가 없다. 주변화 된 집단은 정치적 배제에서 폭동으로 이동하게 되는데, 영국의 정치가 찰스 폭스가 1777년에 지적했던 것처럼, 희망도 없고 잃을 것도 없는 사람은 항상 위험하다.

**결과** 집단행동의 결과는 성공, 부분적 성공, 실패에 이르는 연속체를 형성한다. 그 결과는 여러 요인이 있겠지만 그 가운데서도 가장 중요한 것은 자치단체에 비교되는 집단에 의해 휘둘러지는 권력의 상대적 정도이다. 비록 집단이 자원과 권력 면에서 제한적이라고 해도, 지자체 당국과 같은 이익을 공유한다면 그때는 성공을 기대할 수 있다. 한 집단이 효과적인 권력을 갖고 관련된 당국과 이익이 일치할 때 성공할 가능성이 높다. 그러나 약한 집단이 집단의 이익이나 관심을 공유하지 않는 당국에 대항하여 맞붙게 될 때는 성공하기 어렵다.

결과의 3가지 유형은 그림 14.1에서 확인할 수 있다. (a)의 경우, 그 결과는 더 많은 혜택이 부자에게 돌아간다. 1960년대에 미국 메트로폴리탄 지역에서의 재개발은 저소득층 주택의 상실과 투자가들을 위한 투자기회의 증대로 귀착되었다. (b)의 결과는 대부분의 혜택이 가난한 사람에게 돌아가기 때문에 재 분배적이다. 값싼 공공주택이나 값싼 대량수송체계의 도입 같은 기본 생활비를 감소시켜주는 제도는 고소득층보다는 비교적 저소득층의 사람에게 혜택이 돌아간다. (c)의 경우 중산층 집단에 더 많은 혜택이 돌아가는 경향이 있다. 무료건강이나 무상교육 같은 보편적인 수혜는 중산층에게 더 유리하게 되기 쉽다. 부자들은 건강이나 교육에 대해서 개인적 서비스를 선택하여 이용하고, 저소득 집단은 보편적 공급체제의 이익을 더 많이 누릴 수 있는 사회적 기술과 자원을 갖고 있는 중산층에 대항하여 경쟁해야 하기 때문에 중산층에게 밀리게 된다.

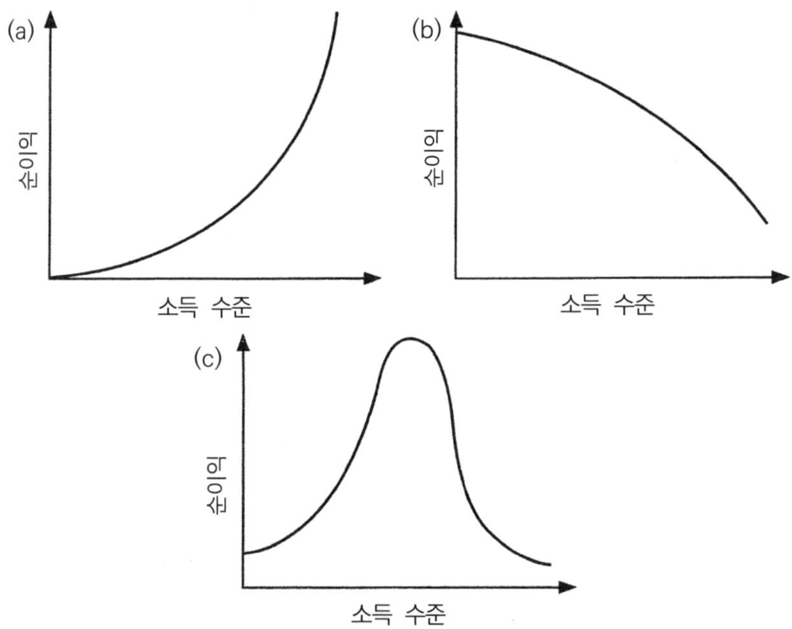


그림 14.1. 결과의 세가지 유형

## 기업

정치적 장으로서의 도시에서 기업이익은 비용절감, 이익창출, 시장점유율 증가 등과  관련되어 있다. 이것들이 기업전략의 핵심 요소이다. 대기업은 도시와 정부에게는 법인세라는 세금을, 사람들에게는 일자리를 제공함으로써 사회에 기여한다. 그래서 대기업의 이익은 자본주의 사회의 지배적인 사상에 딱 들어맞는다.

기업의 이익은 특정 정당과 개개인에 의해 정치적으로 나타날 수 있으며, 간접적으로는 기업과 정치엘리트간의 상호관계를 통해서, 또는 시정부와 지방의 지역사회에 부과된 재정적 현실에서 나타날 수도 있다. 건전한 지방경제는 많은 고용기회와 견실한 세원을 위해 필수적인 만큼 기업가의 역할은 아주 중요하다. 기업가의 이익은 도시경제와 맞물려 있기 때문에 굳이 도시 정치에 개입할 필요는 없다.

기업은 도시라는 장(場)에서 가장 중요한 배우 중의 하나이지만 제약은 있다. 기업의 경제적 영향력은 크지만 투표권을 가지고 있지는 않다. 정치가가 재선되기 위해서는 여론에 신경 써서 대응할 필요가 있다. 정치가가 사업과 선거를 모두 만족시킬 수 있는 윈윈(win-win)상황이 전개된다고 해도 지역사회와 기업 간에 분쟁이 일어날 때, 정치가는 어느 한쪽을 선택해야 한다. 그래서 비록 기업이 권력을 가지고 있다 해도 무제한적인 권력을 갖지는 않는다. 일부 지방의 정치문화는 자본에 대해서만큼 노동에도 대응하는 정치적 표현을 구체화하기도 한다. 유럽 전역에 걸쳐 많은 사회주의자와 개혁주의자의 도시정부가 있고, 미국에서 오늘날 도시정부의 기업성향을 보면 1930년대 도시 정부의 혁신적인 태도와는 대조적이다.

기업은 직접적인 정치적 표현을 별로 갖고 있지 않으면서도 정치적 권력을 휘두른다. 1960년대 미국의 주요 도시에서 대기 오염을 조사한 결과를 보면 그것이 정치적 문제가 되지 않는 경우가 많았다. 공해에 책임이 있는 대기업이 과학적 결과마저 뒤집을 수 있는 충분한 영향력을 가지고 있었고, 그 도시의 경제적 기반이 공해를 발생시킨 산업화과정과 결부된다는 사실을 호소하고 있었다(Crenson, 1971). 기업권력은 대기오염이 정치적 의제가 되지 않는다는 것을 확실히 입증해준 것이다. 또 다른 예는 벤턴(Lisa Benton, 1992)의 연구인데, 기업이익을 일반이익과 연결하려는 기업권력 때문에, 시라큐스 시의 산업공해가 제대로 인지되지 못하다가 뒤늦게야 공공의 의제가 되었음을 밝혔다. 현재 오염이 존재함에도 불구하고 지방산업의 정치 경제적 권력 때문에 오염이 정치적 중요성을 갖는 주된 문제로 인식되지 못하였다.

로간과 몰로치((Logan & Molotch, 1987)는 그들의 저서『도시의 행운: 장소의 정치경제(*Urban Fortunes: The Political Economy of Place*)』에서 미국 도시에서 이루어진 경제-성장 로비를 기록하고 있다. 즉, 주의 재분배적인 기능을 제한하는 반면 경제성장과 투자를 자극하는데 대한 합의에 도달하고 있다. 영향력 있는 정치가와 회사 사장, 상공회의소, 지방은행, 부동산 중개인 등은 도시의 목표와 주요 기능을 경제성장으로 정하는데 도움을 준다. 그들은 모두 경쟁적인 도시의 배경과 대안적인 투자기회에 대항하면서 자신들의 도시를 위한 친기업적 의제를 추진하려 애를 쓴다. 그 결과, 미국의 도시정치에서는 기업의 이익이 우선이다.

기업은 여러 가지 방법으로 직접 권력을 행사한다. 두 가지로 나누어 생각해 볼 수 있다. **투자의 흐름**과 **로비활동**이 그것이다.

**투자의 흐름** 기업은 투자와 자본이탈의 흐름에 의해 도시의 경제적·정치적 생활에 영향을 미친다. 투자는 이익이 가장 큰 지역으로 흘러 들어가고, 이익이 낮거나 감소하는 부문·산업·장소로부터는 서서히 흘러나온다. 자본투자와 자본이탈의 이런 피동은 도시의 특성에도 영향을 미친다. 자본이탈과 함께 정치는 쇠퇴하고, 빈약한 자원에 대한 분쟁이 격화되고, 위축된 고용과 세원에 대처하도록 지방과 시정부에 막대한 압력이 가해진다. 반면 급속한 투자가 이루어지면 성장의 정치학이 등장하고, 균형잡힌 경제성장에 대한 요구가 대두되며, 사회적 공평성과 지속성장 가능한 환경을 지향하라는 압력이 뒤따른다. 이렇게 장소의 정치학은 자본투자와 자본이탈의 흐름에 깊이 관여되어 있다.

투자액이 많은 대기업은 소기업보다 더 많은 권력을 행사할 수 있다. 그리고 더 기동성 있는 기업, 즉 여러 다른 장소로 이동할 수 있는 기업은 더 많은 권력을 갖는다. 왜냐하면 그들은 어디든지 재 입지 할 수 있고 또 그렇게 하기 때문이다. 세계화와 더불어 전 세계에 파급된 광범위한 경제적 변화는 자본의 유동성을 더 크게 만들었다. 경제의 세계화는 기업에게 더 광범위한 입지선택 범위를 가능케 한다. 유연생산시스템과 경제활동의 세계화는 노조와 개개의 도시를 다루는데 있어서 기업을 강하게 하였다. 그 결과 선진 자본주의 세계에서 임금과 노조의 힘이 꾸준히 하향 이동하는 추세를 보였다. 많은 기업들은 국내에서도, 국가 간에도 저임금지역으로 이동할 수 있다. 이는 기업들이 이동할 능력도 있으며, 이동하겠다고 효과적으로 위협하는 능력도 갖게 해준다. 만약 그것이 실제 강행될 수 있다면 위협은 더욱 커진다. 역으로 이

힘은 노동비와 과세부담을 절감하려고 원래 장소에 남아 있는 기업에 의해서도 이용될 수 있다.

**로비활동** 기업은 특정 결과를 얻기 위해 로비한다. 기업의 규모와 형태에 따라 로비의 양상은 다르다. 많은 지역 사회의 경우처럼 성공은 적절한 의사 결정체와의 연결과 권력의 크기 여하에 달려 있다.

기업은 직접적으로 정부에 영향을 줄 수 있다. 기업이 크면 클수록 더 많은 자원이 정치적 결과에 영향을 미치도록 쓰일 수 있는 것처럼 강력한 기업일수록 로비활동은 더 효과적이다. 기업은 정부의 과세와 지출을 재조정하고, 노사관계에 영향을 주고자 하며, 기업을 위한 더 많은 공간을 창출하고자 한다.

**과세와 지출의 재조정** 모든 기업은 세금은 적게 내고 정부의 서비스는 더 많이 받으려 한다. 이러한 입장을 견지하는데 이용되는 이념적 논거는 경제성장을 돕기 위한 재정적 인센티브를 정부에 요구하고, 높은 과세는 기업을 압박할 것이므로 고려해 달라는 뜻을 내포하고 있다. 기업들은 세금을 최소화하기를 원하지만 동시에 자신들의 기업거래를 돕는 공공지출로부터의 혜택은 누리고 싶어 한다. 상이한 기업부문 간에 분쟁이 일어날 수도 있다. 예를 들면 방위산업은 방위비 예산을 유지하기 위해 할 수 있는 모든 것을 할 것이다. 반면에 다른 산업부문에서는 방위비 지출을 줄이고 다른 산업부문의 지출을 늘리려고 할 것이다. 기업은 자신들의 거래를 돕는 정부지출을 위해 로비를 하게 된다. 그러나 이런 지출이 그들의 노력에 부응하지 않거나 다른 기업에만 도움을 줄 때는 재정적·정치적인 모든 방법을 동원하여 정부지출의

해로운 효과를 보여주기 위해 공격할 것이다.

**노사관계** 기업은 노동규제를 위한 입법체계를 필요로 한다. 이는 비용을 절감시키고 이윤을 향상시킬 수 있다. 기업이 항상 성공적이지는 않다. 영국의 노동당 정부는 1974년부터 1976년 사이에 임금인상을 억제하는 대신 노사관계체계를 변화시키는 계약을 노조와 체결했다. 1974년과 1976년의 법령에 따르면 노동자는 해고로부터 보호, 실업수당 증가, 유급출산휴가, 관습법으로부터 조합소추 면제 등을 누리게 되었다. 1979년에 우익인 보수당이 선거에서 승리함에 따라 권력은 이동했고 기업이 정부에 효과적으로 로비할 수 있는 훨씬 더 강한 위치에 있었다. 그 결과 나온 것이 조합의 노동쟁의를 감소시킨 1980년과 1982년의 고용법 이었으며, 조합으로 하여금 손해배상의 책임을 지게 하였다. 모든 노동자로 하여금 조합에 가입하도록 요구했던 클로즈드숍(노동조합원만을 고용하는 사업장)을 효과적으로 파괴했다. 이러한 법률 제정은 노조세력을 약화시켰다.

**공간의 창조** 기업은 정부가 기업의 안전과 이윤증대를 도와주기를 원한다. 기업은 이것을 위해 필요한 공간 창조를 위해서 정부에 로비할 것이다. 주택개발업자야말로 정부의 역할이 절대적인 기업을 운영하고 있다. 영국에서 개발업자는 지방자치단체로부터 건축허가를 받아야 한다. 중앙정부는 지자체의 행동범위를 정하는데 중요한 역할을 한다. 주택생산량이 1960년대 중반 이후 증가함에 따라 개발업자들은 그들의 이익에 변화를 가져오기 위해 중앙 정부와 지방정부에 로비를 했다. 건설업자는 지속적으로 값싸고 유용한 토지공급을 원했다. 또한 계획과정을 지체시키고 싶지 않았는데 이는 공급을 감소시켜 토지비용을 증가시키기 때문이다. 이런 시급함 때문에 개발업자들은 중앙정부에 로비를 했다. 그들의 성공은 이후 환경부의 토지이용에 관한 보고서에서 확인할 수 있는데 토지이용계획의 실행이 지속적으로 증가했음을 알 수 있다. 즉 개발업자들은 토지이용계획제도에 자신들의 요구와 수요를 반영하도록 하는데 성공했다는 것이다. 1979년의 보수당 정부는 개발업자 편이었다. 개발업자와 보수당은 부분적으로 이념적 기반을 공유하며, 개발업자는 전통적으로 보수당에 정치자금을 가장 많이 내고 있는 기부자 집단이기도 하다.

기업들은 서로 경쟁하고 있을 때, 불공정한 경쟁으로 보이는 독점을 막으려고 로비를 한다. 레이거노믹스와 대처리즘 같이 기업을 정부보다 더 효율적인 것으로 간주하는 정권일 경우, 기업은 더 많은 사업공간을 확보할 수 있는 로비를 하며 성공적이기도 하다. 대처정부의 민영화 체제는 정부가 공기업을 더 효율적으로 운영하고자 할 때나 기업이 성공적으로 더 많은 공간을 확보하기 위해 로비할 때 많은 나라에서 똑같이 이용되었다.

## 정부

정부는 도시라는 장(場)에서 배우가 되기도 하고 심판이 되기도 한다. 정부는 지역사회와 기업 간의 상호작용을 규제할 뿐만 아니라 이러한 상호작용과정에서 대리인으로 작용한다.

정부의 가장 중요한 특징 중의 하나는 지속적인 성장에 있다. 20세기에 세계적으로 일어났던 가장 큰 변화 중의 하나는 정부의 규모면에서의 지나친 확대이다. 자본주의 사회이든 사회주의 사회이든, 안정된 사회이든, 불안정한 사회든 이런 추세는 같았다.

자본주의 사회에서 정부는 다양한 이해관계가 작용하는 장이다. 특히 대기업이 중요하다. 장기적으로 정부는 노조나 소기업의 이익보다 대기업의 이익을 더 많이 반영한다. 이는 정부가 대중의 압력에 대응하지 않음을 의미하는 것은 아니다. 특히 자유 민주주의에서 정부는 대중의 압력에 종속적이다. 민주화가 많이 진행되지 않은 체제에서는 정부가 중단기적으로 대중의 요구를 억누를 수는 있다. 그래서 정부의 정책과 활동은 경쟁 집단 간의 권력의 균형을 반영할 것이다. 경제성장기 동안에 노동력이 부족하고 정부의 세수가 증가할 때는 정부의 세수가 적을 때보다 사회복지제도에 훨씬 잘 대응할 것이다. 결국 정부의 정책은 일반적인 경제 풍토와 사회적 힘의 균형에 대한 함수이다.

정부 개입의 경계는 끊임없이 변한다. 사회적 압력과 사회불안에 대한 두려움이 정부로 하여금 공공주택, 특정 거래의 규제, 실업수당의 수준과 같이 다양한 문제들에 개입하도록 부추겼다. 개입의 정도는 사회적 압력의 크기를 반영하는데 그것은 후속적인 정부개입을 위해 정치적 관계를 조성하기도 한다. 예를 들면 2차 대전 후 미국에서보다 영국에서 사회개혁에 대한 압력이 더 컸다. 그 결과 영국에서는 보편적인 의료보험제도를 제정했고, 공공주택 건설이 최고조에 달했을 때는 총 주택재고의 1/3을 차지했다. 영국에서 보편적인 의료보험에 대한 요구에 대해서는 후속 논쟁이 없었으나 그 예산의 규모에 대해서만큼은 후속 논쟁이 있었다. 미국의 경우, 사정이 많이 달랐는데, 보편적인 의료보험제도가 아직 확립되어 있지 않았다. 영국에서 공공주택의 경우 1950년대, 1960년대, 1970년대 초에 걸쳐서 절대적으로도 상대적으로도 증가했다. 그러나 1979년 대처가 이끄는 보수당 정부는 공공주택을 팔아치우는 정책에 착수했다. 공공재의 이러한 민영화는 선택적 과정이었다. 매우 좋은 공공주택은 팔려나갔고, 남겨진 저질의 공공주택은 공공주택이라는 이름에 오명을 남겼다. 주택의 이러한 재상품화는 정부 개입의 후퇴였다.

정부는 여러 종류의 압력에 시달리는데, 이것들은 일련의 위기로 묘사된다. 위기라는 용어는 위험과 기회를 위미한다. 경제가 대중의 기대에 부응하지 못할 때 **경제적 위기**가 발생한다. 즉, 일자리 부족, 생활수준의 저하, 구매력 감퇴 등 경제에 악영향을 미치는 상황이 전개될 때이다. 만약 이러한 현상들이 중산층에까지 영향을 미친다면 **합법화 위기**에 해당하는 조건을 형성하게 된다. 이것은 정부가 국가에 대한 대중의 의지를 반영할 능력을 잃은 것이라 할 수 있다. **합리성 위기**는 필요한 양의 정확한 결정을 하지 못한데서 기인한다. 경제정책이 잘못 되었을 때 또는 정부가 필수적인 교육제도 등을 제공해 주지 못할 때 발생한다. **재정위기**는 세출이 세입을 초과할 때 발생한다.

## 도시정부

도시정부는 3가지 관점에서 살펴 볼 필요가 있다. 즉, 중앙정부와 도시와의 관계, 도시정부의 형태, 도시의 체제가 그것이다.

**중앙 정부와 도시와의 관계** 도시는 주민범위와 유형에 따라 다르다. 더 가난한 도시에서는 시 당국에 의해 집행되는 것 외에 중앙정부가 제공하는 복지제도에 대한 수요가 훨씬 클 것이다. 플로리다 주와 애리조나 주의 퇴직자마을과 같은 고령자의 비율이 높은 도시에서 의료보험 혜택은 고령자의 수요 쪽으로 치우칠 것이다.

도시는 또한 가처분자원에 있어서도 다르다. 번창하고 있는 도시와 정체된 도시 간에, 호경기 도시와 침체기 도시 간에 세원의 규모는 매우 다를 것이다. 만약 주(州)와 연방정부에 의한 평형 메카니즘이 없다면 이러한 차이는 사람들의 수요를 충족시키는 도시의 능력에 반영될 것이다. 도시는 또 서로 다른 정치문화를 가지고 있다. 더 급진적인 도시도 있고 다른 도시보다 더 많이 지출하려는 도시도 있다. 재정적으로 보수적인 시정부는 자유로운 시보다 더 적게 지출하려는 경향이 있다. 시정부의 지출액뿐만 아니라 목표에도 정치적 할당이 영향을 미친다.

위기는 서로 다른 수준의 정부에서 서로 다른 방법으로 나타난다. 이것은 재정적 위기의 경우 가장 분명하다. 종종 정부의 과세와 지출 간에는 뚜렷한 구분이 있다. 중앙정부는 엄청난 세입을 갖고 있다. 그러나 지출의 많은 부분은 시정부에 의해 이루어진다. 중앙정부가 세입의 대부분을 차지하면서 지출에 대한 일부 책임은 시정부에 떠넘기는 경향이 있다는 것이다. 그 결과 재정부담이 시정부 쪽으로 이동하며, 특히 복지지출의 수요가 더 많은 가난한 도시의 경우 더욱 그렇다. 그래서 지출삭감에 대한 대중의 저항은 재정 권력도 없으면서 재정적 책임만 있는 도시공무원에게 향하는 경우가 많다.

**도시정부의 형태**　　중앙집권체제에서 도시정부는 별로 독립적이지 않다. 예를 들면, 프랑스에서 파리시는 미국과 영국에서의 중앙권력과 뉴욕-런던 간에 존재한 것보다 중앙정부의 지배를 훨씬 더 많이 받는다. 그래서 정부예산 중 많은 비율이 프랑스의 수도로 향하고 있다는 것을 의미한다. 그 결과는 분명하다. 런던이나 뉴욕과 비교할 때 파리는 훌륭한 대중교통체계를 가지고 있고, 도로는 더 깨끗하며 최근에 들어선 공공건물이 매우 멋있는 등 일반적인 도시의 질도 매우 높다.

국가의 성장은 중앙정부의 권력증가였다. 중앙정부가 도시정부에게 더 많은 책임을 부여할 때 상쇄되는 경향도 있다. 그러나 이러한 변화를 자세히 관찰하면, 중앙정부가 책임을 전가할 수는 있지만 재정상이든 입법상이든 법률적이든 책임은 실제 권력에 의존하는 경향이 있다는 것을 반드시 알게 된다.

여러 형태의 정부조직을 확인할 수 있다. 정부조직은 국가에 따라 다르고 더 광범한 정치적 역사적 차이를 반영한다. 시간이 지남에 따라서도 차이가 있다. 비록 합법적 위기에 의해 진행된 것이긴 하지만 정부개혁은 종종 행정의 조직개편으로 이어진다. 예를 들면 영국에서 도시정부는 많은 변화에 직면해 왔다. 1974년에 만들어진 메트로폴리탄 카운티가 1986년 보수당 정부에 의해 폐지되었는데, 이는 부분적으로 이 카운티들이 주로 노동당의 지배를 받았고 그래서 우익정부에게는 정치적 적(敵)이었기 때문이다.

수많은 행정적 정치적 경계가 하나의 메트로폴리탄 지역에 가로놓여 있을 때 메트로폴리탄의 세분화가 발생한다. 예를 들면 뉴욕 메트로폴리탄 지역은 1,500여 개의 서로 다른 정치적 단위로 구성되어 있다. 과도한 세분화는 공공서비스를 감독하고 운영하기 더 어렵게 만든다. 만약 그렇다면 왜 그런 일이 생기는가? 관성이 하나의 이유가 된다. 도시성장은 행정적-정치적 변화의 완만한 특성을 앞질러 진행된다. 또한 메트로폴리탄 정부로의 합병에 저항하는 강력한 힘도 있다. 특히 학교지구에서 저소득 소수집단과의 접촉, 그리고 더 높은 과세에 대한 두려움이 메트로폴리탄 합병에 대한 교외의 저항을 주도하고 있다.

간혹 이러한 메트로폴리탄의 세분화가 중앙정부에 의해 지지되기도 한다. 1974년과 1986년 사이에 런던의 몇몇 공공서비스는 런던광역자치체(Greater London Council)가 관리하였다. 곧이어 1979년에 권력을 잡은 보수당 정부는 런던광역자치체를 폐지하고 싶어졌다. 비용을 줄이고 싶어서다. 장소와 개성의 역할이 결정적이었다. 런던광역자치체의 본부는 템즈강 변에 있어서 국회의사당이 바로 보인다. 런던광역자치체의 리더는 리빙스톤(Ken Livingstone)으로, 보수당 정부 특히 대처수상을 끊임없이 비판했던 훌륭한 대중매체 연기자였다. 중앙정부는 1986년에 런던광역자치체를 폐지하는 법령을 간단히 통과시켰다. 정치와 개성이 효율성과 합리적 계획을 무시했다.

메트로폴리탄의 세분화는 종종 필요(needs), 자원, 자원배치 면에서의 차이에 기초하고 있다. 만약 도시의 세입이 재산세에 기초한다면 많은 소단위를 가진 한 도시에서 세원은 크게 달라질 것이다. 부유한 지역과 가난한 지역이 있을 것이며, 이 차이들의 일부는 정치적 조정과 통제에 매우 영향 받기 쉬운 중앙정부의 공평화 과정에 의해 보완될 것이다. 그러나 이 과정이 불공평하거나 규모 상 제한적이거나 변동되기 쉬울 때 불균형은 극복되지 않을 것이다. 이때 더 가난한 지역일수록 요구가 더 크다는 역설에 이르게 된다. 즉, 메트로폴리탄의 세분화 때문에 요구와 자원 간에 역관계가 성립할 수 있다는 것이다. 이 역설은 중심-시-교외 재정불균형 문제가 있는 미국에서 가장 잘 나타난다. 이것은 가난한 사람들이 많고, 가장 큰 요구를 가진 중심도시가 최저의 자원을 갖는다는 사실을 확인시켜주는 정확하지만 부담되는 용어이다.

그들의 세원은 교외로 이주했고, 그래서 교외는 부유한 사람들이 많으며 그들의 요구는 더 낮고 자원은 더 많이 가지고 있다. 이런 불균형은 민족분리와 중첩되어 나타난다. 교외와 비교해 볼 때 도심거주자의 대부분은 저소득층, 즉 아프리카계 미국인가계이다. 메트로폴리탄의 세분화는 합병에 저항하는 교외의 자치단체의 힘에 의해 나타나는데, 그런 합병이 과세의 증가, 공공서비스의 감소, 학교교육수준의 질 저하로 이어질 것이라는 두려움 때문에 그럴 수밖에 없다. 결국 미국에서 메트로폴리탄의 세분화는 인종차별의 원인이며 결과이기도 하다.

**도시의 체제** 사람들은 도시정부를 바라보면서 두 개의 질문을 제기한다. 도시는 누가 지배하는가? 그들은 어떻게 지배하는가?

누가 지배하는가 하는 질문은 오랫동안 관심사였다. 엘리트주의자의 입장은 자의식이 강한 기업엘리트가 도시를 효과적으로 운영한다는 것이다. 다원론자들은 수많은 경쟁적인 이익 가운데에서 흩어져 있는 권력을 인정한다. 양자 간의 이질성은 사회를 이해하는데 있어서 뿐만 아니라 접근방법에 있어서도 큰 차이를 보인다. 엘리트주의자의 입장은 과거의 행정이나 교육경험에서의 명성에 의존하는 경향이 있다. 이런 접근방법에서 연구자들은 종종 그 도시의 미리 선발된 시민집단에게 '누가 효과적인 권력을 행사하는가?'라는 질문을 한다. 시민들이 특정한 이름을 상기한다면 엘리트를 확인할 수 있다. 다원론자들의 입장은 특정한 결정에 포함된 이해관계의 범위를 확인하는데 초점을 맞추고 있다. 신엘리트주의자의 입장은 미숙한 형태의 엘리트입장을 말한다. 특정한 결정에 대해 투쟁할 정도는 아니고, 어떤 결정을 내리는데 있어 정치적 의제로 상정하여 토론에 부쳐보는 입장이다.

## ■ 국세와 지방세

국세란 중앙정부가 부과하고 징수하는 조세로서 국가의 운영에 필요한 세원이 된다. 소득세와 법인세, 상속세, 증여세, 관세, 주세, 전기세, 가스세, 부가가치세 등이 속한다.

지방세란 지방자치체가 부과하고 징수하는 조세로서 당해 지방의 운영에 소요되는 세원이다. 보통세와 목적세가 있는데 보통세에 해당하는 것이 취득세, 등록세, 자동차세, 재산세, 주민세, 주행세, 농지세, 도축세 등이 속한다. 목적세로는 도시계획세, 공동시설세, 지방교육세, 지역개발세 등이 있다.

유력한 세원이 모두 국세로 되어 있기 때문에 지방정부의 재원은 항상 궁핍하며, 이 때문에 지방재정의 자주성이 현저하게 위협받기도 한다. 지방세는 지방수입 중 큰 부분을 차지하지 못하며 특히 세원이 약한 농촌지역에서는 정부의 보조금이 없으면 운영 자체가 불가능한 경우가 많다. 지역 간 산업화의 차이와 인구구조의 차이 등에 기인한 세원의 불균등도가 크기 때문에 정부는 국세의 일부를 지방교부세와 지방양여금의 형태로 지급하여 각 지방의 재정 요구를 충족시키고 있다.

지방교부세란 재정적 결함이 생기는 자치단체에 국가가 교부하는 금액을 말하며, 지자체의 행정운영에 필요한 재원을 지원하여 지방행정의 건전한 발전을 지원한다. 매년도 기준, 재정수입액이 기준 재정수요 액에 미달한 경우 그 미달 액을 기초로 국가가 지자체에 교부하는데 1년에 4회 교부한다. 또 자연재해를 입었다든가, 청사 혹은 공공복지 시설의 신설 확장 등 특별한 재정수요가 있을 때는 특별 지방교부세를 지원한다.

지방양여금이란 국세로 징수한 일부 세목의 수입금을 지자체에 양여하여 지자체의 특정 사업에 충당할 수 있도록 한 지방재정지원제도의 일종이다. 지방교부세와 함께 지자체 상호 간의 세원분포의 불균형으로 인한 재정적 격차를 시정하고 지역 간 균형 있는 발전을 도모하기 위해 도입된 제도이다. 지방양여금을 사용할 수 있는 사업은 도로정비사업, 농어촌 지역개발사업, 수질오염방지사업, 청소년 육성사업, 지역개발사업 등이다. 지자체가 사업별 사용규모를 결정하고 정부는 이를 기준으로 양여금을 배분한다.

지방세의 규모가 작다보니 지자체의 자주성을 발휘할 여지가 거의 없고, 매년 차기 년도의 예산 결정시 지역 간 경쟁과 로비가 치열하다. 그래서 재정분권 및 국가기능의 지방이양에 따라 국세로 되어 있는 부가가치세의 일정 부분을 지방에 배분해달라는 요구가 있어왔다.

제15장

# 텍스트로서의 도시

## 신문화지리학의 등장

도시는 누가 힘을 가지고 있으며, 그 힘을 어떻게 휘두르고 있는가를 우리에게 말해주는 의사소통체계이다. 도시의 배치, 이용, 규모, 내부의 설계, 외부적인 디자인은 한 사회의 권력의 특성, 분포, 경쟁을 구현하고 있다. 도시는 의사소통체계이며 권력과 위엄, 지위와 영향력, 승리와 패배를 나타내는 일련의 상징이다.

과거의 문화지리학에서는 경관 자체에 관심을 가졌다. 인간이 특정 지역에 오랫동안 정주하여 살면서 그곳의 자연환경에 적응하며 이루어 낸 결과물인 경관을 인과론적 관점에서 해석해 냈다. 그러나 자연환경에 대한 적응도가 그렇게 중요하지 않은 도시 생활에서 이루어진 도시 경관을 인과관계로 설명하기는 어렵다.

급속한 도시화로 형성된 도시 공간에 대해 문화지리적 해석을 시도하면서 신문화지리학이 등장한다. 도시의 문화적 현상이 공간상에 어떻게 표현되고 있으며, 그 함의는 무엇인가에 대해 관심을 갖게 되었다. 특정 생활양식으로서의 문화개념이 아닌 '공유된 의미체계로서의 문화개념'을 수용하게 된 것이다. 문화는 인간에 의해 형성되며, 일종의 의미체계로 작동하여 전달 재생산되면서 우리 생활을 구조화 한다.

도시 경관을 일종의 텍스트로 보면서 경관을 통해 재현되는 사회적·경제적 의미에 초점을 맞추는 것이다. 기호나 상징으로서 경관이 가지는 의미에 초점을 두고, 가시적인 것 이면에 존재하는 사회적·정치적 과정과 권력관계를 밝히면 그 경관의 의미가 더욱 분명해 지는 것이다. 그래서 도시는 메시지를 담고 있는 컨테이너라고 까지 말해진다. 특히 거대한 건물들은 그 자체로 읽히고 연구되는 일종의 문헌이라 할 수 있다.

1995년 8월 15일 광복 50주년을 맞아 조선총독부 건물이 철거되었다. 그것은 우리에게 어떤 의미였는가?

경복궁은 1910년부터 22년 동안 일본에게 철저히 훼손된 후 일반인에게 매각된다. 일제는 조선의 정기를 끊어 버리기 위해 경복궁 안에 조선총독부를 세워 일제의 식민통치를 정당화 하고자 했다. 경복궁 광화문에서 근정전까지 조선총독부가 세워졌다. 장장 10년에 걸친 공사를 거쳐 1926년 완공한다. 일본인 석공장인 300명, 조선인 노동자 연인원 200만명을 동원한 대공사였다. 르네상스양식에 바로크양식을 더한 네오르네상스 양식으로 지하1층 지상 4층에 연면적 9,600평에 달하는 당시 동양최대의 건물이었다. 영구적인 식민 지배를 꿈꾸며 야심차게 공들여 만든 작품이었을 것이다.

조선의 정기를 끊겠다는 의도로 임금이 거주하는 궁전의 전면을 가리는 조선총독부 건물을 세운 것이다. 사실 일본인들은 잦은 지진으로 늘 흔들리는 땅위에 살고 있기 때문에 기(氣)의 흐름과 응집으로 좋은 땅을 설명하는 풍수를 믿지는 않는다. 그러나 조선

민중에게 풍수는 천년 이상 면면히 이어져 온 일종의 토지관으로서 아주 중요하게 인식하고 있었기 때문에, 궁전이 놓인 정기서린 땅위에 그동안 본적 없는 거대하고 위압적인 석조건물을 앉힌다는 것은 조선 민중에게 굉장히 충격적인 사건이었다. 일본은 경복궁을 가리는 조선총독부라는 높은 석조건물 하나만으로도 조선 민중을 위축시켰으며, 조선은 이제 사라진 것이라는 의미를 조선 민중에게 던졌던 것이다. 자신들의 탁월한 건축기술을 과시하며 조선의 지배를 정당화하는 의도를 조선민중에게 던진 것이다. 그 건물을 폭파 철거하는 것은 식민의 어두운 질곡을 벗어 던지고 민족정기를 바로 세워 세계 속의 당당한 국가로 통일과 밝은 미래를 향해 나아가자는 강력한 신호탄이 되는 것이다.

건조 환경은 의미를 구체화한다. 3가지 차원의 의미가 있다(Rapoport, 1990). 우주관 및 세계관과 관련되는 고차원적 의미, 지위와 부에 대해 넌지시 암시하는 중차원적 의미, 일상적인 공간 이용과 관련한 저차원적 의미가 그것이다. 어떤 건물이나, 건물군(群)은 상이한 차원의 의미를 응축하고 있다. 의미는 시대에 따라서, 혹은 지위에 따라서 다르게 표현되며 끊임없이 변화하기도 한다. 예를 들면 뉴욕의 엠파이어스테이트 빌딩은 경기침체기에 투기적인 모험으로 건축되었다. 그것은 경제침체기에 사업 확신의 상징이었다. 이후 뉴욕의 아이콘이 되었고, 가장 사랑받는 장소이고, 스카이라인에서 쉽게 확인할 수 있는 요소이고, 시간이 지남에 따라 역사적·향수적 색조를 띄는 뉴욕 마천루의 상징이 되고 있다. 대부분의 사람들에게 엠파이어스테이트 빌딩은 단지 볼거리 중의 하나이거나 아마도 한번쯤 방문해 볼만한 곳이다. 그러나 부자들은 그 빌딩을 보며 한번쯤 투자해 볼 만한 대상이 될 수도 있다. 지위에 따라 다양하게 의미부여를 할 수 있다.

우리는 2001년 9.11테러를 기억한다. 왜 알카에다는 테러의 대상으로 세계무역센터(World Trade Center)를 겨냥한 것일까? 세계무역센터는 세계자본주의의 핵심이며 또한 초강대국 미국의 자존심이기 때문이다. 자본주의 체제와 그 맹주인 미국에 일격을 가한 것이라 할 수 있다. 이렇게 건조환경은 의미를 가지고 있지만, 그 의미는 결코 고정되어 있지 않다. 어떤 건축물이든, 건축물 군(群)이든 영구적으로 고정되지 않는 다양한 의미를 품고 있다. 서로 다른 가치를 갖고 다양한 사고들이 난무하는 세상에서 수많은 의미부여가 가능할 수 있다.

## 도시와 신체

인간의 신체는 아름다움과 실용성의 척도로서 중요하다. 신체를 사각형과 원의 공식적인 비율로 나타내고자 한 레오나르도 다빈치의 유명한 그림이 있다. 고전양식 및 르네상스양식 건축의 연속적인 등장은 건물이 인간적 차원에서 건축되고 있다는 것을 말해준다. 다른 건물 양식보다도 단순히 그것들이 더 작고 친밀하다는 것이 아니라 인간의 형태가 기본적인 측정기구 중의 하나였다는 것이다.

인간의 신체는 도시에 계속 반영되고 있다. 높게 솟은 고층건물은 남근숭배사상의 예이다. 많은 대도시의 현대적 스카이라인은 남성의 활력과 근육의 힘을 상징하는 충실한 은유이다. 로마에 있는 성 베드로 성당의 미켈란젤로 돔의 아름답고 부드러운 구형은 여성 가슴의 외형과 윤곽을 나타내고 있다. 1711년에 완성된 런던의 세인트폴 성당의 바로크식 돔에서도 볼 수 있다. 가장 기본적인 형태의 하나로서 인간의 신체는 도시를 구상하기 위한 강력한 주형(鑄型)으로서 작용했다.

애커만(Diane Ackerman, 1990)은 자신의 매력적인 책에서 향기·촉감·취향·청각·시각 등 우리 신체의 감각이 외부 세계를 해석하는 방식을 설명하고 있다. 로다웨이(Paul Rodaway, 1994)는 촉감·향기·청각·시각이 지리적 경험을 구조화하는 감각지리학의 개념을 발전시키고 있다. 또 동남아시아의 유명한 과일인 두리안은 독특한 냄새 때문에 동남아인을 제외하면 대부분 좋아하지 않는데, 이러한 후각을 바탕으로 동남아인의 정체성을 확인하는 후각지리적인 연구도 있다. 결국 신체와 장소 간의 관계는 도시경험에 대한 우리의 인식에서 중요한 요소로서 인식되고 있다.

## 도시를 쓴다는 것

도시를 하나의 텍스트로 생각한다면, 텍스트를 쓰는 사람이 있는 것처럼 도시를 쓰는 사람이 있다는 것이다. 텍스트를 쓰는 사람은 쓰는 목적이 있으며, 그것을 잘 구현하기 위해서 목차를 세우고 잘 정돈 할 것이다. 무엇을 앞부분에 둘 것이며 어떻게 전개해 나갈 것인지, 그리고 마무리는 어떻게 할 것인지를 정할 것이다. 도시를 쓰는 일도 그와 같다.

도시는 일련의 기호, 소통으로 이루어진 비언어적인 시스템으로 간주될 수 있다. 도시는 사회 전체를 통과하는 메시지 자체일 뿐만 아니라 메시지를 담고 있는 컨테이너이다. 도시에 대해 쓰는 것 또한 도시를 읽는 것을 포함하고 있다. 메시지의 생산과 그 소비 간에는 1대1의 대응관계란 없다. 도시에 대해서는 대체 가능하고, 상이한, 논쟁이 가능한 독해가 존재한다. 이러한 관점을 세계의 여러 도시들에서, 지난 200년 동안에 있었던 도시재구조화의 만화경을 제공하는 특수한 예들을 참고로 하여 보다 분명하게 조명할 수 있다.

**캔디** 캔디(Kandy)는 이전에 실론이었던 스리랑카의 수도였다. 1798년부터 1815년까지 캔디를 통치한 마지막 왕은 스리비크라나 라자신하(Sri Vikrana Raja Sinha)였다. 1803년 영국 군대의 침입을 물리쳤지만, 그의 권력은 귀족층과 영국인들로부터 도전받고 있었다. 그의 제위 마지막 해에 그는 대규모 건축계획을 수행하였다(그림 15.1, 15.2 참조).

1809년부터 1812년 사이에 5개의 새로운 신전과 주거지 구획, 돌, 성벽의 건설, 인공호수의 조성 등을 포함하여 도시, 궁전, 왕실 정원의 연속적인 재건축이 있었다. 1810년과 1812년 사이에 거의 3,000명의 노동자가 이 계획에 동원되었다. 호수의 중앙에는 직사각형의 쾌적한 주택을 세운 섬이 축조되었다.

던칸(Jim Duncan, 1990)은 왕이 도시경관에 대한 상세하고도 신중한 해체와 구축을 통해 순수하게 건물의 규모만으로 자신의 권력과 위엄을 국민에게 심어주고자 시도했다고 주장한다. 재건된 도시는 왕의 강력한 힘에 대한 실질적인 은유이다. 던칸은 캔디의 경관과 신화적인 신의 도시형태 간에는 유사성이 있다고 주장한다. 도시의 서쪽 구석에 왕은 2개의 도로를 첨가하고 3개의 도로를 확장했다. 그 결과 도시에는 광장의 수가 21개까지 증가하고 있다. 그의 왕궁에는 동일한 수의 행정단위가 있다. 또한 천국의 신의 도시를 참조로 하여 부가하거나 확장하여 더욱 사각형의 형태를 창출했다. 그래서 도시형태는 지상의 왕국이 천국의 왕궁을 반영했던 것이다. 사용된 이름조차 중요하였다. 새롭게 조성한 인공호수는 우유의 바다(Ocean of Milk)라 불렸는데 그 이름은 우주의 중앙에 있는 은하수를 언급하기 위해서 신성한 책에서 사용

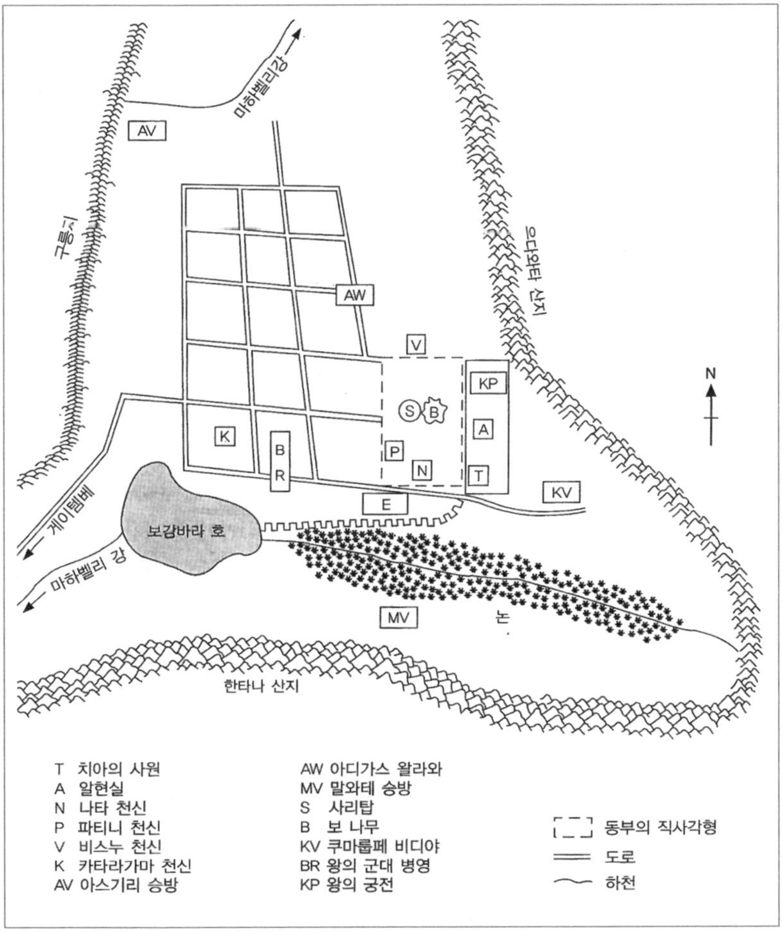


출처: Duncan (1990)

**그림 15.1.** 1765년의 캔디

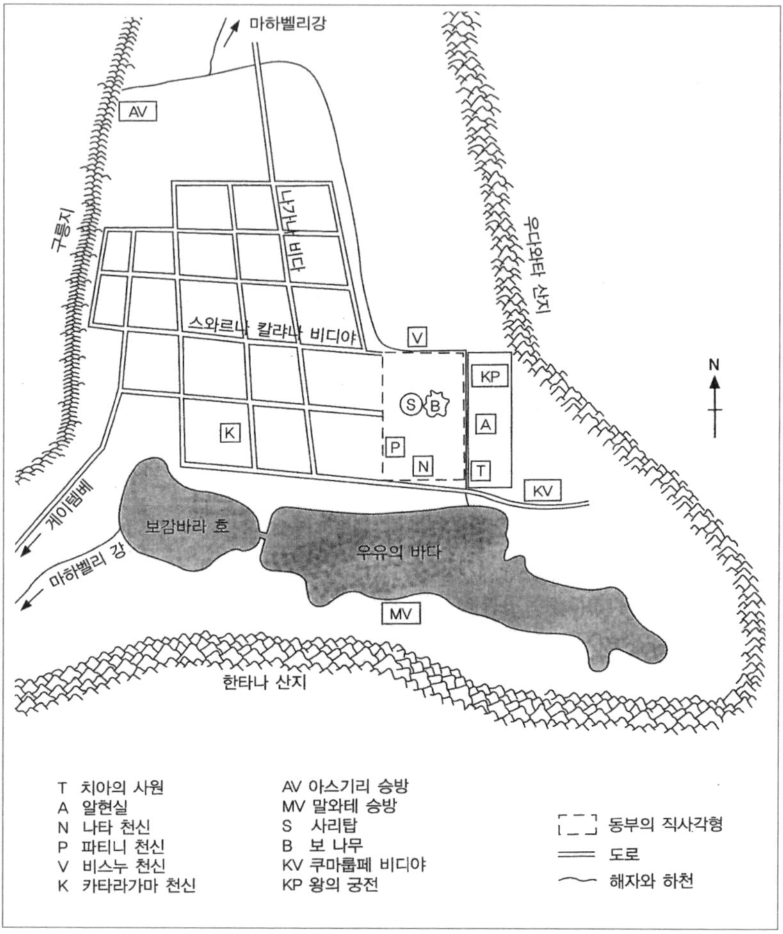


출처: Duncan (1990)

**그림 15.2.** 1815년의 캔디

되고 있는 이름이다. 호수는 시간의 시작을 암시하며 도시는 비유적인 경관이다. 왕은 신성한 비유를 참조하여 유사한 것들을 자신의 통치를 합법화하기 위해 이용했다.

새롭게 변한 도시형태에 대해서 왕의 의도와 달리 귀족들과 농민들은 다르게 받아들였다. 대부분의 귀족들은 폭군의 비합리적인 행동으로 보았다. 소농들은 건축계획을 부당하고 억압적인 것으로 보았다. 소농들은 강제동원 되어 힘든 노동을 해야 했기 때문에 신과 동격이 되려고 하는 인간 왕의 총체적인 허식을 비웃었다. 결국 자신의 위엄과 지지를 끌어올리기 위해 고안된 도시구조재편계획은 역설적으로 자신에 대한 대중적인 동조를 훼손하였다.

**에든버러** 에든버러는 500년 이상 스코틀랜드의 수도였다. 왕실 대관식의 장소였으며 행정부가 있는 곳이고 스코틀랜드 장로교회의 중심이었다. 올드타운은 성(城)에 이르는 척추모양의 토지를 중심으로 집중되어 있으며, 카우게이트(Cowgate), 마켓스트리트(Market Street), 론마켓(Lawnmarket), 그라스마켓(Grassmarket) 등과 같은 명칭을 보면 거래와 상업의 중심이었음을 알 수 있다. 또 캔들메이커스로우(Candle-maker's Row)와 서전스홀(Surgeon's Hall)은 그 도시의 길드와 수공업을 반영한다. 그 뒤로는 인대주택 등이 펼쳐져 있는 전반적으로 혼합된 토지이용을 보인다. 장소의 기능을 반영한 명칭이 특징적이다.

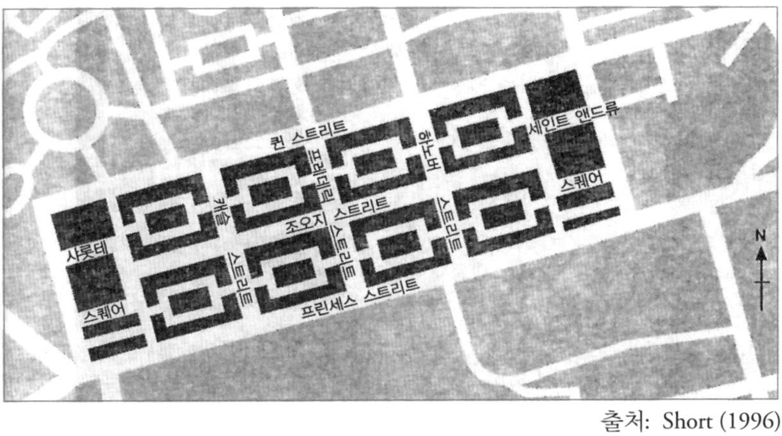


출처: Short (1996)

그림 15.3. 에든버러의 뉴타운

1767년 올드타운 북쪽의 일부 토지가 에든버러 의회의 지배하에 들어갔고 그 후 30년 동안, 양 끝에 우아한 광장을 둔 3개의 도로 상에 멋진 뉴타운 건축계획이 실행되었다(그림 15.3). 뉴타운의 건물들은 여러 가지 메시지를 안고 있다. 직선과 직사각형 광장의 도시 형태는 올드타운의 조직적 밀도와 대비되는데 이것은 밝아진 사회를 상징하고 있다. 기하학적인 공간구조는 인간의 이해와 지배에 민감한 합리적이고도 질서 있는 우주관을 반영한 것이다(Reed, 1982). 뉴타운은 부유하고 권력 있는 사람들과 그 나머지 사람들을 격리시켰다. 올드타운에서는 동일 임차지에서 사회계급이 수평적인 분화를 이루면서 혼합되어 있었다. 그러나 뉴타운은 권력자와 부자, 약한 자와 가난한 자를 분리시켰다. 도시 재조직화를 통해서 형성된 사회계급의 출현이 구체화된 것이었다. 뉴타운의 도로명칭은 'Frederick Street, Hanover Street, Queen Street, George Street, Princess Street, Charlotte Square' 등 잉글랜드 왕실 가문의 이름을 딴 것으로 기능을 반영한 올드타운의 명칭과는 확연히 다르다. 이는 잉글랜드 왕실과 관계를 맺고자 하고, 자신들의 행운을 잉글랜드와 연결시키고자 열망하는 사회적 계급의 의식을 반영한 것이다. 이것은 1745년 재코바이트(Jacobite; 영국 제임스 2세파의 사람) 혁명이 일어났고, 스코틀랜드가 잉글랜드 하노버 가문에 대한 불충성의 근원이라고 생각하는 잉글랜드에 대한 두려움으로 이어지고 있었다는 점에서 중요하였다.

오늘날 뉴타운의 특수한 메시지에 대해 알고 있는 사람은 거의 없다. 도로와 광장은 조지아식 우아함을 나타내고 있지만 그 명칭들은 대부분의 사람들이 그 암시하는 바를 잊어버린 채 장기간 평범하게 사용되고 있다. 에든버러의 뉴타운은 우아한 과거의 상징이며, 그래서 '북유럽의 아테네'라는 위상을 가질 수 있는 에든버러 경관의 뚜렷한 특징이다.

**비엔나**　　19세기 말에서 20세기 초에 역사가 쇼르스케(Carl Schorske, 1980)는 비엔나에 관한 자신의 연구에서 링쉬트라세(Ringstrasse)의 중요성을 강조하고 있다. 이곳은 오래 된 도심부를 둘러싼 지역으로서 본래 성벽의 위치였다. 오래 된 도심부에는 구질서의 건축물들이 있다. 황제의 주거지, 귀족들의 저택, 고딕식 성당과 수많은 교회들이 그것이다. 19세기 중반이 되자 성벽의 필요성은 거의 없어졌으며, 1860년의 정치적 변화는 자유주의자에게 많은 권한을 부여했다. 1857년 새로운 도시건축을 위해서 성벽을 부수고 그 자리를 도로(링쉬트라세)로 만들어 개방하려는 황제의 칙령은 새로운 계급 즉, 자유주의자 지식인들에게 커다란 기회를 주었다.

> 비엔나는 그들의 정치적 기반이 되었고 그들의 경제적 수도였으며, 그들의 지적생활을 주변으로 확대하는 중심지가 되었다. 권력에 도달하고서부터 자유주의자들은 그들 자신의 이미지로 도시를 형상화하기 시작했다. 세기가 끝날 무렵 권력으로부터 배제될 때까지 그들은 대체로 성공적이었다. 비엔나의 모습은 변형되었다. 이 도시재건의 중심이 링쉬트라세였다(Schorske, 1980, 24).

링쉬트라세는 상승하는 사회계급의 가시적인 표현이었고 상징적인 표현으로 가득 차 있었다. 성벽의 파괴에 대해 군대는 반대하며 군대주둔의 필요성을 계속 강조했다. 처음의 계획에서 군대는 철로역 부근의 새로운 무기창고와 2개의 막사를 부여받았다. 군대이동은 용이하지만 바리케이드의 건설은 훨씬 어렵도록, 넓은 도로를 주장했다. 파리에서 오스만의 계획처럼 넓은 도로는 건축적 미학에 대한 관심이라기보다는 시민폭동의 두려움을 더 많이 의식한 반응이었다. 그 이후 건축계획은 도시 부르주아 계층의 성취와 희망을 반영했다. 공공건물은 각기 대표적인 스타일로 건축되었다. 즉, 대학건물은 르네상스 스타일로 건축되었는데, 이는 절대주의 시대에서 새로운 자유의 시대가 열린 것처럼 중세의 암흑에서 벗어난 근대적이고 합리적인 문화를 창출하자는 것이었다. 의회는 그리스의 고전적 사원의 외관을 갖고 있는데 이는 고대 그리스의 민주적 특성을, 더 확장하여 현대 사회의 민주적 특성까지 사람들에게 상기시키기 위한 것이었다. 도시 행정부 청사 라트하우스(Rathaus)는 절대주의 통치의 오랜 밤이 지난 후 새로 탄생한 자유로운 중세공동체를 환기시키는 거대한 고딕식으로 건축되었다. 건물의 규모, 스타일, 입지는 새로운 사회질서와 상승하는 사회계급의 덕과 가치를 강조하는 메시지였다. 링쉬트라세는 자유로운 부르주아계층이 자신들의 희망과 꿈을 그 안에 써넣도록 되어 있었던 공백 페이지였다.

유사한 사회적 변화가 유럽 전역에 걸쳐 일어나고 있었다. 중산층의 성장이 보다 보편적인 현상이었다. 사회적 변화는 유사했던 반면 공간의 재건은 다채로웠다. 올센(Donald Olsen, 1986)은 1814～1914년 기간 동안의 비엔나, 파리, 런던의 상황을 주목했다. 링쉬트라세가 공백 페이지였다면 파리에서는 오스만(Baron Haussmann)의 급진적인 수술이 있었고, 런던에서는 리젠트스트리트(Regent Street)의 건설과 같이 보다 점진적인 변화를 보였다. 파리와 비엔나에서는 증가하는 중산층을 위해 아파트와 같은 플래트식 주택이 건축된 반면, 런던에서는 단독주택이 지배적인 형태였다. 런던은 감추어진 즐거움과 실내장식의 장소였고, 파리는 정원과 도로를 자랑한 반면 비엔나는 현시적이고 자기표현을 위한 무대를 제공했다.

**베이징** 베이징은 1271년 이후 통일된 중국의 수도가 되었다. 황제의 권력뿐만 아니라 보편적 유교 질서를 나타내기 위해 도시는 남북축을 따라 뻗어 있는 직선의 내부 및 외부 벽을 갖춘 풍수적 광장에 기초하고 있었다. 중심에는 자금성(Forbidden City)으로 알려진 벽으로 둘러싸인 황궁이 있었다. 필수적인 물의 공급을 조정하기 위해서 완벽한 직선형이 북서쪽 구석에서 약간 기울어진다(그림 15.4). 비록 상징성은 때때로 실용적인 것에 밀려니기

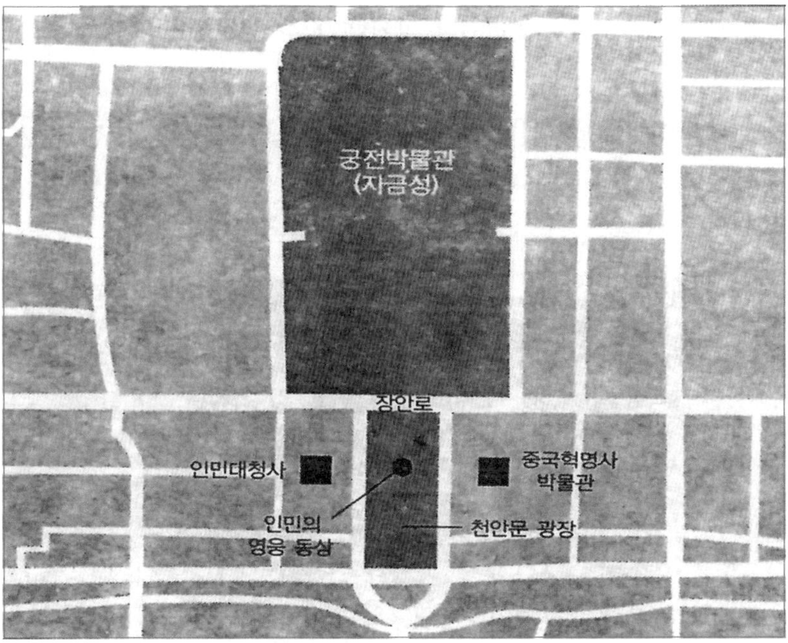


출처: Short(1996)

그림 15.4. 베이징과 자금성

도 하지만, 도시의 형상, 방위, 구조는 질서와 계층 그리고 유교라는 보편적인 통치체제를 상징하도록 건축되었다.

1644년까지 4개의 분리된 성벽 도시가 있었다. 즉 외성(外城)·내성(內城)·황성(皇城)·자금성(紫禁城)이 그것이다. 그러나 1860년 영국과 프랑스세력이 그 도시를 침입함에 따라 주요한 변화가 나타난다. 외국인들은 베이징 바로 남쪽에 조차지역을 설정했다. 외국인 거주는 중국과 베이징에서 서구의 영향력을 구체화시켰다. 유교질서는 서구 존재의 영향을 받았다. 그러나 서구의 영향력은 해안도시 즉 상하이와 같은 곳에서 훨씬 컸다. 그래서 1949년 10월 1일 중화인민공화국이 건설되었을 때 국가의 수도로서 당당하고 통합된 중국을 상기할 수 있는 베이징이 선택되었다.

베이징은 새로운 사회주의 국가의 중심으로서 변형되었다. 제조업이 등장하고 도시 형태는 1959년 완공된 천안문 광장의 건설로 놀랍게 재구성되었다. 그 광장은 자금성의 남쪽에 조성되었는데 약 50ha에 이르고 거의 100만 군중이 머무를 수 있다. 광장의 서쪽에는 172,000m$^2$에 이르는 인민대청사가 있으며 동쪽에는 중국의 혁명사박물관이 건축되었고 중앙에는 높이 37m에 달하는 화강석 오벨리스크 즉 인민의 영웅 모택동 기념동상이 세워졌다. 그 광장은 중국 공산당의 권력과 권위와 합법성을 상징하고 있다. 또한 태묘와 사직단을 제거함으로써 새로운 통치자들은 과거 봉건시대와의 단절을 상징했다. 그러나 이런 사회주의적 변형도 구도시의 기하학을 크게 건드리지 않음으로써 과거와의 연결은 유지하였다. 결국 근대 사회주의 현실의 요소들을 중국의 과거와 결합하면서 사회주의 중국의 수도가 되었다.

도시 형태는 인간의 행동과 사회적 상호작용을 위한 환경을 제공한다. 베이징에서 천안문 광장은 사회주의 중국의 상징으로 건축되었다. 그러나 서구에서 그 이름은 사회주의 체제에 대한 저항으로 인식되고 있다. 1989년 봄, 대학생들이 천안문 광장에서 연좌데모를 했다. 그들은 여러 가지 이유로 저항하고 있었다. 즉 생활수준의 하락, 당 간부들의 부패, 정치적 자유의 부족이 그것이다. 그리고 5월과 6월에 걸쳐서 그 넓은 광장에서는 축제와 같은 기운이 넘쳐흘렀다. 당시 약 15,000명이 그곳에 결집했다. 그들의 저항은 텔레비전을 통해 전 세계에 알려졌다. 6월3일 토요일 오후 군대가 군중들을 해산하기 위해서 '영원한 평화의 거리(Avenue of Eternal Peace)'를 따라서 진입했다. 군대가 군중에게 발포했다. 약 300명의 군중이 살해되었고 3000명 이상이 부상당했다(Farthers & Higgins, 1989). 동부 유럽과 구소련에서 공산세력이 위축되고 있는 동안 천안문 광장의 공산통치가 재확인된 셈이다. 중국 공산주의를 강화하기 위해서 만들어진 천안문 광장은 야만적인 탄압과 무자비한 명성의 상징이 되었다. 건조환경은 영속적인 형태와 디자인의 힘뿐만 아니라 사회적 힘의 변화까지도 담을 수 있는 것이다.

**로스앤젤레스** 로스앤젤레스에 대해 연구한 데이비스(Mike Davis, 1990)는 "요새(要塞) LA"라는 제목의 한 장(章)을 다루고 있다. 거기에서 그는 1990년대에 출현한 건조환경에 대해 전문가의 이야기를 빌어 "물리적 안전체계를 갖추어야 하고 부차적으로 사회적 경계에 건축학적인 치안유지까지 포함해야 한다는 이런 강박관념이 도시재구조화의 중심사고가 되어 왔음"을 지적하고 있다. 이러한 새로운 이야기의 배경은 매우 상이한 생활경험과 증가하는 인구로 말미암아 확대되어가는 주변부화라고 하는 이중도시의 출현이다. 미국의 도시에는 길거리에 많은 노숙자가 있다. 그 외의 사람들은 도시의 도처에 산재해 있다. 동일 도시 내에서 크게 분리되는 삶의 경로가 진행되고 있다는 의미에서 공동체의 상실이며, 이것이 로스앤젤레스만큼 뚜렷하게 드러나는 곳은 없다. 로스앤젤레스에서 부자는 엄청난 부자이며, 가난한 사람들은 몹시 가난하다. 이러한 의미에서 공유되는 가치가 거의 없으며, 더 나아가 안전한 공공 공간 또한 없다.

로스앤젤레스에서 공공 공간은 파괴되었다. 공공 공간은 통제되고 신분이 높은 사람에게만 출입이 허용되고 있다. 공원은 그 지방 주민을 제외한 모든 이에게 폐쇄되어 있고 도시재개발체제는 행인과의 접촉을 가능한 줄이고 있다. 몸을 완전히 눕힐 수 없는 벤치와 같은 가학적 도로환경이 조성되고, 사람들에게 빈둥거리지 못하게 하는 표시가 있으며, 도시 내부의 쇼핑센터는 끊임없이 감시당하고 있다. 안전에 대한 관심은 출입제한공동체(gated community)의 창출과 강화로 이어졌다. 무장한 경호원이나 높은 울타리와 벽, 안전장치 등으로 외부인이 차단된 요새도시가 등장한 것이다. 로스앤젤레스에서 그 시스템은 정교한 기술로 통제되고 있지만 도로와의 연결은 거의 없다. 선견지명이 있었던 데이비스는 자신의 분석에서 로스앤젤레스에서 조만간 폭동이 발생할 것이라고 기술했다. 그는 그 과정을 다음과 같이 요약하고 있다.

> 로스앤젤레스 웨스트사이드의 잘 손질된 잔디밭에 불길한 표시의 경고, 즉 "무장대응!"이라는 팻말이 무더기로 갑자기 출현했다. 협곡과 구릉지에 사는 부유한 이웃들조차 총으로 무장한 개인경호원을 고용하고 최첨단 기술의 전자 감응장치로 외부를 경계하는 높은 담 뒤

> 로 스스로를 고립시키고 있다. 공공연히 장려된 "도시르네상스"로 국가의 최대 집합적 성채를 세운 도심지는 기념비적인 건축 축대에 의해 가난한 이웃들과 분리되었다. 할리우드에서 '휴머니즘'으로 명성이 높은 유명한 건축가 게리(Frank Gehry)는 외인부대의 요새를 모방하여 고안된 도서관의 공격적 외관을 숭배하고 있다. 웨스트레이크(Westlake)지구와 산페르난도(San Fernando)계곡에서 로스앤젤레스 경찰은 도로를 가로막고 마약과의 전쟁 일환으로 가난한 이웃들의 출입을 금하고 있다(Davis, 1990, 223).

이 책은 1992년의 로스앤젤레스 폭동 2년 전에 출간되었다. 데이비스가 그 폭동을 예언했던 것이다. 1992년의 폭동은 자영업을 하던 한국교민들에게 엄청난 피해를 안겼으며, 교민들의 슬픔과 억울함은 이루 말 할 수 없었다.

로스앤젤레스는 극단적인 사례일 수 있다. 로스앤젤레스를 보는 것이 미국 도시의 미래를 의미하는 것은 아니며 세계의 나머지 지역에 대해서는 더더욱 아니다. 그러나 데이비스가 확인한 추세는 전 세계에 걸쳐 유사하게 나타나고 있다. 지구적 차원의 경기침체로 고조된 자유민주적 합의의 부분적 상실은 대도시들을 더욱 파편화시킬 수 있다. 공유할 수 있는 공공 공간의 상실은 보편적 공동체 상실의 원인과 결과이다. 로스앤젤레스의 극단적인 예가 그 밖의 다른 곳에서는 그대로 나타나지 않는 것처럼, 로스앤젤레스는 도시재구조화에 대한 새로운 한 가능성을 나타내고 있다.

## 도시를 읽는 것

만약 도시가 쓰여 진다면 또한 읽혀질 수 있다. 즉 도시는 생산될 뿐만 아니라 소비된다. 지난 20년 동안의 문학 이론은 텍스트의 생산뿐만 아니라 텍스트의 소비와도 관계되어 있다. 창조성은 텍스트의 저자에게만 한정되는 것은 아니다. 읽는 것 또한 창조적인 작업이다. 읽는 것이 창조적이라면 아마도 복합적인 읽기가 될 것이다.

도시는 쓰는 것과 읽는 것에서 균형 잡힌 채 공유되는 텍스트가 아니다. 앞에서 인용된 예들은 상이한 읽기를 말해 준다. 캔디의 사례에서 자신의 업적에 대한 왕의 쓰기는 소농들이나 귀족들의 읽기와는 매우 달랐다. 비엔나의 링쉬트라세는 자유주의 태도의 긍정적인 수용으로써 간주되었다. 그러나 황제와 군대에게는 패배의 표시였고 구질서의 붕괴였으며 사회적 분열의 표시였다. 읽기는 시간에 따라 변화한다. 에든버러의 뉴타운은 영국의 왕실 가족과의 친분을 이용한 이름을 통해서 스코틀랜드의 영광을 상징하는 것이며 그것을 구현함으로써 창출되었다. 우아한 질서가 남겨져 있지만 하노버가문에 대한 충성스러운 암시는 현재 대부분의 사람들로부터 오랫동안 잊혀져 있으며, 도로의 이름은 본래의 기능과 역사적인 특수성을 상실했다. 도시 형태의 생산과 그 소비 간에는 복합적이고 경쟁적이며 변화하는 독해가 있다.

도시의 공간과 장소들은 인간의 작용과 사회구조 간의 접촉지점이다. 상점, 가정, 직장과 같은 건조환경의 요소들이 단순히 건축형태로만 간주되지 않고, 사회구조와 정치권력 그리고 인간작용 간의 연결지점으로 간주할 때 문제의 중요한 측면이 보이게 된다.

도시경관은 사회질서, 사회통제, 정치권력, 문화적 우위성에 대해 다양한 단서와 메시지를 포함하고 있다. 우리는 도시경관을 읽음으로써 이러한 것들에 대하여 많은 것을 배울 수 있다. 도시경관의 상당부분은 엘리트들의 권력과 대자본가에 의해서 만들어진다. 엘리트들은 역사 감각과 목적의식을 가지고 있을 뿐만 아니라 경관구축이 가능한 경제기반을 가지고 있기 때문이다. 오랜 시간이 지나 후손들이 각자의 길을 가고 경제력도 약화되면 도시에 헌납함으로써 역사적 장소로 보존되고 명예도 보존하게 된다. 도시의 일반적인 형태와 배치뿐만 아니라 특별한 건물들은 그 자체로 읽히고 연구되는 광범한 문헌이며, 사회의 유영과 재생산에 부여하는 통찰력이기도 하다.

## 공간과 권력

권력은 사람들 간의 관계이며, 공간은 권력을 표현하는 장이다. 권력은 우리가 공간을 조직하는 방법에 구현되어 있다. 공간조직은 권력의 운용, 권력의 분포, 권력의 존재를 반영하고 구현한다.

회사에서의 계층상의 위치는 직장의 규모, 입지, 기능에 의해 결정된다. 반복적인 사무직 노동자들은 프라이버시가 거의 없는 큰 방을 함께 쓰고 있다. 사람들은 자신들의 좁은 공간을 개인화하려고 한다. 책상 위의 부드러운 장난감이나 사진들은 주변에 대해 자신의 표시를 만들어 놓는 방법의 일종이다. 최고위직과 경영진들은 건물의 꼭대기에 가장 큰 사무소를 갖고 있다. 이 방에 들어가기 위해서는 비서가 감시하고 있는 사무실을 통해서만 가능하며 바로 들어 갈 수는 없다. 면회 신청을 해야 하고 그들이 당신을 볼 수 있을 때까지 밖에서 기다려야 한다. 당신의 시간은 그들의 편의에 맞추어야 한다. 지상으로부터 멀리 떨어져서 하늘에 가까이 있는 이곳은 두꺼운 카펫과 비싼 벽지, 그림으로 가려진 벽의 방음 효과의 증대로 소음을 최소화 하고자 한다. 사람들은 느긋하게 이동하며 그들은 조용한 목소리로 얘기한다. 이것이 '최고위직 공간'이다. 아래로 내려오면 밀도는 증가하고 소음 수준은 높아지며 비품가구들은 대부분 실용적인 것들이다.

조직 내의 권력관계는 명백한 공간적 표현을 부여한다. 대중을 상대하는 업체 즉 의류를 파는 상점에서 낮은 지위에 있는 점원은 대중-개인 공간의 주변부 즉 문밖에서 더 많은 대중들과 접촉하도록 되어 있다. 보다 높은 계층의 사람은 대중으로부터 좀 떨어져서 좀 더 보호받는 개인사무실에 있다. 경영자를 보기 위해서는 즉, 경영자의 사적인 공간에서 대중의 전면공간까지 경영자를 호출하는 것은 무엇인가 심각한 잘못이 있다는 확실한 표현이다.

공간과 시간은 권력의 주요한 좌표이다. 대부분의 대학 학과에서 교수들은 조교보다 훨씬 큰 공간적인 자유를 누린다. 조교는 행정 사무를 위해 일주일에 5일은 근무해야 한다. 그러나 교수들은 고정된 시간 제약을 덜 받고 보다 큰 자유를 누리고 있다. 인터넷을 이용한 화상회의 기술을 활용하면 서로 다른 장소에 있으면서도 함께 일할 수 있다. 집에 머무르면서 전화나 팩스 그리고 컴퓨터망을 통해서도 대화가 가능하다. 이러한 재택근무가 활성화 된다면 회사 내에서 일상화된 지위 차이나 권력관계의 공간적 특성은 비가시적으로 변할 것이다.

도시의 기본구조는 권력의 분포를 나타낸다. 자본주의 사회에서 도시중심에 있는 것이 업무지구이다. 상업과 돈벌이는 도시의 중심축이며, 자본획득이 가장 큰 지구로서 가장 큰 권력행사지구이다. 다른 사회에서는 교회나 모스크, 사원 등이 가장 중심적인 위치에 있는 최대의 건물이었고 현재도 그러하다. 서부유럽과 북미에서 도심의 상업적 사무소지구는 자본주의의 사원이 되었으며, 중세 고딕 시기의 거대한 성당과 같이 현재의 도심업무지구는 나머지 지역보다도 우뚝 서서 위엄을 자랑한다.

도시들은 보다 특수한 방법으로 권력의 분포를 반영한다. 현재의 도시는 보행자보다는 자동차 이용자의 필요에 의해서 지배되고 있다. 자동차 소유자들은 자신들의 요구를 도시의 원활한 기능화에 새겨 넣는다. 즉 대부분의 교통계획이 교통 혼잡을 피하는 것과 관련이 있다. 육교나 지하도는 결코 보행자를 배려한 통로가 아니며 자동차교통의 자유로운 흐름이 궁극적인 목표이다.

제16장

# 도시재생과 도시마케팅

## 도시이미지

모든 도시는 이미지를 가지고 있으며, 실제로는 단순하게 한 가지 이미지가 아닌 여러 이미지를 가지고 있다. 매스컴을 통해 특정 도시의 이미지가 결정되기도 한다. 도시를 찾는 관광객들은 단기 체류일 경우가 많기 때문에 필연적으로 선택적이어서, 도시의 상당부분을 배제한 채 유명하거나 흥미로운 장소만 방문한 뒤 그 도시의 이미지를 구축한다. 개인적 경험이든 소문이든 사람들이 도시에 관해 이야기하는 것은 장소의 인상을 결정하는 중요한 구성요소이다. 그 이미지는 현실보다 더 중요하게 작동되곤 한다.

많은 도시들이 과거와 현재의 부정적인 이미지로 낙인이 찍혀 어려움을 겪고 있다. 예를 들어 로스앤젤레스는 사회적·인종적 갈등으로, 피츠버그는 산업쓰레기로 오염된 도시로, 맨체스터는 마약문제로, 리버풀은 범죄의 소굴로, 버밍엄은 건축과 문화의 불모지로 생각할 수 있다. 그러나 실제로 리버풀은 범죄만이 지배하는 곳은 아니고 버밍엄이 낙후된 건물만 있는 것이 아니므로, 각각의 경우 단지 단편적인 사실일 뿐이다. 그럼에도 부정적 이미지는 지속된다. 부정적인 도시의 이미지는 불량한 물리적 환경, 편협한 문화적 태도, 사회적 양극화와 불안, 불경기와 같은 요소들이 과장되어 나타나는 경향이 있다. 20세기에는 도시의 산업이 일자리가 많고 부유하다는 긍정적인 이미지를 도시에 부여했지만, 탈산업화가 진행되면서 오히려 경제적 쇠퇴나 오염과 관련된 이미지로 떠오르게 되었다.

실제로 우리는 가보지 못한 도시들을 광고된 이미지로 인식하는 경우가 많다. 사실일 수도 있고 만들어 진 것일 수도 있지만 다양한 매체를 통해서 접한 도시이미지가 그 도시를 규정짓는 것이다. 그래서 많은 도시들이 참신하고도 매력적인 이미지 구축에 심혈을 기울인다.

세계화와 신자유주의의 등장으로 도시경쟁력이 곧 국가경쟁력이라는 도시관이 확산되면서, 세계의 많은 도시들은 도시경쟁력을 확보하기 위해 스스로를 상품화하며 경쟁하고 있다. 도시들은 사업과 투자유치, 관광, 대규모 회의, 기업 유치를 위해 도시 간 격렬하게 경쟁하고 있으며 이때 도시이미지는 특별한 중요성을 갖는다. 도시이미지는 도시판촉에 아주 중요하기 때문이다. 현재 도시판촉에 대한 분석이 중요한 영역이 되고 있다. 분석의 주요 주제는 도시판촉산업에 대한 분석, 사용된 전략, 메시지의 해독, 캠페인의 성공과 실패에 대한 평가를 포함한다. 도시판촉에 성공하기 위해서는 도시가 갖고 있는 강점과 약점에 대해 정확하게 평가하고, 가능성과 문제점에 대한 정확한 진단과 평가가 필요하다. 한 도시가 갖고 있는 자연적·사회적·문화적 자산과 관련이 깊은 이미지를 도출해 내는 것이 중요하다.

도시이미지 구축전략은 도시규모에 따라 다른 경향을 보인다.

최상위계층인 세계도시 런던·뉴욕·도쿄는 세계 경제의 핵심으로서 어떤 도시도 넘볼 수 없는 안정적인 지위를 누리고 있다. 자신들의 도시가 바로 세계라는 강력한 자부심과 풍부한 문화적 자원 위에서 충분한 혜택을 누리고 있다는 만족감을 느낀다.

다음 계층에 속하는 도시들로는 파리, 로스앤젤레스, 시카고, 밀라노, 프랑크푸르트, 멜버른, 토론토 등을 들 수 있다. 올림픽이 유치되었던 서울, 애틀랜타, 바르셀로나 등도 이 그룹에 포함될 수 있다. 이들 도시는 세계도시에 버금가는 위상과 범세계적 문화자본이라는 네트워크 속에서 그들의 역할과 지위에 민감한 관심을 가지고 있다. 독특한 미술관이나 거대한 건축물, 명문 대학, 예술적 전통 등을 내세우며 모방하고 싶어지는 이미지를 만들어 낸다. 반면, 소도시들은 깨끗하고 환경친화적인 녹색도시를 표방하며 오히려 비도시적인 이미지를 강조한다. 깨끗하고 신선한 공기, 오염되지 않은 자연, 오랜 역사가 그대로 남아있는 청정의 이미지를 강조한다. 환경친화적인 것이야말로 더 발전된 것이라는 자부심이 있다. 스위스의 작은 마을 다보스에서는 매년 1월 세계경제포럼(World Economic Forum)이 열리는 곳으로 유명하다.

마지막으로 산업화 기반위에서 경제성장과 번영을 누렸으나 탈산업화 진행과정에서 얻게 된 낡고 오염된 곳이라는 이미지를 떨쳐버리기 위해 애쓰는 도시들도 있다. "보라! 더 이상 공장들은 없다"라는 문구는 후기 산업적 이미지를 만들기 위한 그들의 시도를 축약한 것이다. 이러한 이미지는 산업적 유산으로부터 멀어지고자 하는 것이다. 때때로 공장을 산업적 유산으로 박물관화 하는 산업지구의 역사화 작업이 동반되기도 한다. 도시 일부지역에서의 물리적 재생은 도시의 성장을 바라는 의지의 표현이다. 구

항구의 수변(水邊)을 여가지구로 바꾸고 구 산업지구는 포스트모던한 기업공원으로 변형되었다. 물론 이러한 토지이용변화에는 강력한 재정적 인센티브가 있었지만 상징성은 더 중요하다. 즉 부정적인 산업적 유산을 짊어진 이 도시들이 자신들의 이미지를 재구성하려고 하는 것이다.

도시이미지를 새롭게 만들어 가려는 많은 도시들이 추구하는 도시이미지는 일반적으로 4가지 유형이다. 즐거운 도시, 환경친화도시, 문화도시, 다원적 도시가 그것이다. 즐거운 도시는 해변과 같은 아름다운 자연환경 속에서 여가의 과시적 소비가 가능한 즐거움이 넘치는 도시라는 것을 강조한다. 환경친화도시는 깨끗한 공기와 맑은 물, 산의 전망, 적은 교통량 등 반 야생의 편안한 경험을 안전하게 즐길 수 있는 곳이라는 것을 강조한다. 문화도시는 교향악단에서 미술관, 첨단의 쇼핑몰까지 다양한 문화적 경험이 가능하며, 문화축제도 있고, 심지어 유명 교향악단의 지휘자가 거주하는 곳이라는 등 세계의 문화적 흐름에 소외되지 않는 세련된 장소라는 것을 강조한다. 다원적 도시는 다민족이 공존하는 다문화주의를 반영한 것이다. 서로 다른 민족집단들이 문화적 정체성에 대한 갈등 없이 서로의 경축일 등을 공유하며 즐겁게 살고 있으니 풍부하고 다양한 생활양식을 경험해 보라는 것을 강조한다.

## 도시재생

도시이미지를 새롭게 하기 위한 방법으로 도시재생이 주요한 화두가 되고 있다. 도시재생은 기존도시가 가지고 있는 물리적·사회적·경제적 문제를 치유하기 위한 모든 행위를 말한다. 도시

내 쇠퇴지역의 문제를 종합적인 시각에서 해결하려는 접근으로 해당지역의 경제적·사회적·환경적 상태를 지속적으로 개선함으로써 기존도시의 재활성화를 도모하고자 하는 것이다. 일찍이 산업화되어 경제적 번영을 누렸지만 탈산업화의 진행으로 일자리도 사라지고 산업화시기의 폐기물 쓰레기와 오염만 남아 쇠퇴해 가는 도시를 살려내기 위함이다. 도시공간이 쇠퇴하면 해당지역이 공동화되고 이로 인해 저소득층의 유입으로 슬럼화 되기 시작하면 빈곤·범죄 등의 사회적 문제까지 함께 발생하여 도시의 쇠퇴가 가속화되기 때문에 이를 예방하기 위해서도 낙후된 도시공간의 재생은 중요한 의미를 가진다.

도시 쇠퇴의 중심에 있는 도심지역은 오랜 역사 속에서 지역의 문화와 전통을 쌓아 온 도시의 얼굴이며 만남과 교류의 장소로서의 성격을 가지고 있다. 특히 도심지역은 지역의 정체성과 역사성을 가지고 있기 때문에 도시 간의 경쟁이 심화된 오늘날 도시경쟁력을 강화시킬 수 있는 중요한 자원이 될 수 있다. 따라서 쇠퇴된 도심지역을 재생하여 지역의 역사성과 정체성이라는 지역 특성을 보존하고 업그레이드시키는 것은 도시간의 경쟁력을 확보하기 위한 유용한 전략이 될 수 있다. 이에 따라 영국, 독일, 프랑스, 미국, 캐나다와 일본 등 선진국에서는 낙후된 기성시가지의 활력을 불러일으키기 위한 다각적인 노력을 시도하고 있다.

특히 도시재생에 가장 많은 노력을 기울이고 있는 영국의 경우 쇠퇴한 기성시가지의 도시기능을 재편하고 도시경제를 재생하는 정책을 시도하고 있으며, 1980년대 후반부터 공공섹터가 중심이 되어 사업을 진행하고 있다. 뿐만 아니라 도시재생사업을 적극적으로 유도하기 위해 사업별 특성에 따라 다양한 도시재생기구

(Urban Regeneration Companies)를 창설, 운영해 오고 있다. 산업혁명의 주역으로 발전을 거듭하며 번영의 정점에 도달한 런던과 산업도시들은 빨리 성장한 탓에 도시의 쇠퇴 역시 일찍 경험할 수밖에 없었다. 70년 이상 많은 시행착오를 거치며 도시재생사업에 그들만의 노하우를 쌓았고 현재 전 세계에서 가장 교훈적인 모델로 여겨지고 있다. 도시의 쇠퇴현상을 치유하기 위해 물리적 환경재생뿐 아니라 거주인구 유입을 위한 신산업유치에도 목표를 두고 있다. 이와 같은 영국의 도시재생사례는 쇠퇴한 환경개선뿐 아니라 고용기회확대와 시대변화에 따라 기능을 상실한 도시공간의 재편으로 지역의 문화적 정체성을 회복한다는 문화적 배경이 강조된 사업이라는 점에서 도시재생의 필요성을 보여주고 있다.

산업구조의 변화로 인해 방치된 산업시설들을 문화유산으로 인식하고 이들의 역사적 가치를 보존하기 위해 기존 시설들을 보존한 채 새로운 용도의 공간을 조성하여 도시재생에 성공한 도시들이 적지 않다. 그 대표적인 예로는 과거의 제재소와 중공업 공장들이 밀집한 지역을 복합문화상업공간으로 재생한 캐나다의 그랜빌 아일랜드(Granville Island), 런던 템즈강변 남쪽편의 공장지대에 있던 뱅크사이드 화력발전소(Bank Side Power Station)가 영국을 대표하는 미술관 중 하나인 테이트 모던 갤러리(Tate Modern Gallery)로 재탄생하기도 하였는데, 이는 발전소의 원형을 유지하고 내부를 개조하여 화력발전소의 역사적 가치를 보존하고 있기도 하다. 21세기 대표적인 도시재생사업으로 들 수 있는 런던 킹스크로스역의 재생사업도 주목할 만하다. 킹스크로스역은 19세기 중후반 영국 전역을 연결하는 교통망의 중심이었고, 세계최초의 지하철이 통과된 역이기도 하다. 지금도 6개의 지하철 노선이 통과하며 시내를 거미줄처럼 연결하는 교통허브이다. 그러나 2차대전 후 산업지역으로서의 경쟁력을 상실한 채 빠르게 쇠퇴하여 대표적인 빈민가로까지 전락했었다. 일부 예술가들과 디자이너들이 저렴한 임대료 덕분에 산업시설에 작업실을 마련해 왕성하게 활동한 것이 그나마 변화의 가능성을 품고 있었다. 역사(驛舍)와 광장, 운하와 가스저장고 등 8만평의 부지에서 20여 년이 지난 지금도 진행 중인 재생사업은 보행을 중심에 두고 충분한 공공공간을 마련함으로써 사람을 최우선으로 한다는 기조를 확인시켜주며 시민들로부터 환영받는 새로운 공간들을 창조하고 있다.

도시재생에 성공한 도시들로는 구겐하임 미술관을 건설해 쇠퇴한 구도심에 관광객을 유치하여 지역경제를 살린 스페인의 빌바오(Bilbao), 특이한 대규모 물류항과 포도주 창고를 개조해 쇼핑몰과 박물관, 문화공간이 어우러진 대규모 복합주거단지로 변모시킨 프랑스 파리의 베르씨(Bercy) 프로젝트가 있다. 오스트리아의 그라츠(Graz)는 독특한 외형의 쿤스트 하우스(Kunsthaus)를 건립하고, 동과 서로 갈라진 도시를  연결시키는 역할을 하는 인공섬을 개발하여 문화의 다리를 통해 두 지역의 교류 활성화를 꾀함으로써 분리된 동과 서지역의 통합을 유도하면서 많은 관광객을 유치하고  있다. 이들 사례의 공통점은 도시재생 사업을 추진하는데 있어서 도시공간과 기능회복 이외에 도시의 정체성 확립이라는 목표를 포함시켰다는 것이다. 이들은 도시재생의 수단으로 도시의 정체성을 잃지 않으면서 인간의 삶의 공간으로서의 도시공간과 기능을 회복시키기 위해, 그리고 과거와 달리 소득수준과 삶의 질 상승에 따라 증대된 문화수요를 충족하기 위해 물량 위주의 개발보다는 해당 도시만의 색깔을 만들어 낼 수 있는 새로운 도시문화 공간 개발을 선택하였다. 그리고 이를 통해 만들어진 해당 도시만의 차별화된 이미지를 도시마케팅의 전략으로 활용하고 있다.

## 도시마케팅

도시마케팅이란 특정 장소를 하나의 상품으로 인식하여 기존 도시의 부정적 이미지를 탈피하고 기업가와 관광객 혹은 그 도시의 주민들에게 매력적인 곳으로 인식되도록 하기 위해, 이미지 변화와 하부구조 개발을 통하여 도시의 상품가치를 상승시켜 지역경제 활성화를 달성하려는 전략을 의미한다. 도시재생과정을 통해 차별화된 도시기능을 유치하고 매력적인 새로운 공간을 만들어 냄으로써 지역주민이 살고 싶은 도시공간, 관광객이 구경 가보고 싶은 도시공간, 기업이 들어와 산업 활동을 하기에 좋은 도시임을 홍보하는 도시마케팅 전략을 통해 도시경쟁력을 확보할 수 있다.

기존 공업도시들의 산업공동화 및 사회적·경제적 쇠퇴에 따라 유럽과 미국의 대도시들은 제조업 중심의 자본축적체제에서 새로운 도시경제구조로의 순조로운 이행을 위해 도시이미지를 재조직하려고 노력했다. 도심 재생과 지역활성화의 도구로서 문화에 대한 관심이 증폭되면서 문화는 도시 및 지역문제 해결을 위한 새로운 지역경제 핵심자원으로 부각되었다. 이에 따라 도시화의 역사가 긴 서구도시들은 각 도시의 독특한 역사와 문화를 도시재생을 위한 전략의 핵심적 자원으로 인식하고 활용하였다. 기존 도시 및 쇠퇴공간의 이미지를 제거하고, 밝은 이미지로 재구축함으로써,

지역경제의 활성화 및 지역주민의 사회적 통합을 이루려는 도시 문화전략들이 중요한 지역정책으로 부각되었다. 1985년 시작된 유럽 '문화수도(Capital of Culture)' 추진 전략이 대표적이다. 그리스 아테네를 시작으로 2021년 현재 총 65개의 '문화수도'가 선정되었으며, 그동안 다양한 문화예술 프로그램이 추진되면서 문화도시로서 대내외적 인지도 상승, 방문객 증가, 문화산업 증대 등 긍정적인 효과가 발생했다. 다만 추진과정에서 문화수도 개념의 모호성, EU의 불충분한 예산지원, 목표의 불명확성, 문화수도 선정방식에 대한 논란, 모니터링 및 성과평가 시스템의 부재 등의 문제가 표출되기도 했다.

각국에서 행해지는 도시의 문화전략은 도시에 따라 상이한 양상을 보이는데, 3개의 전략으로 나눌 수 있다. 먼저, 지역에 대한 시민들의 자긍심, 소속감, 정체성을 확립하여 사회통합을 이루려는 지역사회 통합모델(integration model)로서 역사문화유적이 많이 남아있는 로마나 나폴리, 경주 등을 들 수 있다. 둘째, 문화산업화를 통해 지역사회의 활성화를 추진하는 문화산업모델(cultural industries model)로서 "문화적 산물의 생산과 분배"가 부를 창출하는 방식이다. 문화산업 자체가 고용·소득창출의 주원동력이 되도록 문화상품의 생산과 유통을 지역경제 성장의 중요한 통로로 활용하는 것이다. 도시에 대한 친근감을 유발하고, 미래의 도시성장에 도움이 될 수 있는 잠재력을 적극 활용하는 것이다. 전주의 한지공예라든가 청주의 고인쇄(古印刷)박물관, 순천의 음식문화, 보성의 녹차 등을 중심으로 한 축제 등이 해당한다고 할 수 있다.

셋째, 장소판촉을 통한 지역사회 활성화를 추구하는 판촉모델(promotion model)로서 문화, 홍보 등 장소마케팅기법을 적극 활용하며 예술의 소비를 강조한다. 문화를 고급예술에 한정하는 한계는 있지만 전문가 집단을 끌어들일 수 있는 “삶의 질”을 제공하여 기업투자를 유치하려고 노력한다. 일과 후에도 사람들을 도시에 머물게 유도하고 관광객을 유인할 목적으로 복합용도개발이나 문화지구 형성을 통해 도시의 물리적 개발이윤을 확보하려는 전략이다. 음악축제라든가 비엔날레를 개최하여 세계의 문화흐름에서 결코 소외되지 않은 세련된 장소임을 알리고자 한다.

이러한 전략을 달성하기 위한 이미지 창출 방법은 홍보물을 통한 장소이미지의 홍보와 판촉, 박물관이나 극장 등 문화시설의 건축, 이벤트나 축제 등의 문화행사, 문화예술지구 조성과 문화특구 지정, 도시의 역사적 상징이 담긴 건물과 장소보존, 스포츠행사 유치 등이 있다.

## 미주

1 Marshall Sahlins, Stone Age Economics, 1972.

2 매년 또는 매주 1회씩 장이 열렸으며, 성 안의 광장이나 성 밖에서 열렸다.

3 당시 수레를 이용한 1일 왕복거리

4 베니스, 제노아, 볼로냐, 밀라노, 피렌체 등의 도시를 중심으로 맺어졌으며, 주로 사치품과 기호품 등이 거래되었다.

5 함부르크, 뤼벡, 브레멘, 그다니스크 중심의 동맹으로 모피, 생선, 곡물, 양모, 모직물, 목재 등의 주로 일용품이 거래되었다.

6 15C 양모가격의 상승이 곡물가격의 상승을 상회하고 양고기에 대한 수요도 증가하자, 인플레에 의한 실질소득도 줄고 사치스러운 생활로 가계비가 증가한 대토지소유자들이 더 많은 화폐 수입과 노동절감을 위해 경지를 목양지로 바꾸기 시작했다. 목양지에 목책을 설치하면서 엔클로우저라는 용어가 사용되었다. 이것은 단순히 목양지로의 변화가 아니라 중세 토지제도에서 유지되고 있던 공유지까지 사유화하는 작업이었다.

7 바이오톱 또는 비오톱은 그리스어로 생명을 의미하는 '비오스(bios)'와 땅 또는 영역이라는 의미의 '토포스(topos)'가 결합된 용어로 생물들이 함께 살아가는 공동의 서식장소이다. 바이오톱은 웅덩이, 산림, 도심의 화단, 동물의 이동통로인 숲, 습지, 하천 등 다양한 자연이나 인공구조물 등 생태계 향상에 기여하는 작은 생물의 서식공간이다. 개발이 많이 이루어져 생물의 서식공간이 사라진 도심에서 바이오톱은 생물의 서식처와 생태통로의 역할을 한다.

8 택지개발 촉진법에 의한 택지개발계획에 의하면, 10만$m^2$이상 30만$m^2$ 미만의 개발계획시 상주인구 1인당 6$m^2$이상 또는 개발부지면적의 12% 이상 중 큰 면적을, 30만$m^2$이상 100만$m^2$미만일 경우 1인당 7$m^2$이상 또는 개발부지면적의 15% 이상 중 큰 면적을, 100만$m^2$

이상 330만$m^2$ 미만일 겨우 1인당 9$m^2$ 이상 또는 개발부지면적의 18% 이상 중 큰 면적을, 330만$m^2$ 이상의 경우 1인당 12$m^2$ 이상 또는 개발부지면적의 20% 이상 중 큰 면적을 공원이나 녹지로 확보하도록 되어 있다.

**9** 도시공원 일몰제는 도시 관리계획상 공원용지로 지정되어 있지만, 장기간 공원조성사업에 착수하지 못한 부지를 공원용도에서 자동 해제토록 한 제도이다. 2000년 제정된 '국토의 계획 및 이용에 관한 법률' 부칙은 20년 간 원래 목적대로 개발되지 않는 도시계획시설을 2020년 7월 1일을 기해 도시계획시설에서 해제한다는 규정을 담았다. 사유지에 공원·학교·도로 등 도시계획시설을 지정해 놓고, 보상 없이 장기간 방치하는 것은 사유재산권 침해로 볼 수 있다는 헌법재판소의 판결(1999년)이 이 규정의 근거이다.

**10** 역도시화는 도시인구가 비도시지역으로 이주하여 도시 전체인구가 감소하는 현상을 말하며, 도시화의 반대 현상이라 할 수 있다. 비용이 많이 드는 대도시생활을 벗어나고 싶은 욕구와 쾌적한 생활을 누리고 싶은 욕구가 맞물리면서 도시인구가 비도시지역으로 이주하는 것이다. IT기술의 발달로 원격 재택근무가 용이해진 상황도 한몫을 했다. 유턴(U-turn)현상과 제이턴(J-turn)현상으로 나타나는데, 유턴현상은 농촌에서 살던 인구가 대도시로 이동하였다가 다시 농촌으로 돌아가는 것을 말하고, 제이턴현상은 농촌을 떠난 인구가 대도시로 이동하였다가 대도시 인근의 중소도시로 이동하는 현상을 말한다. 또, 요즘엔 아이턴현상(I-turn)도 등장하였는데 이는 원래부터 대도시에 살던 인구가 중소도시나 농촌을 찾아 이동하는 것을 말한다.

**11** 이현욱, 2017, "한국의 경제발전에 따른 도시순위규모분포의 변화: 1995-2015" 한국도시지리학회지 20(2), 53.

**12** 마이크 데이비스, 2006, 슬럼 지구를 뒤덮다, 142.

**13** 300가구 이상 분양 시 60$m^2$이하 가구의 비율을 20%, 60～85$m^2$이하 가구 비율을 40%로 해야 하는 규제가 있었지만 2014년 폐지되었다.

**14** 여피란 젊은(young), 도시(urban), 전문직(professionals)의 머리글자를 딴 'YUP'의 복수형 Yuppies 이다. 고급정보기술을 갖추고 첨단기술 개발과 금융 등 전문직에 종사하며 고소득을 올리는 젊은이들로서

젊은 부자를 상징한다.

15 광주광역시의 오래 된 마을인 동명동과 양림동의 노후불량주택의 재개발이 2008년~2009년에 있었다. 철거재개발과 개량재개발을 접목한 '거점확산형' 주거환경정비사업이었다. 공공이 마스터플랜을 세우고 지역의 일부만 공공이 수용해서 개발하여 기반시설과 주민공동시설, 임대주택 등 거점을 조성하고 나머지는 주민들이 건축지침을 참고로 하여 정비하는 혼합형 개발방식으로 아주 성공적이라는 평가를 받았다.

16 植田政孝 編, 1992, 現代大都市のリストラクチャリング, 大阪市立大經濟硏究所 東京大學出版會.

17 다운쉬프트(downshift)의 사전적 정의는 저속기어로 바꾼다는 뜻이다. 속도를 우선하는 삶에 브레이크를 밟는 다는 것으로 우리 사회의 '느리게 살기'와 유사하다. 원하는 형태의 삶을 위해 고소득을 기꺼이 포기하는 것이 특징이다. 비교적 높은 연봉에 스트레스를 많이 받는 직종인 증권금융업이나 법조계, IT업계 종사자 등 전문직이 많다. 돈과 지위보다 자신과 가족의 행복에 집중하며 삶의 여유를 누리며 살고자 하는 사람들을 가리킨다.

18 1983년 캐나다 벤쿠버의 코목스밸리에 살고 있던 컴퓨터 프로그래머 마이클 린튼이 제안한 아이디어였다. 그는 경제불황을 지켜보면서 현금을 소유하지 않으면 경제 행위를 할 수 없는 현실에 대한 문제의식을 바탕으로 지역통화시스템(LETS: Local Exchange and Trading System)을 만들었다. 지역공동체를 기반으로 하는 생산과 유통망을 통해 중앙집권적인 통화 시스템에서 자율적인 경제시스템을 만드는 것이 레츠의 이념이었다. 개인과 개인 간의 상호신용을 이용한 가상의 공동체 화폐를 이용하여 회원 간 서비스와 재화를 거래하는 교환제도였다. 이후 세계 여러 나라에서 지역단위의 경제 생태계를 구성하는 다양한 방식의 지역화폐가 고안되었다.

# ■ 참고문헌

## 제1장 도시란 무엇인가?

권용우 외, 2002, 도시의 이해, 박영사.

김 인, 1991, 도시지리학 원론, 법문사.

남영우, 1985, 도시구조론, 법문사.

박종관, 2008, "도농통합효과분석과 발전방안", cafe.daum.net/tojinara

손승호, 2013, "인구규모의 변화를 통해 본 도농통합시의 차별적 성장", 한국도시지리학회지, 16(1), 85-98.

홍경희, 1987, 도시지리학, 법문사.

Carter, H., 1995, *The Study of Urban Geography*, 4th ed., Arnold, London, 10-12.

Northam, R., 1975, *Urban Geography*, John Wiley, New York, 7.

## 제2장 도시의 기원과 발달

구동회·박영민 역, 1995, 포스트모더니티의 조건, 한울 (Harvey, D., 1989, *The Condition of Postmodernity*, Blackwell, London)

김 원, 1998, 사회주의 도시계획, 보성각.

김 인, 1991, 도시지리학 원론, 법문사.

김한준 외, 1989, 현대 도시문제의 이해, 한길사.

이현욱·이부귀 역, 2002, 문화와 권력으로 본 도시탐구, 한울. (Short, J. R., 1996, *The Urban Order: An Introduction to Cities, Culture and Power*, Blackwell, Oxford.)

존 리더, 2006, 도시 인류 최후의 고향, 지호.

피터 홀, 2005, 내일의 도시, 한울. (Hall, P. 1988, *Cities of Tomorrow*, Blackwell, Oxford)

하랄트하르만, 2021, 문명은 왜 사라지는가, 돌베개.

한국공간환경학회, 1995, 새로운 공간환경론의 모색, 한울.

Jacobs, J. 1969, *The Economy of Cities*, Random, New York.

_______. 1984, *Cities and the Wealth of Nations*, Random, New York.

Sahlins, M.,1972, *Stone Age Economics*, Aldine-Atherton, Chicago.

Short, J. R., 1996, *The Urban Order: An Introduction to Cities, Culture and Power*, Blackwell, Oxford

Wheatley, P. 1971, *The Privot of the Four Quarters*, Edinburgh University Press.

Wrigley, E. A., 1987, *People, Cities, and Wealth*, Blackwell, Oxford and New York

## 제3장 도시의 위치가 도시의 성장을 결정할까?

김 인, 1991, 도시지리학 원론, 법문사.

홍경희, 1987, 도시지리학, 법문사.

## 제4장 도시환경의 문제와 대안찾기

김추윤·구자인, 1998, "제5장 도시의 환경" in 「도시의 이해」 초판, 박영사.

박의준, 2002, "제4장 도시의 환경" in 「도시의 이해」 개정판, 박영사.

이현욱, 1999, "동경의 녹지공간 조성과 그 운용에 관한 연구", 대한지리학회지, 34(3), 247-264.

_____, 2003, "뉴질랜드 크라이스트처치의 도시공원조성과 이용행태에 관한 연구, 한국도시지리학회지, 6(2), 31-45.

_____, 2009, "광주광역시 도시공원의 분포특성과 이용행태 분석", 한국도시지리학회지, 12(3), 27-40.

한국도시연구소, 1998, 생태도시론, 박영사.

제임스 트레필, 1999, 도시의 과학자들, 지호.

## 제5장 도시의 규모와 순위 간에 어떤 규칙이 있을까?

권용우, 1998, "한국 도시의 순위규모법칙(1789-1995)", 한국지리교육학회지, 32(1), 57-70.

김학훈 외3인, 2016, 도시지리학, 시그마프레스 (James, O. Wheeler 외 2인, 2014, *Urban Geography*, 3rd. Wiley & Sons)

남기범·유환종·홍인옥 역, 1998, 경제의 세계화와 도시의 위기, 푸른길. (Sassen, S., 1994, *Cities in a World Economy*, Pine Forge/Sage Press)

마이크 데이비스, 2006, 슬럼 지구를 뒤덮다, 돌베개.

유환종, 2000, "사스키아 사센의 세계도시론", 국토 2000년 6월호, 국토연구원, 116-121.

유환종 외 역, 1999, 현대 도시의 변화와 정책, 푸른길. (Hall Tim, 1998, *Urban Geography*)

이현욱·이부귀 역, 2002, 문화와 권력으로 본 도시탐구, 한울 (Short, J. R., 1996, *The Urban Order: An Introduction to Cities, Culture and Power*, Blackwell, Oxford.)

이현욱, "한국의 경제발전에 따른 도시순위규모분포의 변화: 1995~2015년", 한국도시지리학회지, 20(2), 45-57.

최기엽, 1976, "한국 도시의 규모분포", 지리학연구1·2, 27-44.

홍경희, 1987, 도시지리학, 법문사.

Berry, B.J.L., 1961, City-Size Distribution and Economic Development, *Economic Development and Cultural Change,* 9(4), 573-587.

__________, 1971, City Size and Economic Development: Conceptual Synthesis and Policy Problems, with Special Reference to South and Southeast Asia, in Jakobson,L. and Prakash, V. (eds.), *Urbanization and National Development,* Sage Publication, Beverly Hills, 111-156.

Brunn. S. D. and Williams, J. F. (eds.) 1993. *Cities of the World: World Regional Urban Development,* 2nd ed., Harper College Publishers, 2.

Carter, H., 1995, T*he Study of Urban Geography*, 4th ed., Arnold, London,

De Souza, A. R., 1990, *A Geography of World Economy*. Macmillan, 276.

Jefferson, M., 1939, The Law of the Primate City, *Geographical Review,*

29(2), 226-332.

Malecki, E. J., 1975, Examining Change in Rank-Size Systems of Cities, *The Professional Geographers*, 27(1), 43-47.

Murphy, R. E., 1974, *The American City: an Urban Geography,* 2nd ed., McGraw-Hill, New York.

Nemeth, R. J. and Smith, D. A. 1985, The Political Economy of Contrasting Urban Hierarchies in South Korea and Philippines, in Timberlake, M. (ed.), *Urbanization in the World Economy*, Academic Press, Orlando, FL.

Richardson, H. W., 1973, Theory of the Distribution of City Sizes: Review and Prospects, *Regional Studies*, 7, 239-251.

Robson, B. 1973, *Urban Growth: An Approach*, Cambridge Uni. Press, Cambridge.

Sassen S., 1991, *The Global City*, Princeton University Press, Princeton, N. J.

Zipf, G. K., 1949, *Human Behavior and the Principle of least effort*, Addison-Wesley Press, Cambridge, MA.

## 제6장 도시의 공간적 분포원리; 중심지이론

이현영, 1974, "韓國 定期市場의 變遷과 空間構造", 수도사대논문집 Ⅵ.

이현욱, 1981, "정기시장에 관한 지리학적 연구 -강진 해남-, 전남대학교 대학원 석사학위논문

이현욱·이부귀 역, 2002, 문화와 권력으로 본 도시탐구, 한울, (Short, J. R., 1996, *The Urban Order: An Introduction to Cities, Culture and Power*, Blackwell, Oxford.)

홍경희, 1987, 도시지리학, 법문사.

石水照雄 編, 1995, 都市空間システム, 古今書院.

竹內啓一, 杉浦芳夫, 2001, 20世紀の地理學者, 古今書院.

森川 洋, 1980, 中心地論Ⅰ, 大明堂,

______, 1990, 都市化と都市システム, 古今書院.

Berry, B. J. L., 1967, *Geography fo Market Size Centers and Retail Distribution*, Prentice-Hall, Englewood-Cliffs.

Christaller, W. 1966, *Central Places in Southern Germany*, Prentice-Hall, Englewood Cliffs, N.J.

Hallsworth, A. 1992, *The New Geography of Consumer Spending*, John Wiley, London.

Jansen, A. C. M. 1991, *Cannabis in Amsterdam*, Dick Coutinho, Muiderberg.

Skinner, G. W., 1964·1965, Marketing and Social Structure in Rural China, *The Journal of Asian Studies*, 24(1·2·3).

Stine, J. H., 1962, Temporal Aspects of tertiary production elements in Korea, Pitts, F. R. ed, *Urban Systems and Economic Behavior*, Univ. of Oregon Press.

Wrigley, N. and Lowe, M. (eds), 1995, *Retailing, Consumption and Capital: Towards a New Retail Geography*, Longman, London.

## 제7장 세계경제의 변화와 도시

강현수, 1993, "정보기술의 발달과 도시 및 지역구조의 변화", 국토계획, 28(3), 71-84.

이현욱 역, 1997, "미국 도시변천과정에서의 장기파동", in 변화하는 대도시, 한울 (Hart, J. F. (ed.) 1991, Our Changing Cities, Johns Hopkins Uni. Press, Baltimore).

이현욱·이부귀 역, 2002, 문화와 권력으로 본 도시탐구, 한울, (Short, J. R., 1996, *The Urban Order: An Introduction to Cities, Culture and Power*, Blackwell, Oxford.)

Berry, B. J. L., 1991, *Long Waves Rhythms in Economic Development and Political Behavior*, Johns Hopkins Uni. Press, Baltimore, Castells, M., 1989, *The Informational City*, Blackwell, Oxford and Cambridge, Mass..

Dummer, G. W. A. 1983, *Electronic Inventions and Discoveries*, Pergamon Press, Oxford.

Hall, P. and Preston, P. 1988, *The Carrier Wave: New Information Technology and the Geography Information 1846-2003*, Unwin Hyman, London.

Sassen S., 1991, *The Global City*, Princeton University Press, Princeton, N.J.

Scott, A. J. 1988, *Metropolis: From Division of Labor to Urban Form*, University of California Press, Berkeley.

Short, J. R., 1989, Yuppies, yuffies and the new urban order, *Transactions of institute of British Geographers*, 13, 173-188.

Tickell, A. and Peck, J. A., 1992, Accumulation, Regulation and the geographies of post-Fordism: missing links in regulationist research, *Progress in Human Geography*, 16, 190-218.

## 제8장 도시의 정치경제학

구동회·박영민 역, 1995, 포스트모더니티의 조건, 한울
(Harvey, D., 1989, *The Condition of Postmodernity*, Blackwell, London)

이현욱·이부귀 역, 2002, 문화와 권력으로 본 도시탐구, 한울, (Short, J. R., 1996, *The Urban Order: An Introduction to Cities, Culture and Power*, Blackwell, Oxford.)

조명래, 1995, "포스트모던 도시론", 한국공간환경학회, 새로운 공간환경론의 모색, 한울, 15-69.

최병두 역, 1983, 사회정의와 도시, 종로서적.
(Harvey, D., 1973, *Social Justice and the City*, Arnold, London).

최병두, 1989, "인문지리학 방법론의 새로운 지평", 지리학 38, 15-36.

_____, 1995, 자본의 한계, 한울
(Harvey, D.,1982, *The Limits to Capital*, Blackwell, London).

한국공간환경학회, 1995, 새로운 공간환경론의 모색, 한울.

한국지리연구회 역, 1992, 현대인문지리학 사전, 한울.

Adams, J. S., 1970, Residential structure of mid-Western Cities, *Annals of the Association of American Geographers*, 60, 36-62.

Aglietta, M. 1979, *A Theory of Regulation*, New Left Books, London.

Baran, P. and Sweezy, P., 1966, *Monopoly Capital*, Penguin, Harmondsworth, Middx.

Garreau, J. 1991, *Edge Cities*, Doubleday, New York.

Harvey, D., 1982, *The Limits to Capital*, Blackwell, London.

__________, 1989a, *The Condition of Postmodernity*, Blackwell, London.

__________, 1989b, *The Urban Experience*, Blackwell, London.

Lash, S. and Urry, J., 1987, *The End of Organized Capitalism*, Blackwell. Oxpord & Cambridge, Mass.

Massey, D, 1984, *Spatial Division of Labor*, Macmillan, London.

Sassen S., 1991, *The Global City*, Princeton University Press, Princeton, N.J.

Scott, A. J. 1988, *Metropolis: From Division of Labor to Urban Form*, Uni. of California Press. Berkeley, California.

Swyngedouw, E. , 1986, *The socio-spatial implications of innovation in industrial oganization*, Working Paper 20, Johns Hopkins European Center for Regional Planning and Research, Lille.

## 제9장 주택의 생산과 소비, 수요와 공급

김학훈 외3인, 2016, 도시지리학, 시그마프레스. (James, O. Wheeler 외 2인, 2014, *Urban Geography*, 3rd. Wiley & Sons)

안재학 역, 1997, 도시학개론, 도서출판 새날.
(Hartshorn, T. A., 1992, *Interpreting the City: An Urban Geography*, John Wiley & Sons, New York.)

이현욱·이부귀 역, 2002, 문화와 권력으로 본 도시탐구, 한울, (Short, J. R., 1996, *The Urban Order: An Introduction to Cities, Culture and Power*, Blackwell, Oxford.)

홍인옥, 1998, "제15장 도시의 거주기능" in 「도시의 이해」 초판, 박영사.

Anderson, M., 1964 The Federal bulldozer, J.Q. Wilson(ed), *Urban Renewal*, MIT Press, Cambridge, Mass.

Carter, H., 1995, *The Study of Urban Geography*, $4^{th}$ ed., Arnold, London.

Johnston, R. J., 1971, *Urban Residential Patterns: An Introductory Review*, G. Bell, London.

Massey, D. & Denton, M, 1993, *American Apartheid: Segregation and the Making of the Underclass*, Harvard University Press, Cambridge, Mass.

Murdie, R. A. 1969, *Factorial Ecology of Metropolitan Toronto, 1951-1961*, Research paper 116, Department of Geography, University of Chicago, Chicago.

Robson, B. 1973, *Urban Growth: An Approach*, Cambridge Uni. Press, Cambridge, Mass.

Short, J. R., 1978, Residential Mobility, *Progress in Human Geography*, 2, 419-447.

Smith, N., 1991, Mapping the gentrification frontier, M. Keith & A. Rodgers(eds), *Rhetoric and Reality in the Inner City*, Mansell, London.

## 제10장 도시내 공간분화와 지가의 역할

남영우, 1985, 도시구조론, 법문사.

이현욱, 1996, 지가변동과 도시내부구조의 변화에 관한 서울과 동경의 비교연구, 국토계획, 5, 대한 국토도시계획학회지.

_____, 2001, 지가에 의한 대도시의 토지이용예측(5개 대도시를 중심으로), 한국지역지리학회지, 7(1).

_____, 1994, 지가변동에 의한 도시내부구조의 변화, 국토계획, 29(2).

_____, 1998, "13장 도시의 내부구조", in 「도시의 이해」(초판), 박영사

홍경희, 1987, 도시지리학, 법문사.

石水照雄, 1974, 都市の空間構造理論, 大明堂, 동경.

石原舜介, 1966, "地價形成因子の分析" 不動産研究 8, 48-54.

_______, 1967, "地價形成因子の分析" 不動産研究 9, 27-32.

植田政孝, 1992, 現代大都市のリストラクチャリング, 大阪市立大經濟研究所，東京大學出版會.

奧平忠志，1976，“都市的土地利用과 地價の 關係について”，北海道地理，50，22-26.

杉村賜二，1987，都市の 地價變動，大明堂，東京.

林 上，1992，都市地域構造の形成と變化，大明堂.

林 上，1995，經濟發展と都市構造の 再編，大明堂.

Burgess, E. W., 1925, The growth of the City, In R. park & E. W. Burgess & R. D. McKenzie(eds), *The City,* University of Chicago Press. Chicago.

De Souza, A. R., 1990, *A Geography of World Economy*, Macmillan, p. 227.

Harris, C. D. & Ullman, E. L., 1945, The nature of Cities, *The Annals of the American Academy of Political and Social Science,* 242.

Hoyt, G., 1939, *The Structure and Growth for Residential Neighborhoods in American Cities,* Federal Housing Administration, Washington D. C.

________, 1960, “Changing Patterns of Land Values”, *Land Economics*, 36, 109-117.

________, 1964, “Recent Distortions of the Classical Models of Urban Structure” *Land Economics* 40, 199-212.

## 제11장 도시재개발과 공간의 재구조화

대한국토도시계획학회, 2008, 도시개발론, 보성각.

윤일성, 2002, 도시개발과 도시불평등, 한울.

이정전, 2015, 토지경제학, 박영사.

이현욱·이부귀 역, 2002, 문화와 권력으로 본 도시탐구, 한울, (Short, J. R., 1996, *The Urban Order: An Introduction to Cities, Culture and Power*, Blackwell, Oxford.)

植田政孝，1992，現代大都市のリストラクチャリング，大阪市立大經濟研究所，東京大學出版會.

Church, A., 1988, Urban regeneration in London Docklands: a five-year policy review, *Environment Planning C*: Government and Policy 6, 187-208.

Short, J. R., 1989, Yuppies, yuffies and the new urban order, *Transactions of institute of British Geographers* NS 13, 173-188.

## 제12장 사회적 공간으로서의 도시

김준우·안영진 편, 2008, 한국의 도시와 지역, 박영사.

이현욱·이부귀 역, 2002, 문화와 권력으로 본 도시탐구, 한울, (Short, J. R., 1996, *The Urban Order: An Introduction to Cities, Culture and Power*, Blackwell, Oxford.)

Abercrombie, N. and Urry, J., 1983, *Capital, Labour, and the Middle Class,* Allen & Unwin, London.

Boal, F. W., 1968, Territoriality on the Shankil·Falls divide, *Irish Geography,* 6, 30-50, Belfast.

Bondi, L., 1992, Gender, symbols and urban landscapes. *Progress in Human Geography* 16(2). 157-170.

Hanson, s. and Pratt, G., 1988, Reconceptualizing the link between home and work in Human Geography, *Economic Geography.* 64(4), 300-321.

Hanson, s. and Pratt, G., 1991, Job search and the occupational segregation of women, *Annals of the Association of American Geographers,* 81(2), 229-253.

Jencks, C. and Peterson, P. (eds), 1991, *The Urban Underclass,* Brookings Institution, Washington, D. C.

Reich, R., 1991, *The Work of Nations,* Alfred A. Knopf, N. Y.

Romann, M. and Weingrod, A. 1991, *Living Together Seperately*, Princeton Uni. Press, Prinston, N. J.

Wilson, E. 1991, *The Sphinx in the City*, Virago, London.

Yinger, J. M., 1986, Intersecting strands in the theorization of race and ethnic relations, In J. Rex and D. Massen(eds), *Theories of Race and Ethnic Relations,* Cambridge University Press, Cambridge.

Zucchi, J. 1988, *Italians in Toronto: Development of a National Community,* McGill-Queens University Press, Kingston, Ontario.

## 제13장 도시의 일상

권용우 외, 2002, 도시의 이해, 박영사.

이현욱·이부귀 역, 2002, 문화와 권력으로 본 도시탐구, 한울, (Short, J. R., 1996, *The Urban Order: An Introduction to Cities, Culture and Power*, Blackwell, Oxford.)

Bromley, R., 1988, Working in the streets: survival strategy, necessity or unavoidable evil, In J. Gugler(ed), *The Urbanization of the Third World*, Oxford University Press, New York.

Hägerstrand, T. et al., 1970, What about people in regional science?, *Papers of the Regional Science Association*, 24, 7-21.

Institute of Personnel Management, 1986, *Flexible patterns of Work,* IPM, London.

Parkes, D. N. and Thrift, N., 1980, *Times, Spaces, Places*, John Wiley, London.

## 제14장 정치적 장

이현욱·이부귀 역, 2002, 문화와 권력으로 본 도시탐구, 한울, (Short, J. R., 1996, *The Urban Order: An Introduction to Cities, Culture and Power*, Blackwell, Oxford.)

Benton, L. M. 1992, A Witches brew: A history of pollution in Onondaga lake. Unpublished MA thesis, Department of Geography, Syracuse University.

Castells, M. 1983, *The City and the Grassroots,* Edward Arnold, London.

Crenson, M., 1971, *The Unpolitics of Air Pollution*, Jones Hopkins Uni. Press, Baltimore.

Hacker, A. 1992, *Two Nations*, Ballantine, New York.

Logan, J. and Molotch, H. 1987, *Urban Fortunes: The Political Economy of Place*, University of California Press, Berkeley.

Short, J. R. 1993, *An Intriduction to Political Geography*, Routlege, London.

## 제15장 텍스트로서의 도시

이현욱·이부귀 역, 2002, 문화와 권력으로 본 도시탐구, 한울, (Short, J. R., 1996, *The Urban Order: An Introduction to Cities, Culture and Power*, Blackwell, Oxford.)

허영섭, 2010, 일본조선총독부를 세우다, 채륜.

Ackerman, D. 1990, *A National History of the Senses,* New York.

Davis, M., 1990, *City of Quartz: Excavating the Future in Los Angeles,* Verso, London.

Duncan, J. s., 1990, *The City as Text: The Politics of Landscape Interpretation in the Kandyan kingdom,* Cambridge University Press, Cambridge.

Olsen, D. J., 1986, *The City as a Work of Art*, Yale Uni. Press, New Haven, Conn. and London.

Rapoport, A. 1990, *The Meaning of the Built Environment*, 2nd, University of Arizona Press. Tucson.

Reed, P. 1982, Form and Context: a Study of Georgian Edinburgh, In T. A. (ed), *Order in Space and Society: Architectural Form and its Context in the Scottish Enlightenment,* Mainstream, Edinburgh.

Rodaway, 1994, *Sensuous Geographies: Body, Sense and Place,* Routledge, London.

Samuels, M. S. and Samuels, C. M., 1989, Beijing and the power of Place in Modern China, In J. Agnew and J. Duncan (eds), *The Power of Place*, Unwin Hyman, London.

Schorske, C. E., 1980, *Fin-de-siècle Vienna*, Alfred A. Knopf, New York.

## 제16장 도시재생과 도시마케팅

국토연구원, 2008, 유럽 '문화수도(Capital of Culture)' 추진전략의 성과와 시사점, 국토정책 Brief, 173.

김정후, 2020, 런던에서 만난 도시의 미래, 21세기북스

대한국토도시계획학회, 2008, 도시개발론, 보성각.

대한주택공사, 2007, 문화공간 조성을 통한 도시재생활성화에 관한 연구.

어정연·여홍구, 2008, "도시재생측면을 고려한 수변공간구성 연구", 국토계획 4.4, 대한국토도시계획학회

유환종 외 역, 1999, 현대 도시의 변화와 정책, 푸른길. (Hall Tim, Urban Geography)

이현욱·이부귀 역, 2002, 문화와 권력으로 본 도시탐구, 한울, (Short, J. R., 1996, *The Urban Order: An Introduction to Cities, Culture and Power*, Blackwell, Oxford.)

Boyle, M. and Hughes, G. 1991, The Politics of the representation of the "real": discourses from the left on Glasgow's role as European City of Culture, *Area* 23, 217-228.

Gold, J. R. and Ward S. V. (eds), 1994, *Place Promotion : The Use of Publicity and Marketing to Sell Towns and Regions*, John Wiley, Chichester, Sussex.

Kearns, G. and Philo, C. (eds), 1993, *Selling Places: The City as Cultural Capital, Past and Present*, Pergamon Press, Oxford.

Miller, P., 1991, Pittsburg - Stronger than Steel, *National geographic* December, 125-245.

Short, J. R., 1991, *Imagined Country: Environment, Culture and Society*, Routledge, London.

# ■ 찾아보기

■ 이현욱

전남대학교 지리교육과를 졸업하고 동대학원에서 박사학위를 취득했다.

동경도립대학과 뉴질랜드 크라이스트처치의 캔터베리대학에서 객원연구원을 지냈으며, 현재 전남대학교 지리학과 교수로 재직 중이다. 주요 논저로는『현대지리학의 이론가들』(공저, 1993),『변화하는 대도시』(공역, 1997),『지리학의 본질』(공역, 1998),『도시의 이해』(공저, 1998),『한국의 도시』(공저 1999),『문화와 권력으로 본 도시탐구』(공역, 2001),「지가변동과 도시내부구조의 변화에 관한 서울과 동경의 비교연구」(1996),「동경의 녹지공간 조성과 그 운용에 관한 연구」(1999),「뉴질랜드 크라이스트처치의 도시공원조성과 이용행태에 관한 연구」(2003),「한국의 경제발전에 따른 도시순위규모분포의 변화: 1995~2015」(2017) 등이 있다.

**도시,**
**그 지리적**
**탐구**

2022년 1월 20일 인쇄
2022년 1월 24일 발행

지은이 | 이현욱
펴낸이 | 정성택

펴낸곳 | 전남대학교출판문화원
주소 | 61186 광주광역시 북구 용봉로 77
전화 | (062) 530-0571~3 팩스 | (062) 530-0579
등록 | 1981. 5. 21. 제53호
홈페이지 | http://www.cnup.co.kr
이메일 | cnup0571@hanmail.net

값 16,000 원

ISBN 978-89-6849-850-3 (93980)